全国高职高专机电类专业规划教材

机床电气控制与PLC应用

主　编　刘文胜　康永泽
副主编　陈炳森　陈高锋　卢　俊
主　审　汪桂林　杨　勋

黄河水利出版社
·郑州·

内 容 提 要

本书是全国高职高专机电类专业规划教材，是根据教育部对高职高专教育的教学基本要求及中国水利教育协会全国水利水电高职教研会制定的机床电气控制与PLC应用课程标准编写完成的。本书按“项目导向、任务驱动”的教学要求，以完成某一实际工作任务的方式组织教学内容，每个任务来源于实际生产的典型案例。全书由“电动机基本控制电路”、“常用机床电气控制线路”、“初识可编程控制器”和“可编程控制器在机床电气控制中的应用”这四大模块组成。每个模块之下设有多个任务，每个任务均由任务导入、相关知识、任务实施、知识拓展这四个部分组成。通过学习和训练，学生不仅能掌握机床电气控制的基本知识，而且能够完成一个实际机床电气控制系统的安装、调试和检修。

本书可作为高职高专机电一体化技术、工业电气自动化、机械制造及自动化等相关专业的教学用书，也可供其他相关专业和从事机械、电气方面的工程技术人员参考。

图书在版编目(CIP)数据

机床电气控制与PLC应用/刘文胜，康永泽主编．—郑州：黄河水利出版社，2014.6

全国高职高专机电类专业规划教材

ISBN 978-7-5509-0825-3

Ⅰ．①机…　Ⅱ．①刘…　②康…　Ⅲ．①机床-电气控制-高等职业教育-教材②PLC技术-高等职业教育-教材　Ⅳ．①TG502.35②TM571.6

中国版本图书馆CIP数据核字(2014)第139142号

组稿编辑：王路平　电话：0371-66022212　E-mail：hhslwlp@163.com

简　群　66026749　w_jq001@163.com

出 版 社：黄河水利出版社

地址：河南省郑州市顺河路黄委会综合楼14层　邮政编码：450003

发行单位：黄河水利出版社

发行部电话：0371-66026940、66020550、66028024、66022620(传真)

E-mail：hhslcbs@126.com

承印单位：郑州文华印务有限公司

开本：787 mm×1 092 mm　1/16

印张：16.75

字数：390千字　印数：1—4 100

版次：2014年6月第1版　印次：2014年6月第1次印刷

定价：35.00元

前　言

本书是根据《教育部关于全面提高高等职业教育教学质量的若干意见》(教高〔2006〕16号)、《教育部关于推进高等职业教育改革创新引领职业教育科学发展的若干意见》(教职成〔2011〕12号)等文件精神,由全国水利水电高职教研会拟定的教材编写规划,在中国水利教育协会指导下,由全国水利水电高职教研会组织编写的机电类专业规划教材。该套规划教材是在近年来我国高职高专院校专业建设和课程建设不断深化改革和探索的基础上组织编写的,内容上力求体现高职教育理念,注重对学生应用能力和实践能力的培养;形式上力求做到基于工作任务和工作过程编写,便于"教、学、练、做"一体化。该套规划教材是一套理论联系实际、教学面向生产的高职高专教育精品规划教材。

随着大规模集成电路的问世,计算机控制技术得到快速发展。以可编程控制器(PLC)和变频器为主体的控制系统在各行业,尤其是在机床行业得到了广泛应用,它们正在逐步取代传统的继电器-接触器控制系统,使电气控制技术进入了一个崭新的阶段。因此,学习和掌握这些重要的控制技术对高职高专学生来讲是非常重要的。

本书以培养学生的电气控制系统原理分析、安装调试和 PLC 编程能力为核心,以完成一定工作任务为主线,详细介绍了常用低压电器、三相异步电动机基本控制电路、普通机床的继电器-接触器控制系统以及 PLC 在机床控制系统中的应用等内容。每个工作任务按照"任务导入—相关知识—任务实施—知识拓展"进行安排,力求将理论知识的学习和实践技能的培养有机地结合在一起,以便开展"理论实践一体化教学"。在教学内容组织上,遵从学生的认知规律(由浅到深、由易到难、由简单到复杂、由单一到系统、由验证到设计),注意难点分散;在文字叙述上,注意言简意赅、重点突出;在任务选择上,注意针对性、实用性。本书的这种编写方式,不仅有利于提高学生的学习兴趣、循序渐进地提高学生的综合思维能力,而且有利于培养学生的实际工程应用能力和创新能力。

本书由长江工程职业技术学院刘文胜担任第一主编,康永泽担任第二主编。由广西水利电力职业技术学院陈炳森、杨凌职业技术学院陈高锋和长江工程职业技术学院卢俊担任副主编。长江工程职业技术学院的李丰、和云敏和言帆参与了本书的编写。全书由湖北华舟重工应急装备股份有限责任公司汪桂林(研究员级高级工程师)和武汉市恒信泰采油设备制造有限公司杨勋(高级工程师)担任主审。

本书编写人员及编写分工如下:模块一中的任务一、二、三、五由刘文胜编写;模块三中的任务一、二、三、四由陈炳森编写;模块一中的任务七,模块二中的任务一由陈高锋编写;模块四中的任务五、六、七、八由康永泽编写;模块二中的任务五,模块四中的任务三、四由卢俊编写；模块二中的任务四，模块四中的任务一、二由李丰编写；模块一中的任务六、八，模块二中的任务二，模块三中的任务七由和云敏编写；模块一中的任务四、九，模块二中的任务三，模块三中的任务五、六由言帆编写。

由于编者水平有限，书中难免存在错误和不妥之处，敬请读者批评指正。

编　者

2014 年 4 月

目 录

模块一　电动机基本控制电路

【学习内容】

本模块主要讲述电动机基本控制电路的工作原理和安装、调试与维修的技术和方法。

主要内容包括：

1. 常用低压电气元件的结构、动作原理和应用选择。

2. 绘制电气原理图、电气元件布置图、电气安装接线图的原则。

3. 三相异步电动机的点动和直接启动、正反转、自动往返控制，电动机定子绕组串电阻降压启动、Y－△降压启动、反接制动、能耗制动等基本控制线路的构成、动作原理及其安装、调试与维修方法。

【学习目标】

1. 能够熟练识读和绘制电路图。

2. 能够完成常用电气控制元件和保护元件的选择。

3. 能够制作常用电动机控制线路并熟练进行故障诊断和排除。

4. 学会制作及检修技术文件的整理与记录。

任务一　三相异步电动机点动控制电路的制作与检修

【学习内容】

三相异步电动机点动控制电路的制作与检修。

【学习目标】

1. 知识目标

(1) 掌握刀开关、熔断器、热继电器、接触器、按钮的结构和参数、动作原理，了解选择方法。

(2) 了解电气原理图、电气元件布置图、电气安装接线图的绘制原则。

(3) 掌握三相异步电动机点动控制电路的原理图、接线图。

2. 能力目标

(1) 能够绘制三相异步电动机点动控制电路原理图、接线图。

(2) 能够制订电路的安装工艺计划。

(3) 会按照工艺计划进行线路的安装、调试和检修。

(4) 会作检修记录。

【任务导入】

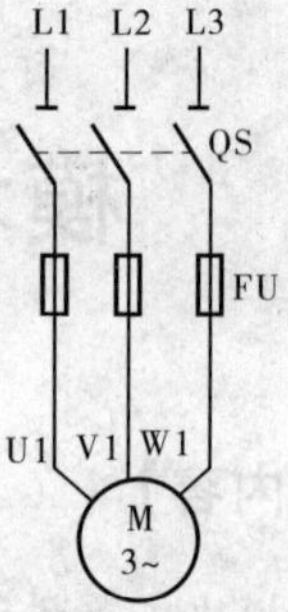

图 1-1　电动机手动控制电路

在某些生产场合,我们可以用刀开关直接去控制电动机的运转与停止,从而控制设备的工作。如图 1-1 所示为三相异步电动机手动控制电路。当合上刀开关时,电动机运行;当断开刀开关时,电动机停止运行。

该电路的电流流向为:三相交流电源(L1、L2、L3)→刀开关 QS→熔断器 FU→三相交流异步电动机 M。其中熔断器 FU 在主电路中起短路保护的作用。

此电路的优点是线路简单、便于维护。但用该电路对较大的负载进行操作时是不安全的,且操作劳动强度大,不能实现远距离控制。

而对于有些生产场合,我们只要求生产设备短时运转一下(如电动葫芦定位、机床对刀等),实质就是要求电动机能实现点动。

那么,电动机点动控制电路该如何设计?要用到哪些电气元件?各种电气元件的结构如何?它们又是如何动作的呢?

【相关知识】

电器是能够根据外部信号要求,手动或自动地断开电路,实现对电路的切换、控制等操作的组件和设备。低压电器是指工作在交流电压 1 000 V 或直流电压 1 200 V 及以下的电器。其作用是对供、用电系统进行开关、控制、保护和调节。按其控制对象不同,低压电器分为配电电器和控制电器两大类。低压配电电器主要用于低压配电系统和动力回路中,它具有工作可靠,热稳定性及动稳定性较好等优点;而低压控制电器主要用于低压控制系统中,它具有工作准确可靠,操作频率高,寿命长、体积小等优点。本项目用到的刀开关、转换开关、熔断器是配电电器;按钮、接触器、热继电器是控制电器。

一、刀开关

刀开关又称闸刀开关,是一种手动电器,应用于配电设备作隔离电源用,以确保线路和设备维修的安全,也可用于不频繁地接通和分断容量不大的低压电路或直接启动小功率的电动机。

(一)刀开关的分类

刀开关按是否带有熔断器可分为以下两大类。

1. 板形刀开关

板形刀开关常用于低压开关柜内或进户线后作不带负荷的隔离开关。板形刀开关应垂直安装在开关板上,并使动触头在静触头下方,闭合时手柄操作方向应从下往上,断开时手柄操作方向则从上往下,不许倒装或横装。

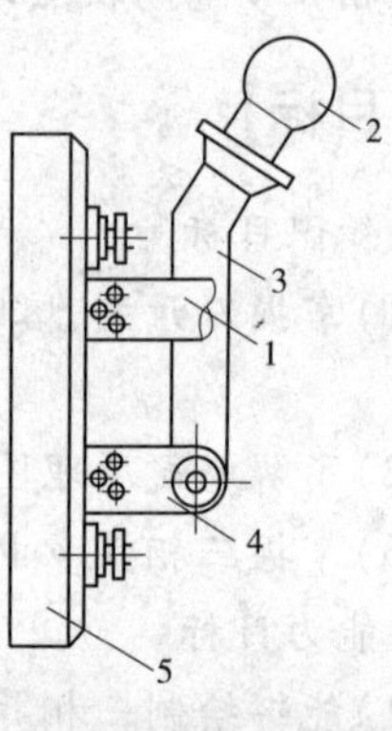

1—静插座;2—手柄;3—触刀;
4—铰链支座;5—绝缘底板

图 1-2　板形刀开关的典型结构

板形刀开关的典型结构如图 1-2 所示,由静插座、手柄、触刀、铰链支座和绝缘底板等组成。依靠手动来实现触刀和静插座的通断。

二极、三极板形刀开关外形如图 1-3 所示。

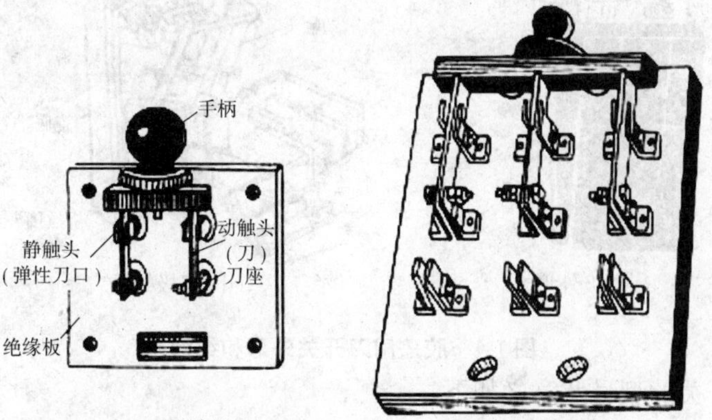

(a)二极单投　　(b)三极双投

图 1-3　板形刀开关外形

板形刀开关的型号及意义如下：

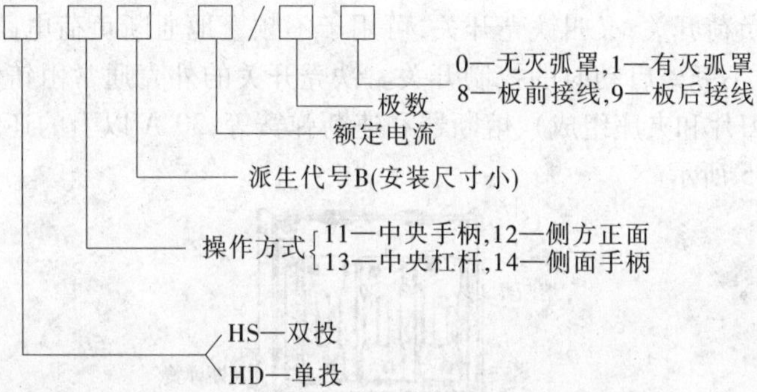

HD、HS 系列刀开关的主要技术数据如表 1-1 所示。

表 1-1　HD、HS 系列刀开关的主要技术数据

额定电流（A）	分断能力（A）		电动稳定性电源峰值（kA）		1 s 热稳定性电流（kA）	机械寿命（次）	在交流 380 V 和 60% 额定电流时的寿命（次）
	交流 380 V $\cos\varphi=0.7$	直流 220 V $T=0.01$ s	中央手柄式	杠杆操作式			
100	—	—	15	20	6	10 000	1 000
200	200	200	20	30	10	10 000	1 000
400	400	400	30	40	20	10 000	1 000
600	600	600	40	50	25	5 000	500
1 000	1 000	1 000	50	60	30	5 000	500
1 500	—	—	—	80	40	5 000	—

2. 带有熔断器的刀开关

(1)开启式负荷开关：又叫胶盖闸刀开关，广泛用作照明电路和小容量(5.5 kW 及以下)动力电路中作不频繁启动的控制开关。它的主要结构如图 1-4 所示。

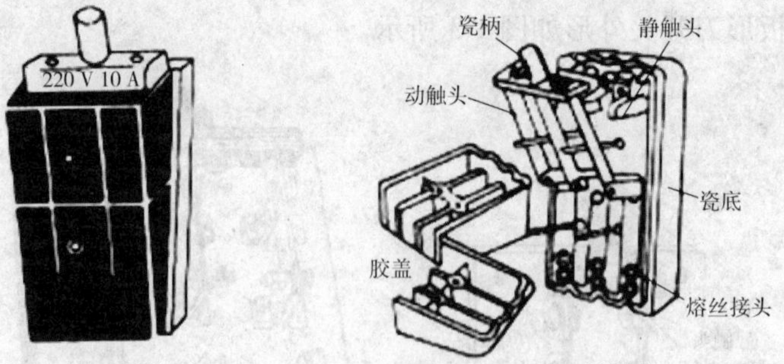

(a) 二极外形　　(b) 三极结构

图 1-4　胶盖闸刀开关外形和结构

胶盖闸刀开关的型号及意义如下：

HK2 – □ / □ — 极数
　　　　└— 额定电流
　　└— 设计序号
└— 开启式负荷开关

（2）封闭式负荷开关：又叫铁壳开关，可用于不频繁地通断负荷电路，也可作为电动机（15 kW 以下）不频繁启动时的控制开关。铁壳开关的外壳通常由铸铁做成。内部装有触点系统（由刀片和夹座组成）、熔断器和速断弹簧等，30 A 以上的还装有灭弧罩。其基本结构如图 1-5 所示。

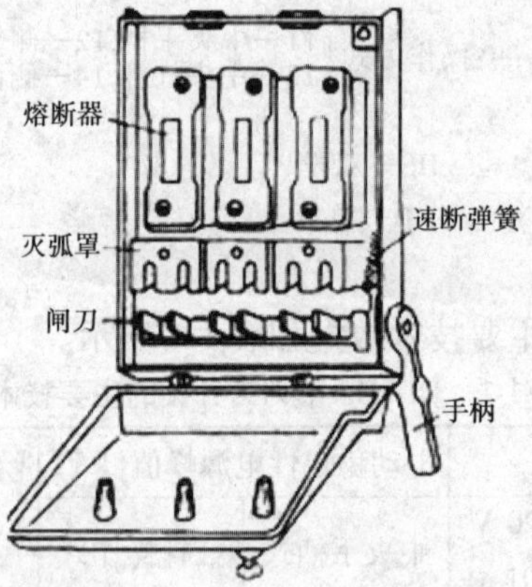

图 1-5　铁壳开关外形和结构

铁壳开关的型号及意义如下：

HH-□-□/□-□
└ 有Z字表示有中性接线柱
└ 极数
└ 额定电流
└ 设计序号
└ 封闭式负荷开关

(3)熔断器式刀开关:适用于工业企业配电网络中作为电缆、导线及用电设备的超载和短路保护。在正常的情况下,可供不频繁地手动接通和分断额定电流及小于额定电流的电路。熔断器式刀开关是 RT0 有填料熔断器和刀开关的组合电器,具有 RT0 有填料熔断器和刀开关的基本性能,在电路正常供电的情况下,接通和切断电源由刀开关来担任;当线路或用电设备超载或短路时,熔断器式刀开关的熔体熔断,及时切断故障电流。熔断器式刀开关的外形和结构如图 1-6 所示。

图 1-6　熔断器式刀开关外形和结构

熔断器式刀开关的型号和意义如下:

HR 3□/□□

- 操作方式及检查方向:
  - 1—正面侧方杠杆传动机构式,前检修
  - 2—正面中央杠杆传动机构式,后检修
  - 3—侧面操作手柄式,前检修
  - 4—无面板正面侧方杠杆传动机构式,前检修
- 极数(二极、三极)
- 额定电流
- 设计序号
- 开关代号

(二)刀开关的主要技术参数

刀开关的主要技术参数包括额定电压、额定电流、动稳定电流、热稳定电流(见使用说明书)等。刀开关的额定电压和额定电流是刀开关正常工作时允许承受的电源电压和通过的电流。动稳定电流是电路发生短路时,刀开关并不因短路电流产生的电动力作用而发生变形、损坏或触刀自动弹出之类故障的电流值。热稳定电流是指发生短路时,刀开关在一定时间(1 s)内通过某一短路电流,并不会因温度急剧升高而发生熔焊现象的电流值。

(三)刀开关的选择

1. 结构形式的选择

应根据所在线路中的作用及其在成套配电装置中的安装位置来确定。例如是作为隔离开关还是分断负载,是正面操作还是侧面操作,是直接操作还是杠杆传动,是板前接线还是板后接线等。

2. 额定电流的选择

刀开关的额定电流，一般应大于或等于所关断电路中各个负载额定电流的总和。若负载是电动机，则还要考虑启动电流而适当增加刀开关的额定电流。此外，选择刀开关时，还要考虑其电动稳定性峰值电流，应大于或等于电路可能出现的短路峰值电流。

（四）刀开关的安装及注意事项

（1）刀开关应垂直安装在开关板上，并使夹座位于上方。如夹座位于下方，则当刀开关打开时，刀架一旦松动，闸刀会因自重落下而造成误动作。

（2）刀开关作为隔离开关使用时，要注意操作顺序。分闸时，应先拉开负载开关，再拉开隔离开关。合闸顺序则刚好相反。

（3）刀开关在合闸时，应保证三相同时合闸并接触良好。如接触不良，常会因发热而造成短路。如负载是三相电动机，还会导致单相运行而损坏电动机。

（4）没有灭弧功能的刀开关，不能当作负载开关来分断电流。否则，由于电弧熄灭不了，会造成短路和缩短开关使用寿命。

（五）刀开关的电路符号

刀开关的电路符号如图 1-7 所示。

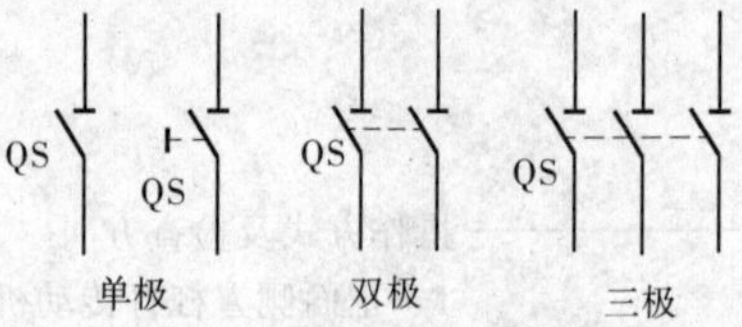

图 1-7　刀开关的电路符号

二、组合开关

组合开关又称为转换开关，是实现电路转换的电器。与一般刀开关不同的是，它的刀片是转动的且重量轻，触点的组合性强，能组成各种不同的线路。

组合开关是由若干个动触点及静触点分别装在数层绝缘件内组成的，手柄转动时动触点随之变换通断位置。其采用了扭簧储能结构，能快速接通和分断电路。组合开关结构如图 1-8 所示。

（一）组合开关的分类

组合开关分刀形转换开关和手拧式转换开关两大类。按接通的电路条数可分为单极、双极和三极。图 1-9 所示为三极的转换开关，手柄转动时，同时接通或断开三条电路。

组合开关的型号及意义如下：

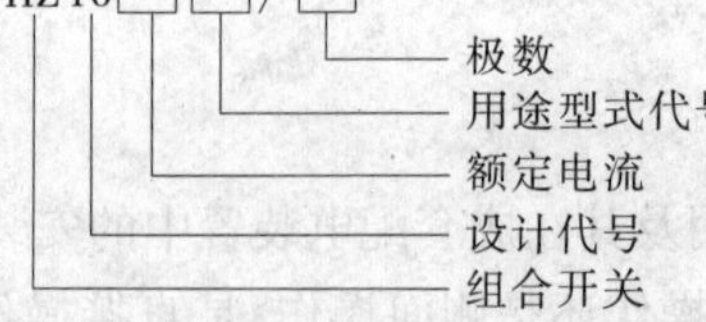

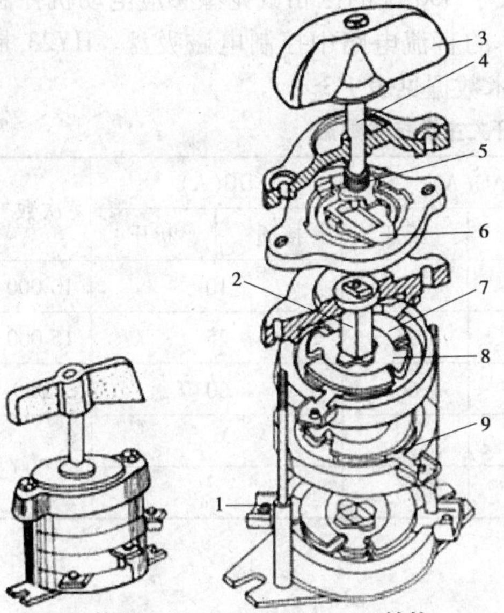

(a)外形　　(b)结构

1—接线柱;2—绝缘杆;3—手柄;4—转轴;5—弹簧;
6—凸轮;7—绝缘垫板;8—动触点;9—静触点

图 1-8　组合开关

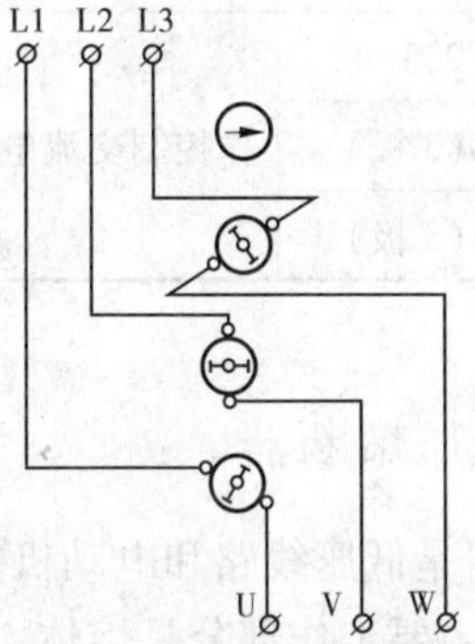

图 1-9　转换开关接线示意图

(二)组合开关的主要技术参数

组合开关的主要技术参数见表 1-2。

表 1-2　组合开关的主要技术参数

额定电压和电流	组合开关触点分断或接通状态下的电压和电流值
约定发热电流	组合开关在约定使用条件下达到允许的温升时的电流值
触点的机械寿命	组合开关触点不会产生机械故障所允许的通断次数
操作频率	组合开关每小时触点允许的通断次数
通断能力	一定条件下组合开关的触点能够接通或断开的最大电流

(三)组合开关的选择

组合开关的额定电压应大于等于安装地点线路的电压等级;用于照明或电加热电路时,组合开关的额定电流应大于等于被控制电路中的负载电流;用于电动机电路时,组合开关的额定电流是电动机额定电流的 1.5~2.5 倍;当操作频率过高或负载的功率因数较低时,转换开关要降低容量使用,否则会影响开关寿命;组合开关的通断能力差,控制电动机作可逆运转时,必须在电动机完全停止转动后,才能反向接通。

(四)常用组合开关

常用的组合开关有 HZ5、HZ10、HZ23、HY23 等系列。HZ5 和 HZ10 系列主要用于交流 50 Hz、电压 380 V 以下电路中的电源开关和鼠笼型电动机的启动、变速、换向等。HZ23 系列组合开关适用于交流 50 Hz 或 60 Hz、电压 500 V 的电路中作为电源引入开关或作为控制操作,也可作为操作频率每小时不大于 300 次的三相鼠笼型感应电动机控制操作。特殊结构的组合开关适用于电压 220 V 的直流电路中控制电磁吸盘。HY23 是 HZ23 的改进产品。HZ10 系列组合开关主要技术数据见表 1-3。

表 1-3　HZ10 系列组合开关主要技术数据

型号	用途	AC(A)		DC(A)		次数
		接通	断开	接通	断开	
HZ10－10(1,2,3 极)	作配电电器用	10	10	10		10 000
HZ10－25(2,3 极)		25	25	25		15 000
HZ10－60(2,3 极)	作控制交流电动机用	60	60	60		5 000
HZ10－10(3 极)		60	10			5 000
HZ10－25(3 极)		150	25			

三、低压熔断器

熔断器是低压线路和电动机控制电路中最简单、最常用的起过载和短路保护作用的电器,它的主要工作部分是熔体。熔断器应串联在被保护电器或电路的前面,当电路或设备发生超载或短路时,产生的大电流可将熔体熔化,从而分断电路起到保护作用。

熔体的材料有两种:在小容量电路中,多用分断力不高的低熔点材料(如铅锡合金、铅等);而在大容量电路中,多用分断力较高的高熔点材料(如铜、银等)。

(一)熔断器的分类

熔断器按结构不同可分为瓷插式、螺旋式、无填料封闭管式、有填料封闭管式等几种。按保护特性又可分为具有限流特性和不具有限流特性两种。

熔断器的型号及意义如下:

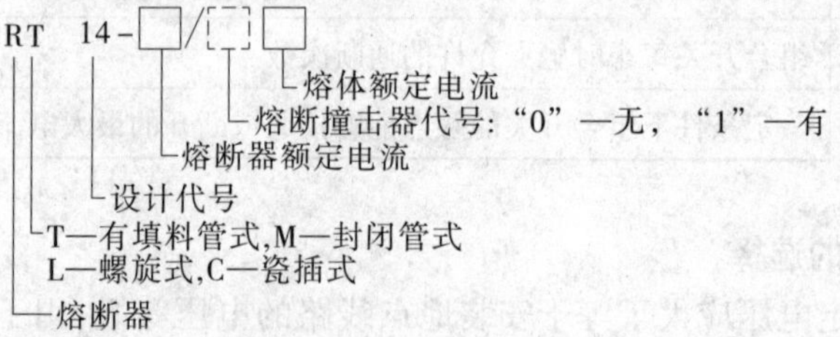

(二)低压熔断器的主要技术参数

(1)额定电压:熔断器长期工作或分断后能承受的电压。

(2)额定电流:各部件温升不超过规定值时能承受的电流。

(3)极限分断能力:在规定电压和功率因子条件下,能分断的最大短路电流值。

(三)低压熔断器的选择

(1)根据安装环境选择熔断器的形式。

(2)熔断器的额定电压大于安装地点的线路电压。

(3)熔断器的额定电流大于内部熔体的额定电流,熔体的额定电流由被保护电路或设备确定:

照明电路或没有冲击电流的负载电路,熔体的额定电流应大于等于线路工作电流,即

$$I_{FU} \geqslant I$$

对于电动机类负载,考虑到冲击电流的影响,熔体的额定电流按下式计算

$$I_{FU} \geqslant (1.5 \sim 2.5) I_N$$

保护多台电动机的熔断器,熔体的额定电流按下式计算

$$I_{FU} \geqslant (1.5 \sim 2.5) I_{Nmax} + \sum I_N$$

(4)熔断器的分断能力大于电路出现的最大故障电流;

(5)前后熔断器之间符合选择性配合原则,即电路故障时,距故障点最近的电源侧熔断器熔断,使故障影响面最小。

(四)常用低压熔断器

1. RC 系列瓷插式熔断器

瓷插式熔断器常用于 380 V 三相电路和 220 V 单相电路作保护电器,主要由瓷插座、动触点、熔体、瓷插件、静触点等组成,如图 1-10 所示。瓷座中部有一空腔,与瓷插件的凸出部分组成灭弧室,60 A 以上的瓷插式熔断器空腔中还垫有编织石棉层,用以加强灭弧功能。

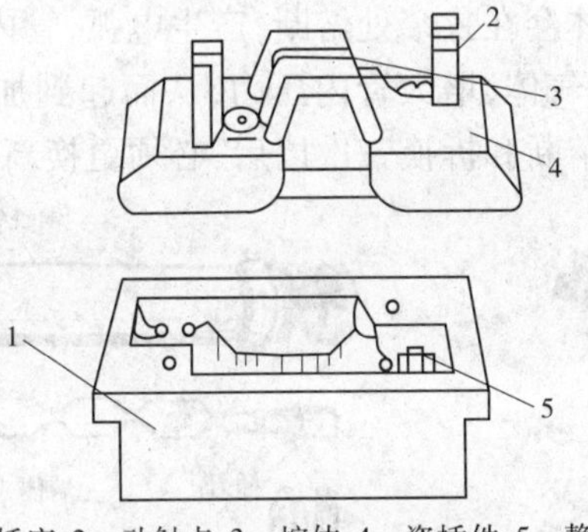

1—瓷插座;2—动触点;3—熔体;4—瓷插件;5—静触点

图 1-10　瓷插式熔断器

2. RL 系列螺旋式熔断器

螺旋式熔断器用于交流电压 380 V 以下、额定电流 200 A 以内的线路,作用电设备的超载和短路保护。螺旋式熔断器主要由瓷帽、熔断管(熔芯)、瓷套、上下接线桩及底座等组成,如图 1-11 所示。熔断管内除装有熔丝外,还填有起灭弧作用的石英砂。熔断管的上盖中心装有红色熔断指示器,一旦熔丝熔断,指示器即从熔断管上盖中脱出,并可从瓷帽上的玻璃窗口直接发现,以便拆换熔断管。

螺旋式熔断器接线时,电源进线必须接在与熔断器中心触片相通的下接线桩上,到负载的出线应接在与螺口相通的上接线桩上,这样在旋出瓷帽更换熔断管时,金属螺口不会带电,有利于操作人员的安全。

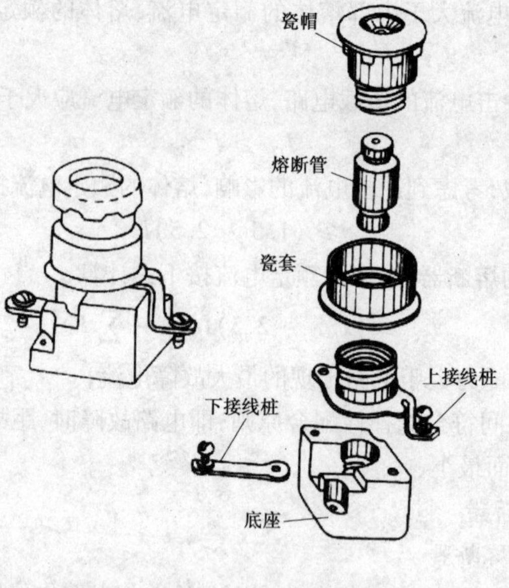

图 1-11　螺旋式熔断器

3. RM 系列无填料封闭管式熔断器

无填料封闭管式熔断器是用于交流电压 380 V、额定电流 1 000 A 以内的低压线路及成套配电设备中起超载和短路保护的。无填料封闭管式熔断器主要结构如图 1-12 所示。当过大电流通过熔体时，熔体会在狭窄处熔断，产生电弧，管内温度会急剧升高，而钢纸管在高温作用下将分解出大量气体，增大管内压力，从而起到加强灭弧的作用。因此，为保证其保护功能，凡是熔体被熔断和拆换三次以后，必须更换新熔断管。

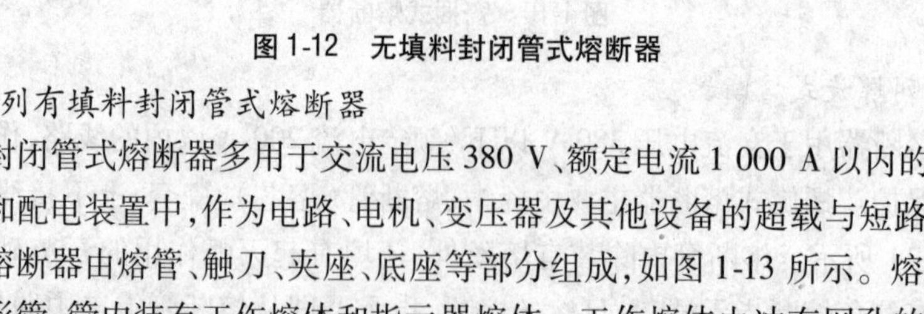

图 1-12　无填料封闭管式熔断器

4. RT 系列有填料封闭管式熔断器

有填料封闭管式熔断器多用于交流电压 380 V、额定电流 1 000 A 以内的高短路电流的电力网络和配电装置中，作为电路、电机、变压器及其他设备的超载与短路保护。有填料封闭管式熔断器由熔管、触刀、夹座、底座等部分组成，如图 1-13 所示。熔管由高频瓷制成波状方形管，管内装有工作熔体和指示器熔体。工作熔体由冲有网孔的薄紫铜片制成，中间焊有锡桥，并围成笼形，两端被上、下两片金属盖板压紧并与其连通。指示器熔体为康铜丝，与工作熔体并联，一旦工作熔体被熔断，线路电流将全部加在指示器熔体上，促使其迅速熔断，进而将红色熔断指示器弹开，伸出金属盖板外，以利于观察。熔管内填满直径为 0.5 ~ 1.0 mm 的石英砂，用以增强灭弧功能。

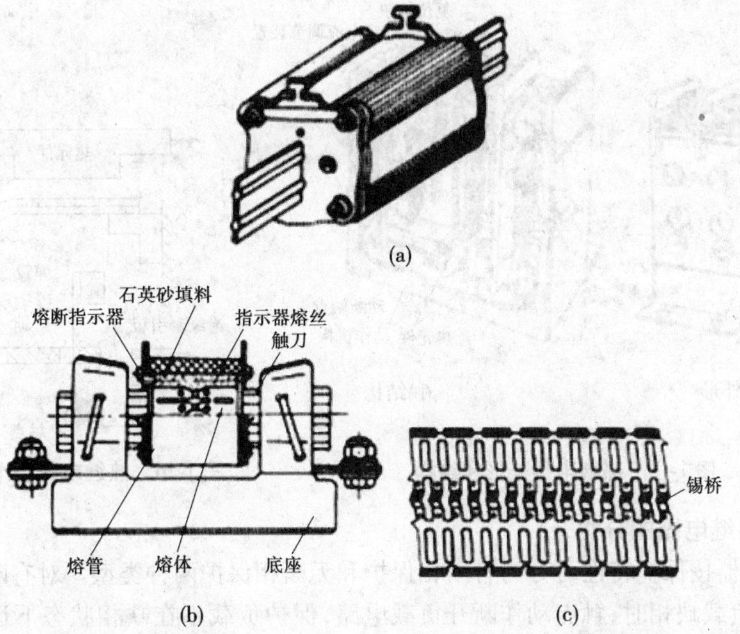

图 1-13　有填料封闭管式熔断器

(五) 熔断器的电路符号

熔断器的电路符号如图 1-14 所示。

图 1-14　熔断器的电路符号

四、热继电器

热继电器是对电动机和其他用电设备进行超载保护的控制电器。热继电器的外形如图 1-15(a)所示,内部结构如图 1-15(b)所示。

热继电器主要由热元件、触点、动作机构、复位按钮和整定电流调节装置等组成。其中热元件由电阻值不高的电热丝或电阻片绕成,包裹在热元件中的是双金属片(由两种热膨胀系数差异较大的金属薄片叠在一起而成)。热继电器的热元件串联在电动机或其他用电设备的主电路中,而其动断触点则串联在控制电路中。

热继电器的动作原理如图 1-16 所示。

如果电路或设备工作正常,通过热元件的电流未超过允许值,则热元件温度不高,不会使双金属片产生过大的弯曲,热继电器处于正常工作状态,可保持控制回路、主回路均导通。一旦电路超载,有较大电流通过热元件,热元件会烘烤双金属片,双金属片因上层膨胀系数小、下层膨胀系数大而向上弯曲,使扣板在弹簧拉力作用下带动绝缘牵引板,将动断触点断开,分断控制电路,进而通过接触器切断主电路,起到过载保护作用。

热继电器动作后,一般不能立即自动复位,须等电流恢复正常、双金属片复原后,再按动复位按钮(自动复位式除外),才能使动断触点回到闭合状态。

热继电器可以作过载保护但不能作短路保护,因其双金属片从升温到发生形变、再促使动断触点动作,需要一定的时间积累过程,故不可能在短路的瞬时迅速分断电路。

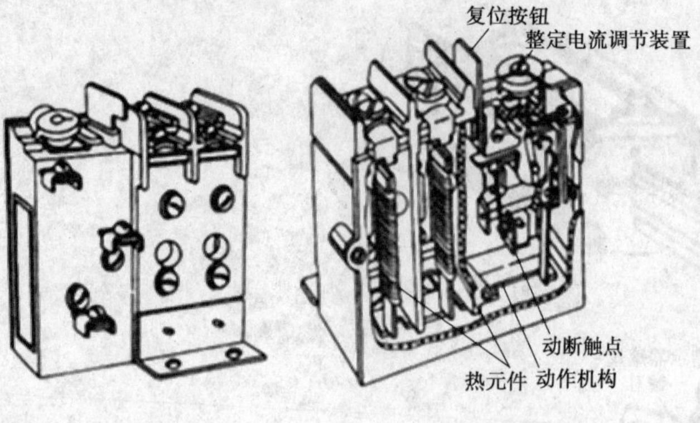

(a)外形　　　　(b)结构

图 1-15　热继电器外形和结构

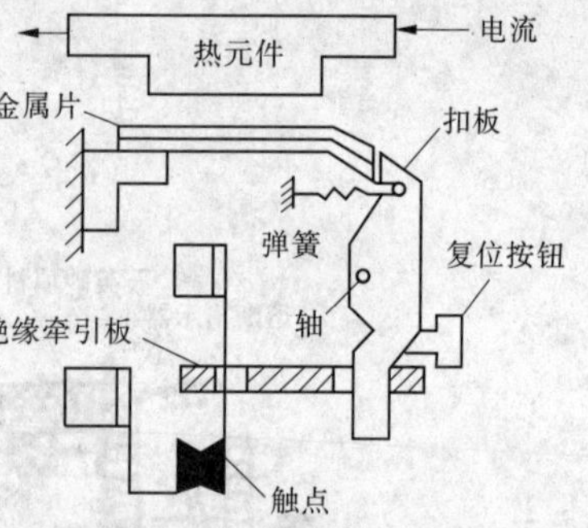

图 1-16　热继电器动作原理示意图

(一)热继电器的分类

热继电器按保护特性可分为有断相保护和无断相保护两种类型。对有断相保护的热继电器,当负载缺相时,触点动作断开负载电路,保护负载不在缺相状态下运行。对无断相保护功能的热继电器,负载缺相运行时则不动作。有断相保护的热继电器动作原理如图 1-17 所示。

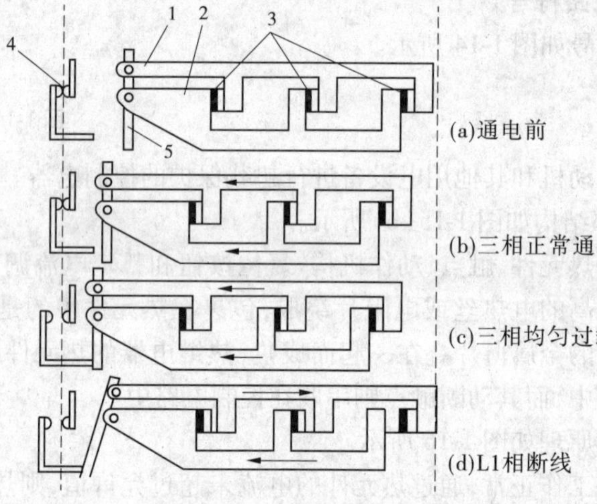

1—上导板;2—下导板;3—双金属片;4—动断触点;5—杠杆

图 1-17　有断相保护的热继电器动作原理

有断相保护的热继电器内部有上、下两块导板。通电前和三相正常工作时,它不动作。三相均匀超载时,双金属片的端部均向左弯曲,上、下导板同时左移,达到设定值时动作。当某一相断路,致使另两相超载时,断路相阻挡上导板左移,超载相使下导板产生差动力作用,使杠杆扭转,热继电器动作,起到断相保护作用。

热继电器的型号和意义如下:

JR 20-□ □/□

- 派生代号:TH—热带产品
- 特征代号:Z—与交流接触器组合安装
  L—独立安装
  GZ—标准导轨组装安装
  GL—标准导轨独立安装
- 额定电流
- 设计序号
- 热继电器

(二)热继电器的主要参数

(1)额定电压:指热继电器正常工作时允许的电源电压值。

(2)额定电流:指允许装入的热元件的最大额定电流值。

(3)热元件的额定电流:指热元件长期工作时允许通过的电流值。

(4)热继电器的整定电流:指热继电器的热元件允许长期通过,但又刚好不致引起热继电器动作的电流值。

(三)热继电器的选择

(1)根据被保护电路的连接方式确定热继电器的形式:星形负载或电源对称性较好时用两相式或三相式热继电器,三角形负载用三相有断相保护式。

(2)热继电器的额定电压不应低于安装地点的线路电压值。

(3)热继电器的额定电流按电动机的额定电流选择。保护过载能力差的电动机的热继电器,其热元件的额定电流取60% ~80%电动机额定电流。

(4)短时工作和过载可能性非常小的电动机不设过载保护。

(5)双金属片热继电器用于轻载、不频繁启动的电动机的过载保护。重载频繁启动的电动机用过电流继电器作过载和短路保护。

(6)重要设备用手动复位热继电器。安装地点远离操作地点,且易看清过载情况的,采用自动复位热继电器。

(四)常用热继电器

常用的热继电器有 JRS1、JR20、JR9、JR15、JR14 等系列。引进产品有 T 系列、3UA 系列。其中 JR20 系列具有断相保护、温度补偿、整定电流值可调、手动脱扣、手动复位、动作后的信号指示等功能。表1-4 列出了 JR20 系列热继电器的主要技术参数。

表1-4 JR20 系列热继电器的主要技术参数

型 号	额定电流(A)	热组件号	额定电流调节范围(A)
JR20-10	10	1R ~ 15R	0.1 ~ 11.6
JR20-16	16	1S ~ 6S	3.6 ~ 18
JR20-25	25	1T ~ 4T	7.8 ~ 29
JR20-63	63	1U ~ 6U	16 ~ 71
JR20-100	100	1W ~ 9W	33 ~ 176

(五)热继电器的电路符号

热继电器的电路符号如图 1-18 所示。

五、接触器

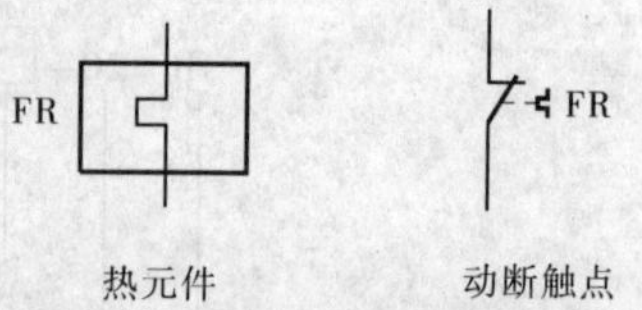

图 1-18　热继电器的电路符号

接触器是用来进行频繁地接通和断开交直流主电路或大容量控制电路的一种自动切换的远距离操纵电器。其主要控制对象是电动机，也可用于控制其他电力负载（如电热器、电焊机和电容器组等）。它依靠电磁铁带动触点动作从而完成电路通断的切换，并具有失压和欠压保护功能。

（一）接触器的分类

根据主触点接通电流的种类，可分为交流接触器和直流接触器；按驱动触点系统的动力不同，可分为电磁接触器、气动接触器、液压接触器。新型的真空接触器和晶闸管交流接触器正在逐步使用。目前最常见的是电磁接触器。

1. 交流接触器

1）交流接触器的结构

交流接触器主要由电磁系统、触点系统、灭弧装置和附件等部分组成。交流接触器因不具备短路保护作用，必须与熔断器、热继电器等保护电器配合使用。其外形和结构如图 1-19所示。

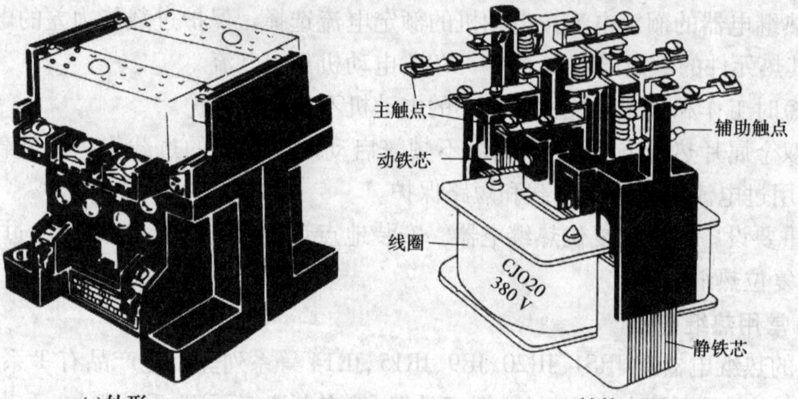

(a)外形　　(b)结构

图 1-19　交流接触器

（1）电磁系统：由电磁线圈、静铁芯、动铁芯（衔铁）等组成，其中动铁芯是与动触点支架连成一体的。电磁线圈由绝缘铜导线绕制成圆筒形，与铁芯之间有一定的间隙，便于铁芯散热，以免线圈与铁芯直接接触而烧坏。交流接触器的铁芯由硅钢片叠压而成，可减少交变磁通在铁芯中的涡流和磁滞损耗，避免铁芯过热。由于交变电流通过电磁线圈时，线圈磁场对衔铁的吸引力也是交变的，这将使动、静铁芯之间的吸引力随着交流电的变化而变化。因此，当交流电流通过零值时，线圈磁通也将为零，故而衔铁在复位弹簧的作用下将产生释放趋势，从而产生振动和噪声，加速动、静铁芯接触面的磨损，引起接触不良，严重时还会使触点烧蚀。为了消除这一弊端，可在铁芯柱端面的一部分嵌入一只短路的铜环（简称短路环），如图 1-20 所示。该短路环相当于变压器副边绕组，在线圈通入交流电流时，不仅线圈产生磁通，短路环中的感应电流也将产生磁通。短路环相当于纯电感电路，从纯电感电路的相位关系可知，线圈电流磁通与短路环感应电流磁通不会同时为零（即电源输入的交流电流通过零值时，短路环感应电流不为零），即使当线圈电流磁通为零时，短路环感应电流磁通产生的磁场将仍对衔铁起着吸合作用，从而克服了衔铁被释放的趋势，使衔铁在通电过程总是处于吸合状态，可明显减小振动和噪声，因此短路环又叫减振环。它通常由铜、康铜或镍铬合金制成。

（2）触点系统：按功能的不同可分为主触点和辅助触点两类。主触点用于通断电流较大的主电路，一般由三对动合触点组成；辅助触点用于通断电流较小的控制电路，它有动合与动断两种。触点一般是用导电性能较好的纯铜制成，并在接触点部分镶上银或银合金块，以减少接触电阻，延长使用寿命。触点按形状可分为桥式触点和指形触点两种。桥式触点又可分为点接触桥式和面接触桥式。图 1-21（a）属于点接触桥式触点，适用于工作电流不大、接触电压较小的场合，如辅助触点。图 1-21（b）属于面接触桥式触点，它的载流容量比点接触桥式触点要大，多用作小型交流接触器主触点。指形触点如图 1-21（c）所示，它的接触区域为一直线，触点闭合时可产生滚动接触，适用于动作频繁、负荷电流大的场合。无论是桥式触点或指形触点，都必须安装压力弹簧，随着触点的闭合，弹簧的作用力将加大触点之间的接触压力，减小接触电阻，改善导电性能，并消除有害的振动。

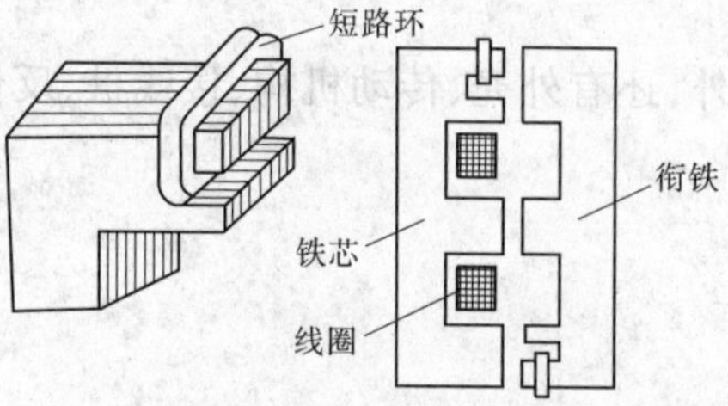

图 1-20　交流接触器铁芯上的短路环

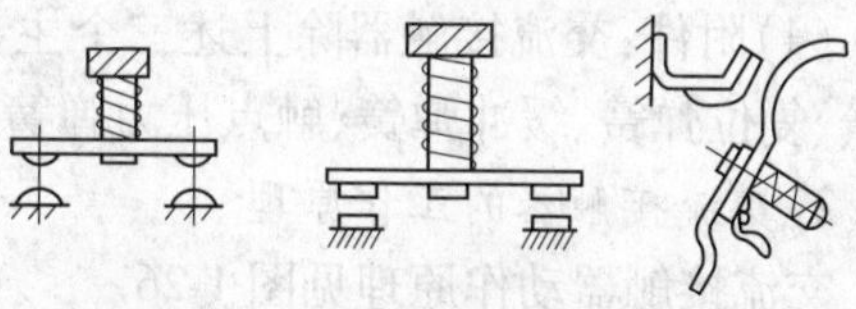

(a)点接触桥式　(b)面接触桥式　(c)线接触指形

图 1-21　交流接触器触点

（3）灭弧装置：用来熄灭交流接触器主触点在分断较大电流电路时所产生的电弧。它可保护触点不受电弧灼伤，避免造成相间短路。交流接触器中常用的灭弧方法有电动力灭弧、双断口灭弧、纵缝灭弧、栅片灭弧。电动力灭弧利用触点断开时自身的电动力把电弧拉长，扩大电弧散热面积，使电弧在拉长过程中很快散热而迅速熄灭。电动力灭弧如图 1-22 所示。双断口灭弧是将电弧先分成两段，在各段上又利用电动力加快散热速度而灭弧。其装置如图 1-23 所示，适用于桥式触点。纵缝灭弧借助于灭弧罩来完成灭弧任务。灭弧罩制成纵缝，且下宽上窄，如图 1-24 所示。触点伸入灭弧罩下部宽缝中。触点分断时产生的电弧随热气流上升，在窄缝中将热量传给室壁，达到降温、熄弧的作用。栅片灭弧也要借助灭弧罩完成。这种灭弧罩用陶土或石棉水泥制成。灭弧罩内装有由镀铜薄铁片组成的灭弧栅，各灭弧栅之间互相绝缘，如图 1-25 所示。触点分断电路时产生电弧，电弧又产生磁场，由于灭弧栅片是导磁的材料，它将使电弧上部的磁通通过灭弧栅片形成闭合回路。由于电弧的磁通上部稀疏、下部稠密，这种下密上疏的磁场分布将对电弧产生由下至上的电磁力，将电弧推入灭弧栅片中，分割成几段短电弧，这不仅使栅片之间的电弧电压低于燃弧电压，而且可通过栅片吸收电弧热量，从而可使电弧很快熄灭。

图 1-22　电动力灭弧

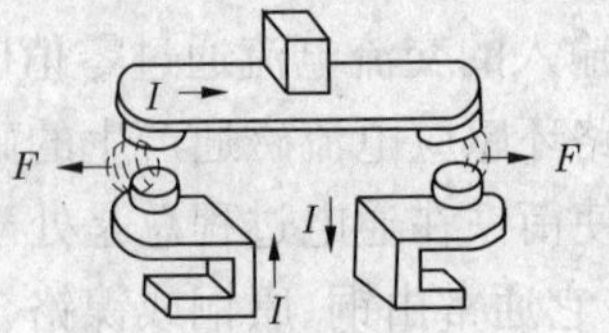

图 1-23　双断口灭弧

图 1-24　纵缝灭弧

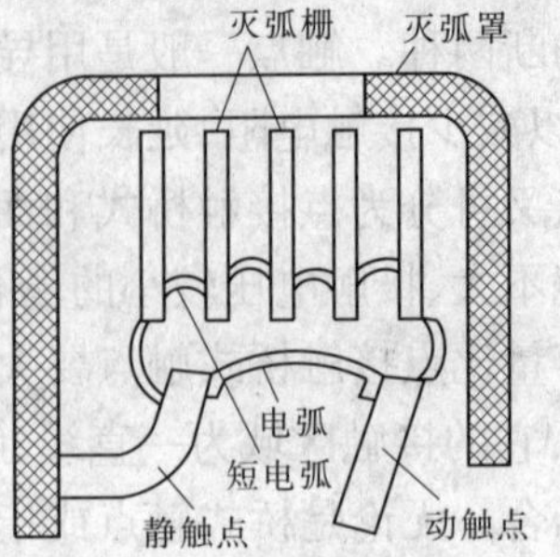

图 1-25　栅片灭弧

(4)附件:交流接触器除上述三个主要部分外,还有外壳、传动机构、接线桩、反作用弹簧、复位弹簧、缓冲弹簧、触点压力弹簧等附件。

2)交流接触器的工作原理

交流接触器动作原理见图 1-26。

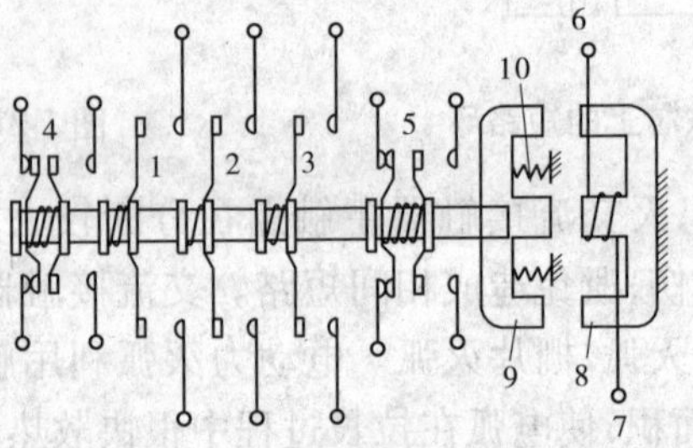

1、2、3—主触点;4、5—辅助触点;6、7—电磁线圈;8—铁芯;9—衔铁;10—反作用弹簧

图 1-26　交流接触器动作原理示意图

当交流电流通过交流接触器的电磁线圈时,电磁线圈可产生磁场,动、静铁芯被磁化而互相吸引(当动铁芯被吸引向静铁芯时,与动铁芯相连的动触点也被拉向静触点),动铁芯可克服弹簧反作用力向静铁芯运动,使动合主触点和动合辅助触点闭合(与此同时,动断辅助触点分断)。于是动合主触点接通主电路,动合辅助触点接通有关控制电路(动断辅助触点则分断另外的二次电路)。如果电磁线圈断电,磁场消失,动、静铁芯之间的引力也消失,动铁芯会在复位弹簧的作用下复位,从而牵动动触点与静触点分离,断开主触点和动合辅助触点,分断主电路和有关的控制电路。

交流接触器的型号及意义如下:

CJ 20 - □□/□□

- 温热带产品派生代号(HT)
- 辅助规格代号:03—380 V(可不写),06—660 V,11—1 140 V
- 组成矿用启动器的接触器用“K”表示
- 基本规格代号，用380 V,AC-3额定工作电流数值表示
- 序号
- 交流接触器

CJ20 系列交流接触器的主要技术参数见表 1-5。

表 1-5　CJ20 系列交流接触器的主要技术参数

型号	额定电压(V)	额定电流(A)	AC3 使用类别下的额定控制功率(kW)	约定发热电流(A)	结构特征	机/电寿命(万次)操作频率(次/h)
CJ20-10	220	10	2.2	10	辅助触点 10 A 2 动合、2 动断	1 000/100　1 200
	380	10	4			
	660	5.8	7.5			
CJ20-100	220	100	28	125		600/120　1 200
	380	100	50			
	660	63	50			
CJ20-400	220	400	115	400	辅助触点 16 A 其组合形式可为:4 动合,2 动断;3 动合,3 动断;2 动合,4 动断	300/600　600
	380	400	200			

2. 直流接触器

直流接触器也主要由电磁系统、触点系统、灭弧装置和附件等部分组成。主触点用来接通或断开大电流电路。一般采用单极或双极的指形触点。辅助触点用来通断小电流电路,采用双断点桥式触点。电磁机构的铁芯和衔铁采用整块铸铁或铸钢做成。线圈做成长而薄的圆筒状,以便线圈电阻产生的热量散发出去。灭弧装置采用瓷吹式灭弧。直流接触器的结构原理图如图 1-27 所示。

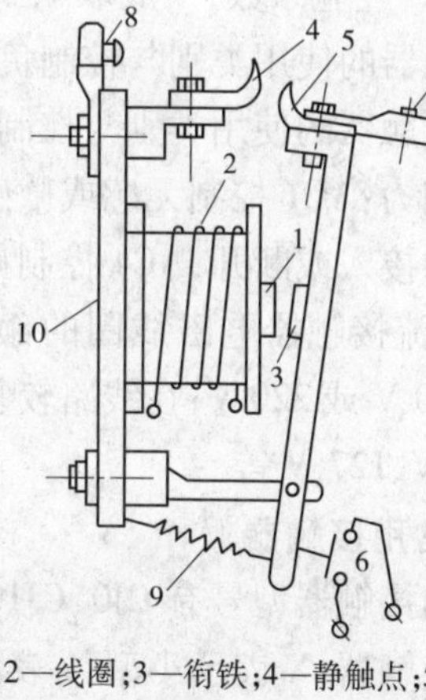

1—铁芯;2—线圈;3—衔铁;4—静触点;5—动触点;6—辅助触点;7、8—接线柱;9—反作用弹簧;10—底板

图 1-27　直流接触器的结构原理图

直流接触器的型号及意义如下:

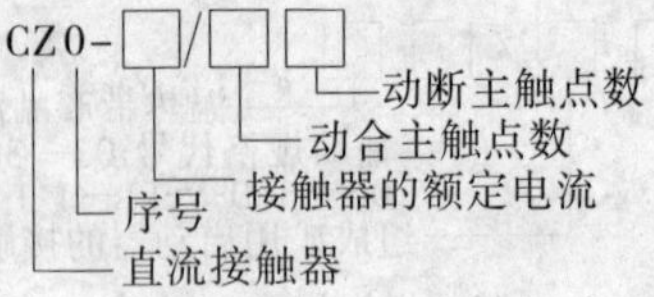

(二)接触器的主要参数

(1)额定电压:交流接触器的额定电压有两个:一个是主触点的额定电压,由主触点的物理结构、灭弧能力决定;二是吸引线圈的额定电压,由吸引线圈的电感量决定。而主触点和吸引线圈额定电压是根据不同场所的需要而设计的。例如主触点额定电压 380 V 的交流接触器的吸引线圈的额定电压就有 36 V、127 V、220 V 与 380 V 多种规格。

(2)额定电流:指主触点在额定电压和规定使用类别、工作频率时的正常工作电流。

(3)机械寿命和电气寿命:用通断次数表示。一般机械寿命在 1 000 万次以上;电气寿命在 100 万次以上。

(4)操作频率:用每小时允许的操作次数表示,一般有 300 次/h、600 次/h 和 1 200 次/h。

(5)接通与分断能力:指主触点在规定条件下能可靠接通和分断的电流值。

(三)接触器的选择

(1)接触器的类型选择,依据负载电流的种类来选择是用交流还是直流的。

(2)主触点的额定电压应大于等于负载额定电压。

(3)主触点的额定电流应大于等于被控回路的额定电流。对于电动机负载,可按经验公式计算

$$I_C = \frac{P_N \times 10^3}{KU_N}$$

式中 P_N——电动机的额定功率;

U_N——电动机的额定电压;

K——经验系数,一般取 1~1.4。

当接触器的使用类别与控制负载的类别相同时,接触器的触点电流等级略大于负载电流。当接触器的使用类别与控制负载的类别不相同时,接触器就要降级使用。接触器的使用类别为:AC1 控制无感或微感负载,AC2 控制绕线式电动机的启停,AC3 控制鼠笼型电动机的接入或断开,AC4 控制鼠笼型电动机的启动、反接制动、反转、点动等项操作。

(4)交流接触器电磁线圈的额定电压应与被控制辅助电路电压一致。对于简单电路,多用380 V 或 220 V;在线路较复杂或有低压电源的场合或工作环境有特殊要求时,也可选用 36 V、127 V 等。

(四)常用接触器

常用的接触器型号有 CJ0、CJ10、CJ20 及 CJX1(3TB)等。型号 CJX1-32 的意义:CJ 表示交流接触器,X 表示小型,1 表示设计序号,32 表示额定电流。

(五)接触器的电路符号

接触器的电路符号如图 1-28 所示。

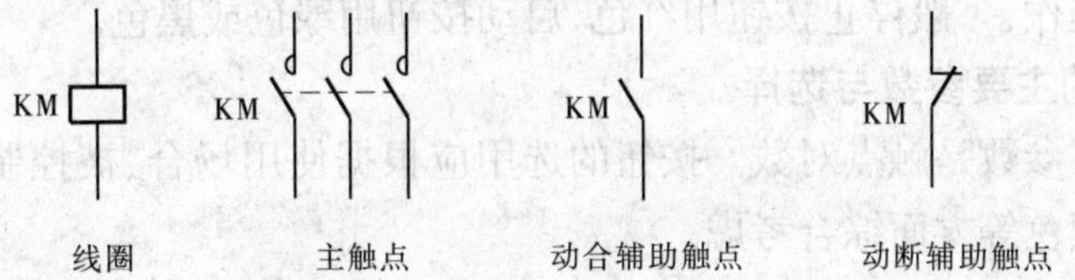

图 1-28　接触器的电路符号

六、按钮

按钮又叫控制按钮或按钮开关,是一种手动控制电器。它只能短时接通或分断 5 A 以下的小电流电路,向其他电器发出指令性的电信号,控制其他电器动作。由于按钮载流量小,故不能用它直接控制主电路的通断。按钮主要由按钮帽、复位弹簧、动断触点、动合触点、接线柱及外壳等组成,如图 1-29 所示。

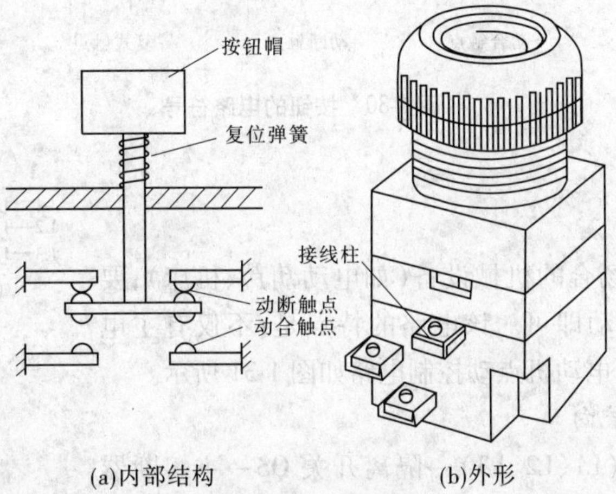

图 1-29　按钮的结构

按钮的型号和意义如下:

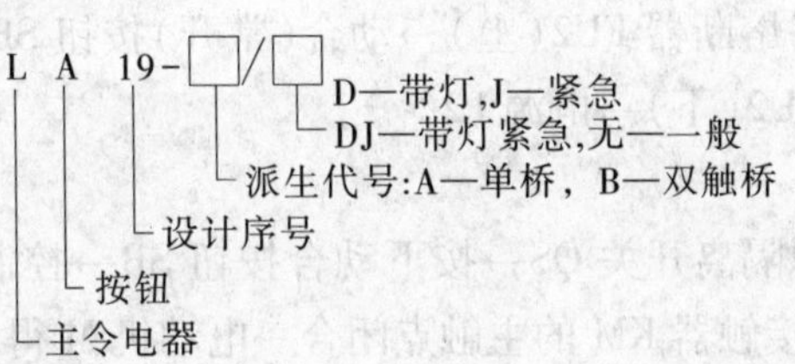

(一) 按钮的分类

按钮按照结构形式的不同可分为指示灯式、紧急式(突出蘑菇形按钮帽)、钥匙式和旋钮式四种。

根据按钮在电路中所起的作用,又可分为启动按钮(动合按钮)、停止按钮(动断按钮)和复合按钮(既有动合触点,又有动断触点)。

复合按钮在按下按钮帽令其动作时,首先断开动断触点,再通过一定行程后才能接通动合触点;而松开按钮帽时,复位弹簧先将动合触点分断,通过一定行程后动断触点才闭合。为防止误操作，一般停止按钮用红色，启动按钮用绿色或黑色。

（二）按钮的主要参数与选择

按钮的主要参数是触点对数。按钮的选用应根据使用场合、被控制电路所需触点的数目及按钮的颜色等方面综合考虑。

（三）常用按钮和按钮的电路符号

常用的按钮有 LA2、LA4、LA18、LA19、LA20、LA25 等系列。按钮的电路符号如图 1-30所示。

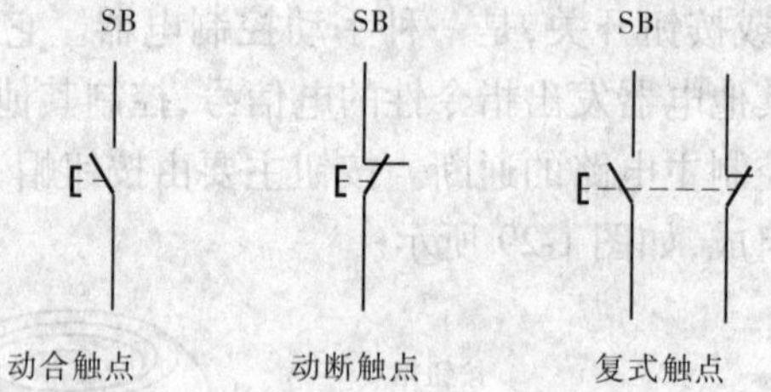

图 1-30　按钮的电路符号

【任务实施】

对于有些生产场合的机械设备（如电动葫芦、机床），要求电动机能实现点动即可。该电路的特点是：不仅有主电路，还有控制电路。电动机点动控制电路如图 1-31 所示。

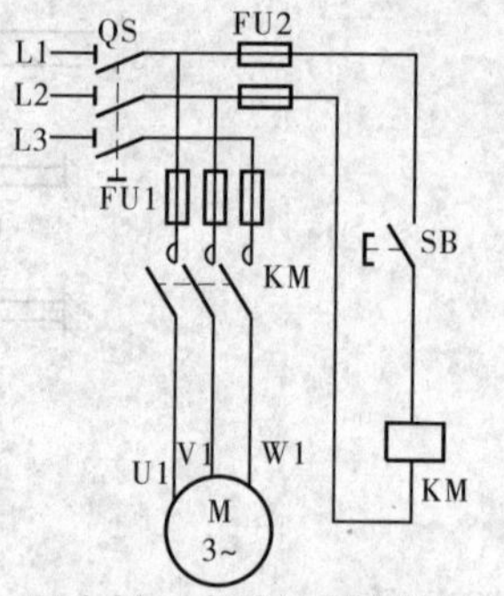

图 1-31　点动控制电路

1. 主电路电流流向

三相交流电源（L1、L2、L3）→隔离开关 QS→主熔断器 FU1→交流接触器主触点 KM→电动机 M。

2. 控制电路电流流向

电源 L1→控制电路熔断器 FU2（上）→动合（常开）按钮 SB→交流接触器电磁线圈 KM→控制电路熔断器 FU2（下）→电源 L2。

3. 工作原理

启动运行：合上电源隔离开关 QS→按下动合按钮 SB→控制回路接通→接触器 KM 的线圈得电→主电路中接触器 KM 的主触点闭合→电动机 M 得电启动并运行。

停止：松开动合按钮 SB→控制回路分断→接触器 KM 的线圈失电→主电路中接触器 KM 的主触点断开→电动机 M 即失电而停止转动。

这种只有当按下按钮电动机才能运转，松开按钮电动机即停转的电路，我们称之为点动控制电路，该电路常用于快速移动或调整机床。

4. 电路特点

优点：可减轻劳动强度，提高操作的安全性；可实现远距离控制。

缺点：对于需要较长时间连续运行的电动机，操作不方便。

【知识拓展】

一、三相异步电动机

异步电动机又称感应电动机，是由气隙旋转磁场与转子绕组感应电流相互作用产生电磁转矩，从而实现机电能量转换为机械能量的一种交流电机。异步电动机按照转子结构分为两种形式：鼠笼型异步电动机和绕线式异步电动机。

（一）鼠笼型异步电动机的结构

鼠笼型异步电动机由定子和转子两部分组成，定子和转子之间留有很小的空气间隙。鼠笼型异步电动机的结构如图1-32所示。

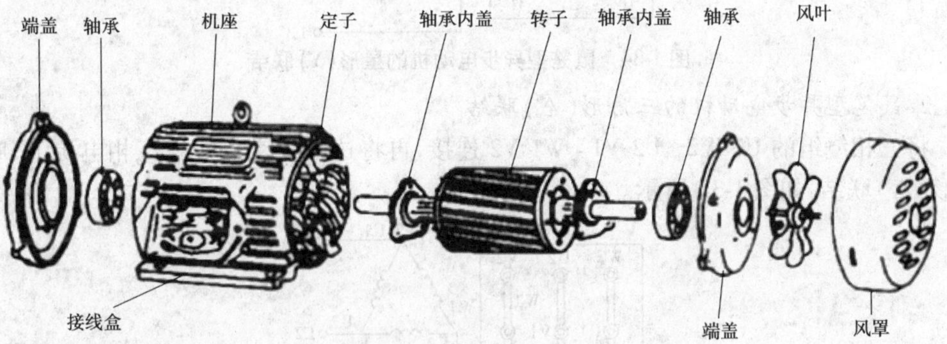

图1-32　鼠笼型异步电动机的结构

1. 定子

定子由定子铁芯、定子绕组、机座组成。其作用是通入三相交流电源时产生旋转磁场。定子铁芯组成电动机磁路的一部分；定子绕组组成电动机的电路部分，它由若干线圈组成三相绕组；机座主要用于容纳定子铁芯和绕组并固定端盖。

2. 转子

转子由转子铁芯、转子绕组和转轴三部分组成。其作用是在定子旋转磁场感应下产生电磁转矩，沿着旋转磁场方向转动，并输出动力带动生产机械运转。鼠笼型异步电动机的转子结构见图1-33。

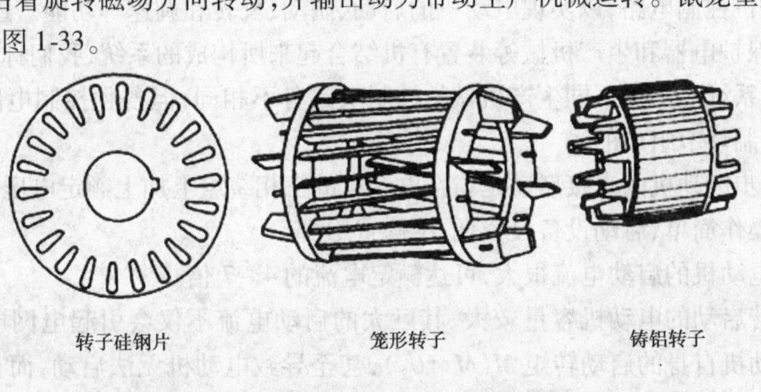

图1-33　鼠笼型异步电动机的转子结构

定子铁芯、转子铁芯和两者之间的空气隙构成电动机的完整磁路。

3. 其他附件

除定子和转子外，有端盖、轴承、轴承盖、风叶、接线盒等。

（二）鼠笼型异步电动机的接线

电动机的接线指定子三相绕组、六个线端的连接方法。

1. 鼠笼型异步电动机的星形（Y）联结

将三相绕组首端 U1、V1、W1 接电源，尾端 U2、V2、W2 连接在一起，叫星形（Y）联结，如图 1-34 所示。

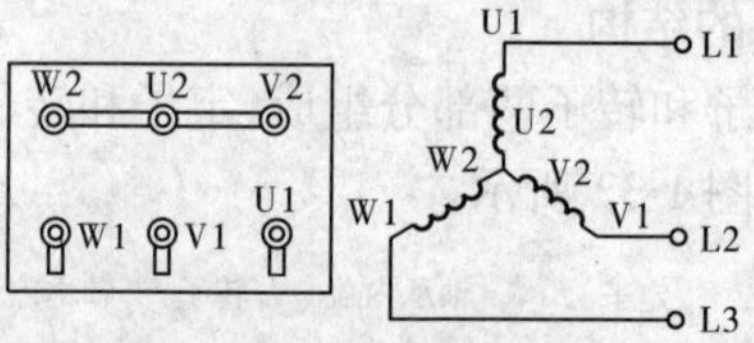

图 1-34　鼠笼型异步电动机的星形（Y）联结

2. 鼠笼型异步电动机的三角形（△）联结

将三相绕组的 U1 W2、U2 V1 、W1 V2 连接，再将这三个交点接在三相电源上，叫三角形（△）联结，如图 1-35 所示。

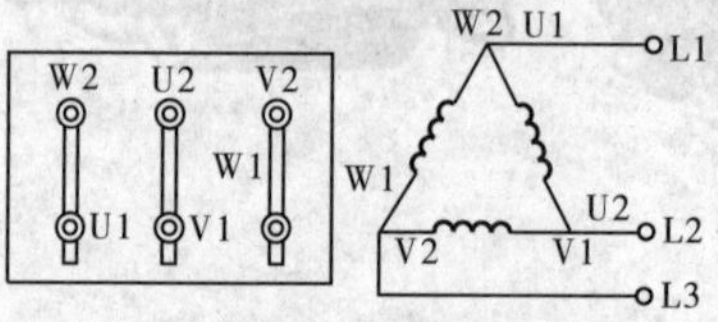

图 1-35　鼠笼型异步电动机的三角形（△）联结

目前生产的额定电压为 380 V、4 kW 以上的 Y 系列三相异步电动机均为△接法，以便采用 Y－△启动。

二、三相异步电动机的直接启动

在生产过程中，由于不同生产机械的动作各不相同，故电动机的运转方式也必然不一样。为了实现电动机的不同运转方式，常将接触器、继电器、主令控制器等电气组件组成相应的电动机控制电路，以实现电动机的启动、制动、反转和调速等功能。这种将电动机、控制电器、保护电器和生产机械等装置有机结合起来所构成的系统，我们称之为电力拖动的自动控制系统。虽然不同生产机械的控制电路各不相同，但各种控制电路总是由一些最基本的控制环节组成的。

三相异步电动机的直接启动是指在电动机的三相绕组上加上额定电压而进行启动。

优点：操作简单、启动设备投资低、维修费用少。

缺点：电动机的启动电流很大，可达额定电流的 4～7 倍。

后果：若启动的电动机容量较大，其巨大的启动电流不仅会引起电网电压的过分下降，影响电动机自身的启动转矩 $M(M\propto U_2)$，甚至导致电动机无法启动，而且还会影响其他设备的稳定运行。

能进行直接启动的条件是：电动机容量应比为其提供电源的变压器容量小很多，其启动电流在系统中引起的电压降应不超过额定电压的10% ~15%。

【思考与练习】

1. 什么是低压电器？低压电器是如何分类的？
2. 常用的低压刀开关有哪几种？各自有何特点及适用哪些场合？
3. 什么是熔断器？其熔体常采用哪些材料？常用的低压熔断器有哪几种？
4. 什么是热继电器？它主要由哪些部件组成？又是如何起到过载保护作用的？
5. 什么是接触器？交流接触器主要由哪几部分组成？分析交流接触器的动作原理。
6. 什么是按钮？根据按钮触点结构、数量和用途的不同可分为哪三种？
7. 画出电动机点动控制电路的原理图并分析其工作原理。

任务二　三相异步电动机长动控制电路的制作与检修

【学习内容】

三相异步电动机长动控制电路的制作与检修。

【学习目标】

1. 知识目标

(1)了解电气原理图、电气元件布置图、电气安装接线图的绘制原则。

(2)了解三相异步电动机长动控制电路的原理图、接线图。

2. 能力目标

(1)能够绘制三相异步电动机长动控制电路的原理图、接线图。

(2)能够制订电路的安装工艺计划。

(3)会按照工艺计划进行线路的安装、调试和检修。

(4)会作检修记录。

【任务导入】

在有的生产场合，需要生产设备长时间运行(如水厂的水泵)，因而前述的电动机点动控制电路就不适合了。那么如何实现对电动机长时间运行的控制(长动控制)？能否在电动机点动控制电路的基础上改进而实现呢？

【相关知识】

一、电气图的分类

电气控制系统是由许多电气元件按照一定要求连接而成的。为了表达生产机械电气控制系统的结构、原理等设计意图，同时也为了便于电气系统的安装、调试、使用和维修，需要将电气控制系统中各电气元件及其连接用一定图形表达出来，这种图就是电气控制系统图。电气控制系统图一般有3种:电气原理图、电气元件布置图、电气安装接线图。

(1)电气原理图是根据简单清晰和便于阅读、分析控制线路的原则,采用电气组件展开的形式绘制成的图样。

(2)电气元件布置图是表明电气设备上所有电气组件实际位置的图(常和电气安装接线图配合使用)。

(3)电气安装接线图是按照规定的符号和图形,根据各电气组件相对位置绘制的实际接线图。它可表示各电气组件的相对位置及其之间的连接。注意:不仅要把同一电气组件的各个部件画在一起,而且各部件的布置尽量符合安装的情况。

电气组件的明细表是将成套装置设备中的各组成部件的名称、型号、规格、数量列成表格,供准备材料或维修时使用。

二、电气图的绘制要求

电气图不是严格按照几何尺寸和位置绘制的,而是用规定的标准符号和文字表示系统或设备组成部分之间的关系。电气图主要表达的是组件和连接线。连接线可用单线法和多线法绘制,两种方法可在同一图中混用。电气组件可采取集中表示、半集中表示和分开表示法。电气图的图形和文字符号按照GB/T 4728—2008《电气简图用图形符号》的规定画出。

(一)电气原理图绘制规则

(1)电路图在布局上采用功能布局法,即把电路划分为主电路和辅助电路,按照主电路与辅助电路从左到右、从上到下布置,并尽可能按工作顺序排列。

(2)全部带电部件,都在原理图中表示出来。

(3)电路图中各电气组件,一律采用国家标准规定的图形符号绘出,用国家标准文字符号标记。

(4)电气组件可以采用分开表示法。

(5)继电器、接触器、制动器和离合器等都按照非激励状态绘制,机械控制的行程开关应按其未受机械压力的状态绘制。

(6)布局要合理,排列均匀。

(7)电路垂直布置时,类似项目横向对齐;水平布置时,类似项目纵向对齐(如接触器线圈)。

(8)原理图中有连接的交叉线用黑圆点表示。

(9)复杂的原理图要进行图幅分区及位置索引。即在图的边框处,竖边方向用大写拉丁字母、横边方向用阿拉伯数字编号,顺序从左上角开始,给项目建立一个坐标。行的代号用拉丁字母,列的代号用阿拉伯数字。区的代号用字母和数字的组合,字母在左,数字在右。具体用时,水平布置的图,只需标明行的标记。垂直布置的图,只需标明列的标记。区下面的文字表示该区的组件或电路功能(如接触器KM下面的数字依次表示主触点的图区、动合触点的图区和动断触点的图区)。

(10)电气组件的数据和型号用小号字体标注在电器代号下面,导线截面用斜线引出标注。

某车床电气原理图如图 1-36 所示。

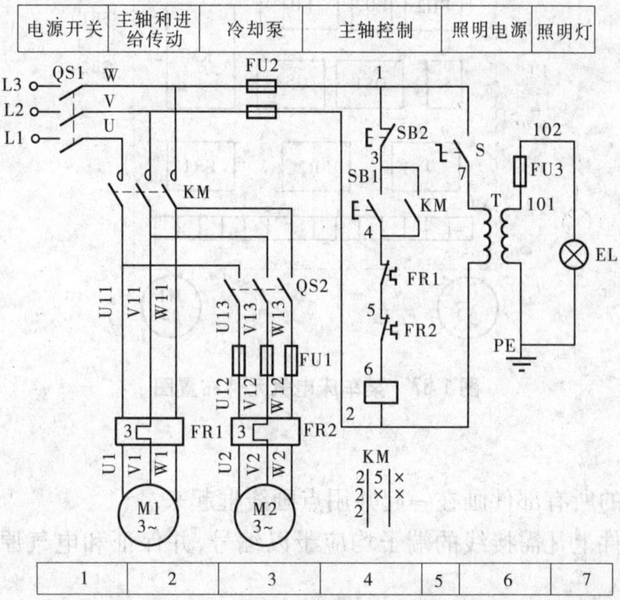

图 1-36　某车床电气原理图

(二)电气元件布置图的绘制规则

一个自动控制系统的电气控制线路通常很复杂,因此绘制电气元件布置图时应先根据电气元件各自安装的位置划分成几个部分。每个部分电气元件的布置应满足以下原则:

(1)体积大且较重的组件应安装在电气板的下面,发热组件应安装在电气板的上面;

(2)弱电与强电分开并注意弱电屏蔽,防止强电干扰弱电;

(3)需要经常维护和调整的电气元件应安装在适当的地方;

(4)电气元件的布置应考虑整齐、美观,结构和外形尺寸相近的电气元件应安装在一起,以利于安装和配线;

(5)电气元件布置图根据电气元件的外形进行绘制,并要求标出各电气元件之间的间距尺寸和公差范围,各种电气元件的布置不宜过密,要有一定的间距以便于维护和检修;

(6)在电气元件布置图中,还要根据本元件进出线的数量和导线的规格选择进出线方式及适当的接线端子板、接插件,并按一定顺序在电气元件布置图中标出进出线的接线号。

某车床电气元件布置图如图 1-37 所示。

注意:绘图时,应根据各电气元件的安装位置不同进行划分(如图中的 SB1、SB2、照明灯 EL 及电动机 M1、M2 等没有安装在电气箱内)。同时应根据各电器的实际外形尺寸按一定比例进行电器布置及选择进出线方式和接线端子。

(三)电气安装接线图的绘制原则

(1)在接线图中,各电气组件的相对位置与实际安装相对位置一致,并按同一比例尺

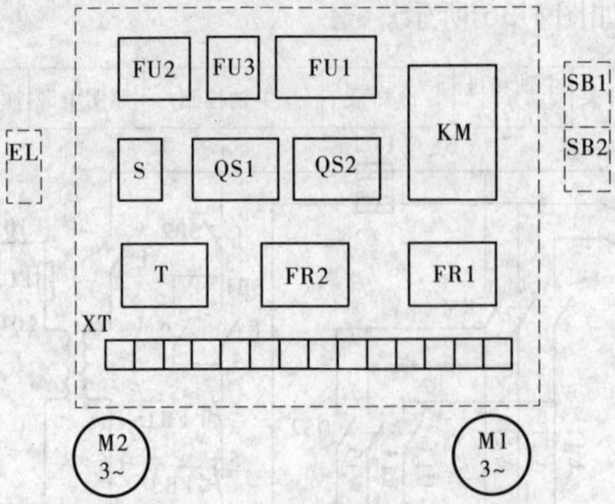

图 1-37　某车床电气元件布置图

寸绘制。

(2)一个组件的所有部件画在一起并用点画线框起来。

(3)各电气组件上凡需接线的端子均应予以编号,并保证和电气原理图中的导线编号一致。

(4)在接线图中,所有电气组件的图形符号、各接线端子的编号和文字符号应与原理图中的一致。

(5)电气安装接线图中的导线一律用细实线表示,同一通道中的多条接线可用一条线来表示。接线很少时,可直接画出接线方式;接线多时,可采用符号标注法(即在电气组件的接线端标明接线的线号和走向),不用画出接线。

(6)在接线图中,应当标明配线用的电线型号、规格、标称截面,穿线管的种类、内径、长度以及接线根数、接线编号。

(7)安装在底板内、外的电气组件之间的连线需通过接线端子板进行,并在接线图中标明有关接线安装的技术条件。

某车床电气安装接线图如图 1-38 所示。

【任务实施】

一、电动机长动(自锁)控制电路分析

对于需要连续运行的电动机,我们可以在点动控制的基础上,一方面保持主电路不变;一方面在控制电路中串联一动断(停止)按钮 SB1,并在启动按钮 SB2 旁并联一对接触器动合辅助触点 KM(3 -4),即可变为电动机长动(自锁)控制电路。电动机长动(自锁)控制电路原理图如图 1-39 所示。

(一)主电路

与点动控制电路相同。

(二)控制电路

启动按钮 SB2 及接触器动合辅助触点 KM(1 -2)均处于断开状态。只要 SB2 或与之

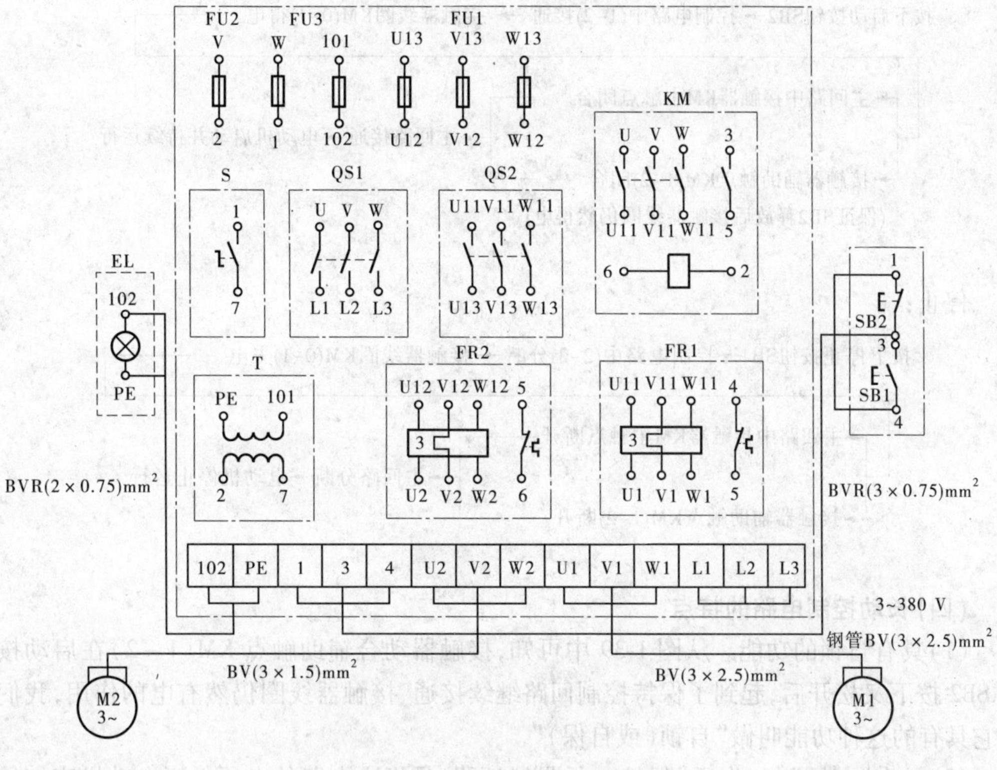

图 1-38　某车床电气安装接线图

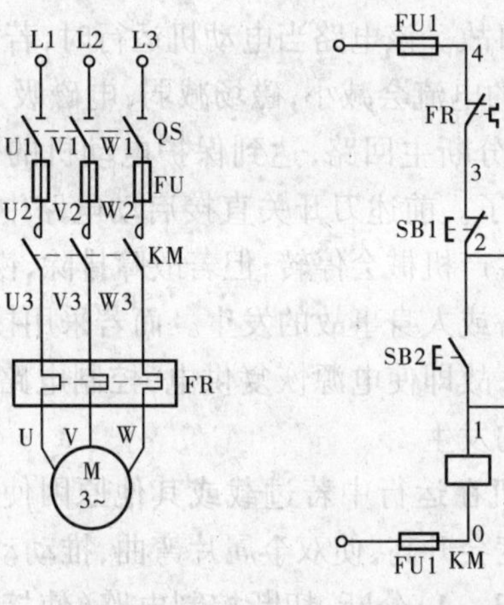

图 1-39　电动机长动(自锁)控制电路

并联的接触器动合辅助触点 KM(1－2)任意一点接通,控制电路即可接通,使接触器线圈得电动作。

(三)工作原理

启动:

按下启动按钮SB2→控制电路中(1–2)接通→接触器线圈KM(0–1)得电

→主回路中接触器KM主触点闭合

→接触器辅助触点KM(1–2)闭合
(保证SB2释放后接触器线圈仍然得电)

→主回路接通→电动机启动并持续运行

停止：

按下停止按钮SB1→控制电路中(2–3)分断→接触器线圈KM(0–1)失电

→主回路中接触器KM主触点断开

→接触器辅助触点KM(1–2)断开

→主回路分断→电动机停止运行

(四)长动控制电路的特点

(1)具有自锁的功能。从图1-39中可知，接触器动合辅助触点KM(1–2)在启动按钮SB2按下又松开后，起到了保持控制回路继续接通、接触器线圈仍然有电的作用，我们把它具有的这种功能叫做“自锁(或自保)”。

(2)具有“欠压”与“失压”保护。所谓“欠压”，是指主电路的电压低于电动机应加的额定电压。当电动机处于“欠压”运行时，其转矩降低、转速变慢、电流增大、温升过高，严重时甚至会损坏电动机，造成事故。该电路当电动机运行时，若电源电压降低到低于额定电压的85%，流经接触器线圈的电流会减小，磁场减弱，电磁吸力克服不了反作用弹簧的推力，动铁芯释放，从而可自动分断主回路，达到保护电动机的作用。而所谓“失压”，是指给电动机供电的主电源断开了。前述刀开关直接启动电路中，当电动机在运转过程中遇到线路故障或突然停电时，生产机械会停转；但若故障排除，恢复供电，电动机则会自行重新启动，这很可能会引起设备或人身事故的发生。而若采用接触器自锁控制电路，由于断电后自锁触点处于分断位置，故即使电源恢复供电，控制电路不会自行接通，电动机也不可能自行启动，可避免事故的发生。

(3)具有过载保护。电动机在运行中若过载或其他原因使主回路电流超过允许值，因热组件通过了大电流，其温度会升高，使双金属片弯曲，推动动作机构，将串联在控制回路中的热继电器动断触点FR(3–4)分断，切断控制电路(使接触器的线圈断电、主触点释放)，进而切断主电路，使电动机断电停转，从而起到了过载保护的作用。而该电路若要使电动机再次启动，则必须等热组件和双金属片冷却并恢复原状后，再按复位按钮(自动复位型除外)使热继电器的动断触点FR(3–4)复位后，才可进行。

二、电动机长动(自锁)控制电路的制作

(1)根据画电气原理图的原则和方法画出三相异步电动机长动(自锁)控制线路的原

理图，如图 1-39 所示。

(2)根据电气原理图、电气元件布置图和电气安装接线图的绘制原则画出三相异步电动机长动控制电路的接线图，如图 1-40 所示。

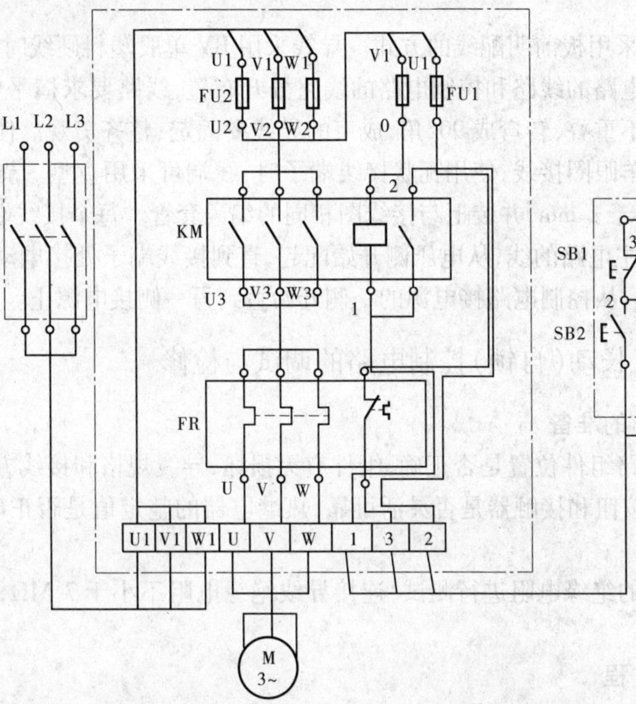

图 1-40 电动机长动控制电路接线图

(3)填写材料配置清单(见表 1-6)并领料。

表 1-6 三相异步电动机自锁控制电路材料配置清单

代号	器件名称	型号规格	数量	备注
QS	闸刀开关	HK2－15/3	1	
FU	熔断器	RC1A	5	
KM	交流接触器	CJ20－16	1	
FR	热继电器	JR20－16	1	
SB	启停按钮	LA19	1	双联按钮
M	电动机	三相异步电动机	1	7.5 kW 以下
	配电板	使用面积$(40\times40)\mathrm{cm}^2$	1	
XT	接线端子	不少于 10 组	1	
BV	导线	铜硬导线 1 mm^2	若干	

(4)工具和仪表准备。常用电工工具包括测电笔、螺丝刀、尖嘴钳、斜口钳、剥线钳、电工刀等。常用安装工具包括冲击钻、弯管器、扳手等。常用仪表包括兆欧表、钳形万用

表、万用表等。

(5)确定配电板底板的材料和大小,并进行剪裁。

(6)对组件进行质量检查,然后进行电气组件定位和安装,注意与电气元件布置图一致。

(7)配线。采用板前明配线的方式。导线采用 BV 单股塑料硬线时,板前明配线的配线规则如下:主电路的线路和控制电路的线路分开布置,线路要求横平竖直,同一平面内的导线不交叉、不重叠,转弯成90°角,成束的导线要固定、整齐美观。使用平板接线端子时,线端应弯成羊眼圈接线;使用瓦状接线端子时,线端可采用直型。剥皮裸露导线金属部分的长度应小于1 mm,并装上与接线图相同的编码套管。每个接线端子上一般不超过2 根导线。先配主电路的线,从电压侧开始配起,直到接线端子处接电动机的线止。然后配控制电路的线,从控制电路接电源的一侧开始直到另一侧接电源止。

三、电动机长动(自锁)控制电路的调试与检修

(一)调试前的准备

(1)检查电路组件位置是否正确,组件有无损坏,导线规格和接线方式是否符合设计要求,各种操作按钮和接触器是否灵活可靠,热继电器的整定值是否正确,信号和指示装置是否完好。

(2)对电路的绝缘电阻进行测试,连接导线绝缘电阻不小于7 MΩ,电动机绝缘电阻不小于0.5 MΩ。

(二)调试过程

(1)在不接主电路电源的情况下,接通控制电路电源。按下启动按钮检查接触器的自锁功能是否正常。发现异常立即断电检修,查明原因,找出故障。消除故障后再次调试,直至正常。

(2)接通主电路电源,检查电动机转向和转速是否正常。正常后,在电动机转轴上加负载,检查热继电器是否有过载保护功能。有异常立即停电查明原因,进行检修。

(三)检修

检修时常采用万用表电阻法和电压法。电压法是在线路不断电的情况下,使用万用表交流挡(~500 V)检测电路中各点的电压。万用表的黑表笔压在电源进线的一端,红表笔从电源进线的另一端开始逐点测量电压,电压正常说明红表笔经过的电气组件没有故障,否则说明有故障需断电检修。电阻法是在电路不通电的情况下进行,此法较安全,便于学生使用。检修时按住启动按钮,用万用表测控制电路各点电阻值,可确定控制电路故障点。压下接触器衔铁,用万用表测主电路各点电阻值,可确定主电路故障点。注意:万用表测试正常后方可通电试验。

(四)填写检修记录单

检修记录单一般包括设备编号、设备名称、故障现象、故障原因、排除方法、所需材料、维修日期等项目。记录单可清楚表示出设备运行和检修情况,并为以后设备运行和检修提供依据,检修记录单如表1-7所示。

表 1-7　检修记录单

序号	设备编号	设备名称	故障现象	故障原因	排除方法	所需材料	维修日期
1		三相异步电动机的长动控制电路	按启动按钮接触器不动作	热继电器常闭触点断开	万用表电阻测量法		

（五）安全操作

在调试和检修及其他项目制作过程中，安全始终是最重要的，带电测试或检修时要经过老师同意且一人监护、一人操作，有异常现象立即停车。

（六）项目考核

项目考核采用职业技能鉴定的考核方法，内容分“应知”和“应会”两部分。本项目考核标准如表 1-8 所示。

表 1-8　评分标准表

项目内容	配分	评分标准	扣分标准
应知基础知识（10 个知识点内容）	30 分	1. 低压刀开关、熔断器、热继电器、接触器、按钮的选择； 2. 电气原理图绘制原则、电气元件布置图绘制原则、电气安装接线图绘制原则、三相异步电动机长动控制电路工作原理	每个知识点错误扣 3 分
应会技能	10 分	1. 做出可行的实施计划； 2. 编写项目的制作工艺	每项完不成扣 3 分
	10 分	根据电气原理图正确绘制接线图	每处错误扣 1 分
	30 分	1. 正确完成器件选择和质检； 2. 组件安装位置符合要求； 3. 电气接线符合要求	器件选择有问题，安装有问题，接线不正确，一处扣 1 分
	20 分	1. 用万用表对主电路进行检查； 2. 用万用表对控制电路进行检查； 3. 对控制电路进行通电试验； 4. 接通主电路的电源，但不接入电动机，进行空载试验； 5. 接通主电路的电源，接入电动机进行带负载试验，直到电路工作正常为止	一项不正确扣 3 分
安全文明生产		1. 积累电路制作经验并养成良好的职业习惯； 2. 遵守安全文明生产规程，清理场地	违反安全文明生产规程扣 10 ~ 70 分

（七）制作和检修技术文件的整理

项目结束前填写、核实制作和检修记录单并保存。

【知识拓展】

电阻测量法在电动机控制电路维修中的应用

（一）案例一

1. 故障现象

三相异步电动机长动控制电路接通后，接通控制电路电源，按下启动按钮，接触器不动作。

2. 检测步骤

（1）断开电源，选择万用表欧姆挡，红表笔固定在图 1-41 电阻测量法电路的 4 点，按住启动按钮，黑表笔顺序接触 3、2、1、0 各点。若 Ω3 = ∞，说明热继电器常闭触点断开，应按下热继电器的手动复位按钮或修复；若 Ω2 = ∞，说明常闭按钮断开，检查并修复；若 Ω1 = ∞，说明启动按钮不能接通电路；若 Ω0 = ∞，说明接触器线圈电路不通，可检查接线是否接好，若接线良好则说明线圈断开，此时应更换接触器。

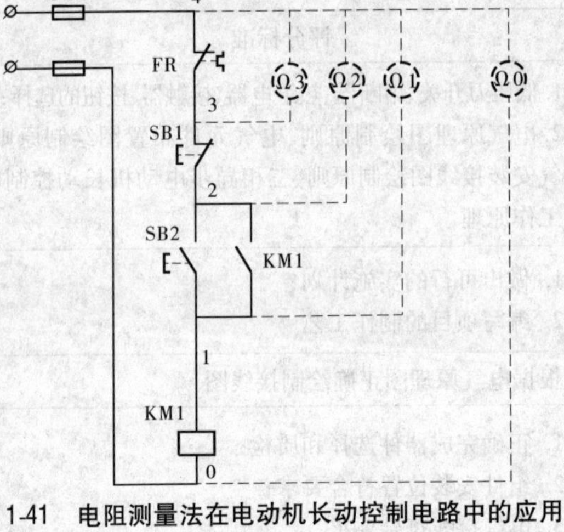

图 1-41　电阻测量法在电动机长动控制电路中的应用

（2）测量步骤见流程图 1-42。

（二）案例二

1. 故障现象

三相异步电动机控制电路正常，接通主电路电源电动机嗡嗡响，但不启动。

2. 检测步骤

检测步骤见图 1-43。

【思考与练习】

1. 电气系统图有哪三种？绘制电气原理图时应遵循哪些原则？

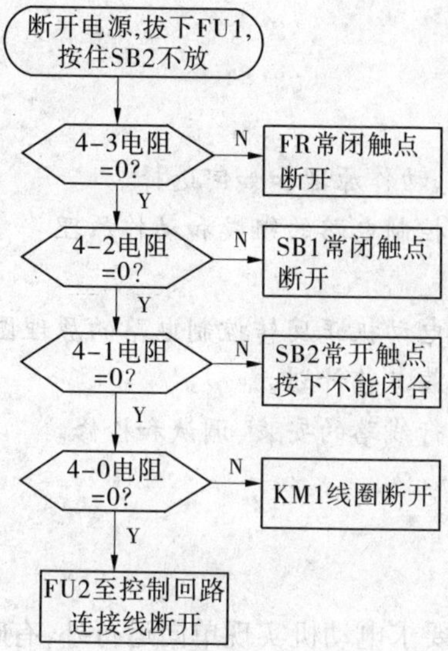

图 1-42　电阻测量法流程图

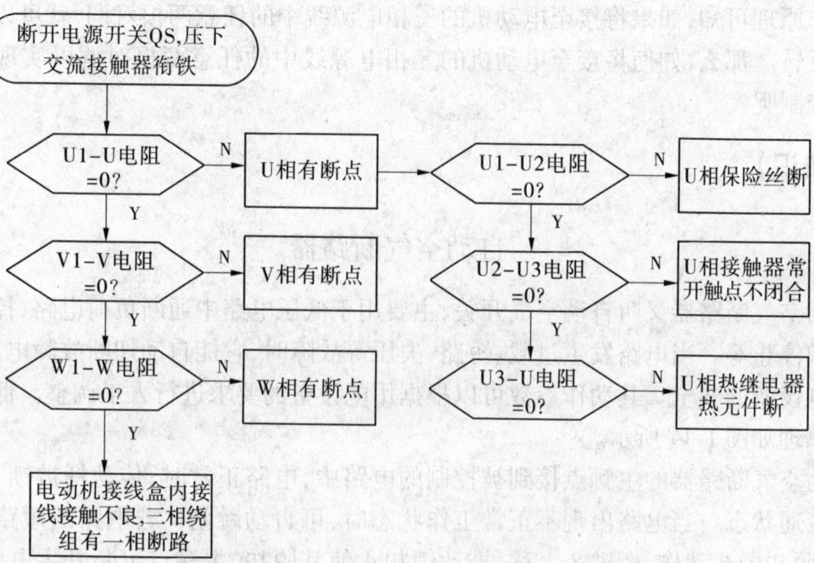

图 1-43　主电路缺相故障检查流程图

2. 画出电动机长动(自锁)控制电路的原理图并分析其工作原理。

任务三　三相异步电动机正反转控制电路的制作与检修

【学习内容】

三相异步电动机正反转控制电路的制作与检修。

【学习目标】

1. 知识目标

(1)了解行程开关结构、动作原理和如何选择。

(2)了解电动机正反转控制电路的组成和动作原理。

2. 能力目标

(1)能够绘制三相异步电动机正反转控制电路的原理图、接线图。

(2)能够制订电路的安装工艺计划。

(3)会按照工艺计划进行线路的安装、调试和检修。

(4)会作检修记录。

【任务导入】

在生产加工过程中,除要求电动机实现单向运行外,有时还要求电动机能实现可逆运行(如改变机床工作台的运动方向,起重机吊钩的上升或下降等)。由三相交流异步电动机的工作原理可知,如果将接至电动机的三相电源线中的任意两根对调,就可以实现电动机的正反转。那么,如何将接至电动机的三相电源线中的任意两根对调以实现电动机的正反转控制呢?

【相关知识】

自动空气断路器

自动空气断路器又叫自动空气开关,主要用于低压电路中通断负荷电路,控制电动机的运行和停止等。当电路发生过载、短路、失压等故障时,它能自动切断故障电路,保护电路和用电设备的安全。其动作参数可以根据用电设备的要求进行人工调整。低压断路器的动作原理如图 1-44 所示。

自动空气断路器的主触点接到被控制的电路中,电路正常时,传动杆被锁扣扣住,电路保持接通状态。当电路出现不正常工作状态时,可自动跳闸。若电路因短路造成过电流,电磁脱扣器 6 动作,衔铁 8 上移,推动锁扣 4 使其脱扣,主触点可断开主电路;若电路过负荷,双金属片向上弯曲,杠杆 7 上移,推动锁扣 4 使其脱扣,主触点会断开主电路;若电路电压降低,欠压脱扣器动作,弹簧 9 使衔铁 10 上移,带动杠杆 7 上移,推动锁扣 4 使其脱扣,主触点同样会断开主电路。

(一)自动空气断路器的类型

自动空气断路器按结构不同分可为两种类型,即框架式低压断路器和塑料外壳式低压断路器。框架式低压断路器常用于 40 ~ 100 W 电动机的不频繁全压启动,同时起短路、过载和欠压保护作用。塑料外壳式低压断路器常用作配电线路的保护开关和电动机及照明电路的控制开关。

自动空气断路器的型号表示和意义如下:

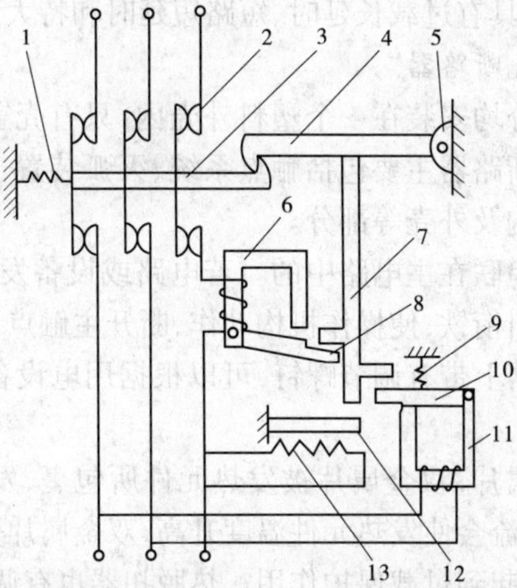

1—弹簧;2—主触点;3—传动杆;4—锁扣;5—轴承;6—电磁脱扣器;
7—杠杆;8、10—衔铁;9—弹簧;11—欠压脱扣器;12—双金属片;13—发热组件

图1-44 低压断路器动作原理图

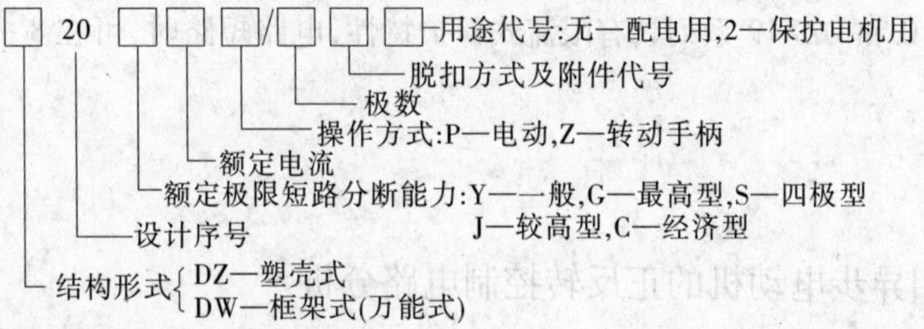

(二)自动空气断路器的主要参数

1. 额定电压

指自动空气断路器正常工作电压等级,常见的有 AC 220 V、AC 380 V 等。

2. 额定电流

指断路器额定持续工作电流,也是过电流脱扣器的额定电流。

3. 通断能力

指给定电压下接通或分断的最大电流或容量值。

(三)自动空气断路器的选择

(1)自动空气断路器的额定电压和电流应大于等于所在电路安装点的额定电压和电流;

(2)自动空气断路器的通断能力应大于控制电路的最大负荷电流和短路电流;

(3)自动空气断路器的结构形式及操作形式根据安装地点决定。

(四)常用自动空气断路器

1. 框架式自动空气断路器

有 DW10 型和 DW15 型。DW10 型额定电压为 AC 380 V 和 DC 440 V,额定电流为 200 ~4 000 A。DW15 型是更新换代产品,额定电压为 AC 380 V,额定电流为 200 ~4 000 A。DW15 型自动空气断路器具有分断能力强的优点,其保护特性具有选择性,可根据过电流的大小选择动作时间,具有过载长延时、短路短延时和特大短路瞬时动作的功能。

2. 塑料外壳式自动空气断路器

其全部机构和导电部分均安装在一个塑料外壳内,只有壳盖中央的操作手柄露在外边。塑料外壳式自动空气断路器主要包括触点系统、灭弧装置、自动操作机构、电磁脱扣器、热脱扣器、手动操作机构及外壳等部分。

电磁脱扣器的线圈是串联在主电路中的。若电路或设备发生短路,主电路中的电流会增大,线圈磁场增强,吸引衔铁,使操作机构动作,断开主触点,从而分断主电路,起到短路保护的作用。电磁脱扣器上带有调节螺钉,可以根据用电设备的容量和使用条件手动调节脱扣动作电流的大小。

热脱扣器上有一双金属片,双金属片被发热元件所包裹,发热元件也串联在主电路中。当电路过载时,过载电流会使发热元件温度升高,双金属片受热弯曲,顶动操作机构,断开主触点,切断主电路而起到过载保护作用。热脱扣器也有调节螺钉,可以根据需要调节脱扣电流的大小。其手动操作机构采用连杆机构(经绝缘支架与触点系统相连)。若需手动脱扣,只需按下红色“分”按钮,即可使操作机构动作,手动切断主电路。

我国生产的塑料外壳式自动空气断路器主要有 DZ10、DZX10、DZ12、DZ15、DZX19 等,其中 DZX10 和 DZX19 系列具有限流式保护特性,电路短路时,可在 8 ~ 10 ms 内分断电路。

【任务实施】

一、三相异步电动机的正反转控制电路分析

三相异步电动机正反转控制电路见图 1-45。

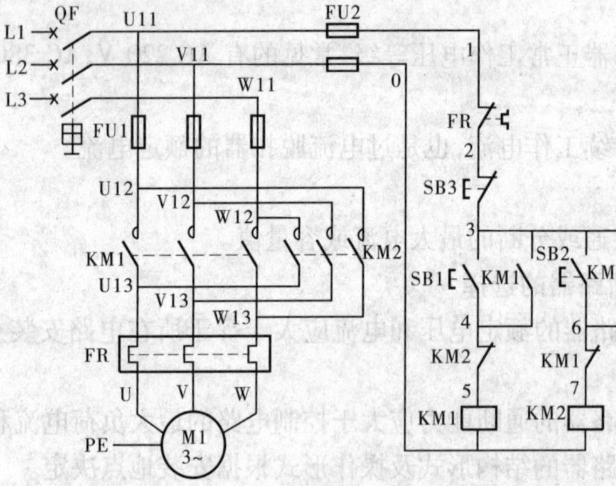

图 1-45　三相异步电动机正反转控制电路

该控制电路是利用按钮、接触器等电器来实现电动机正反转的。图中用了两个接触器,即正转用的接触器 KM1 和反转用的接触器 KM2,它们分别由正转按钮 SB1 和反转按钮 SB2 控制,SB1 和 SB2 采用不同的颜色来区别。两个接触器 KM1 和 KM2 主触点的电源进线相序相同,但出线相序不同,KM1 是按照 L1 - L2 - L3 的相序出线,而 KM2 则调了

相序,是按照 L3 - L2 - L1 的相序出线,所以当两个接触器分别工作时,电动机的旋转方向就会不一样。

(一)主电路中电流流向

三相电源(L1、L2、L3)→空气断路器 QF→主电路熔断器 FU1→接触器主触点 KM1(或 KM2)→热继电器热元件 FR→电动机。

(二)控制电路的电流流向

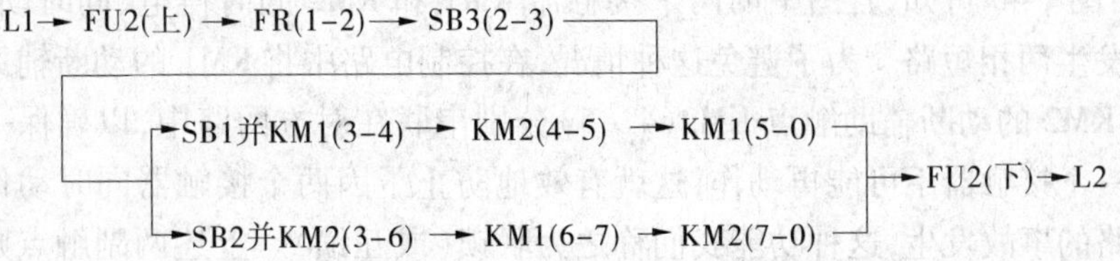

从控制电路电流流向可知,控制电路有两条支路:一条是正转支路,另一条是反转支路。

(三)控制电路工作原理

1. 正转控制

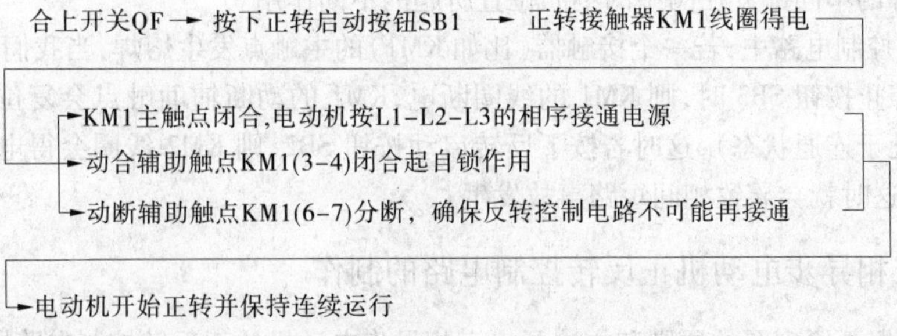

2. 反转控制

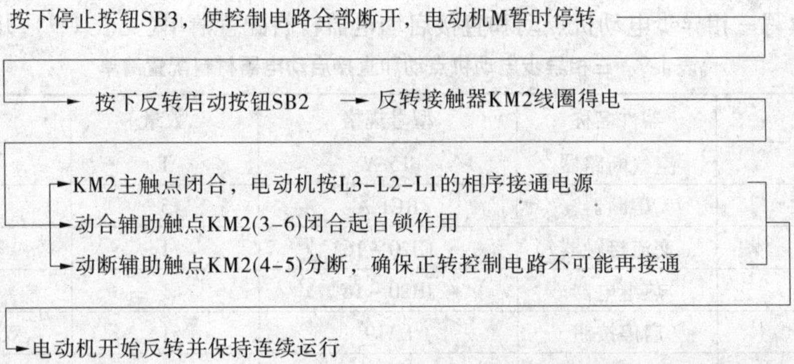

为何使电动机改变转向(即由正转变为反转)时,要先按下停止按钮 SB3 后才能使电动机反转呢?这是因为在反转控制电路中串联了正转接触器 KM1 的动断辅助触点 KM1(6 - 7),当 KM1 得电工作时,它是断开的。若这时直接按反转按钮 SB2,反转接触器 KM2

的线圈无法得电，电动机也就无法获得反转电源，故仍会处于正转运行状态。而如果先按下停止按钮 SB3 切断正转控制电路，使正转接触器 KM1 的动断辅助触点 KM1（6－7）恢复闭合，电动机先暂时停止，然后再按下反转启动按钮 SB2，这时就可使反转接触器 KM2 线圈得电，使其动合主触点 KM2 及动合辅助触点 KM2（3－6）闭合，从而电动机变为按 L3－L2－L1的相序接通，于是可开始反转。

3. 该电路的特点

（1）由图 1-45 可知，若图中的两个接触器 KM1 和 KM2 同时得电、同时动作，会造成主电路中发生两相短路。为了避免这种情况，在控制电路中将 KM1 的动断辅助触点 KM1（6－7）和 KM2 的动断辅助触点 KM2（4－5）分别串联在对方回路中，以确保一个接触器动作时另一个接触器不可能再动作，这就有效地防止了因两个接触器同时动作而造成电源相间短路的事故发生，这种功能我们称之为联锁（或互锁）。上述两副触点则称为联锁（或互锁）触点。

（2）图 1-45 中有 4 个 KM1，它们分别是：正转接触器线圈 KM1（5－0）、起自锁作用的动合辅助触点 KM1（3－4）、起联锁作用的动断辅助触点 KM1（6－7）及主触点 KM1。同样，也有 4 个 KM2。而字母后面括号中的数字序号（3－4）、（6－7）……则是用于区别同一电气元件的不同部分在图中的不同位置所起的不同作用。

（3）该控制电路中，若一个接触器（比如 KM1）的主触点发生熔焊，当我们想切换正反转而按下停止按钮 SB3 时，则 KM1 的线圈断电，KM1 的动断辅助触点会复位（但主触点因熔焊仍处于连通状态），这时若按下反转启动按钮 SB2，则 KM2 线圈会得电，KM2 主触点会闭合，这时就会导致相间短路事故发生。

二、三相异步电动机正反转控制电路的制作

（1）根据画原理图的原则和方法画出三相异步电动机的正反转控制电路原理图。

（2）根据原理图、电气元件布置图和电气安装接线图的绘制原则画出三相异步电动机正反转控制电路的接线图（见图 1-46）。

（3）填写三相异步电动机点动和直接启动电器材料配置清单（见表 1-9），并领料。

表 1-9　三相异步电动机点动和直接启动电器材料配置清单

代号	器件名称	型号规格	数量	备注
QF	空气断路器	15 A	1	
FU	熔断器	RC1 A	5	
KM	交流接触器	CJ20－16	2	
FR	热继电器	JR20－16	1	
SB	启停按钮	LA19	1	双联按钮
M	电动机	三相异步电动机	1	7.5 kW 以下
	配电板	使用面积（40×40）cm^2	1	
XT	接线端子	不少于 15 组	1	
BV	导线	硬导线截面 1 mm^2	若干	

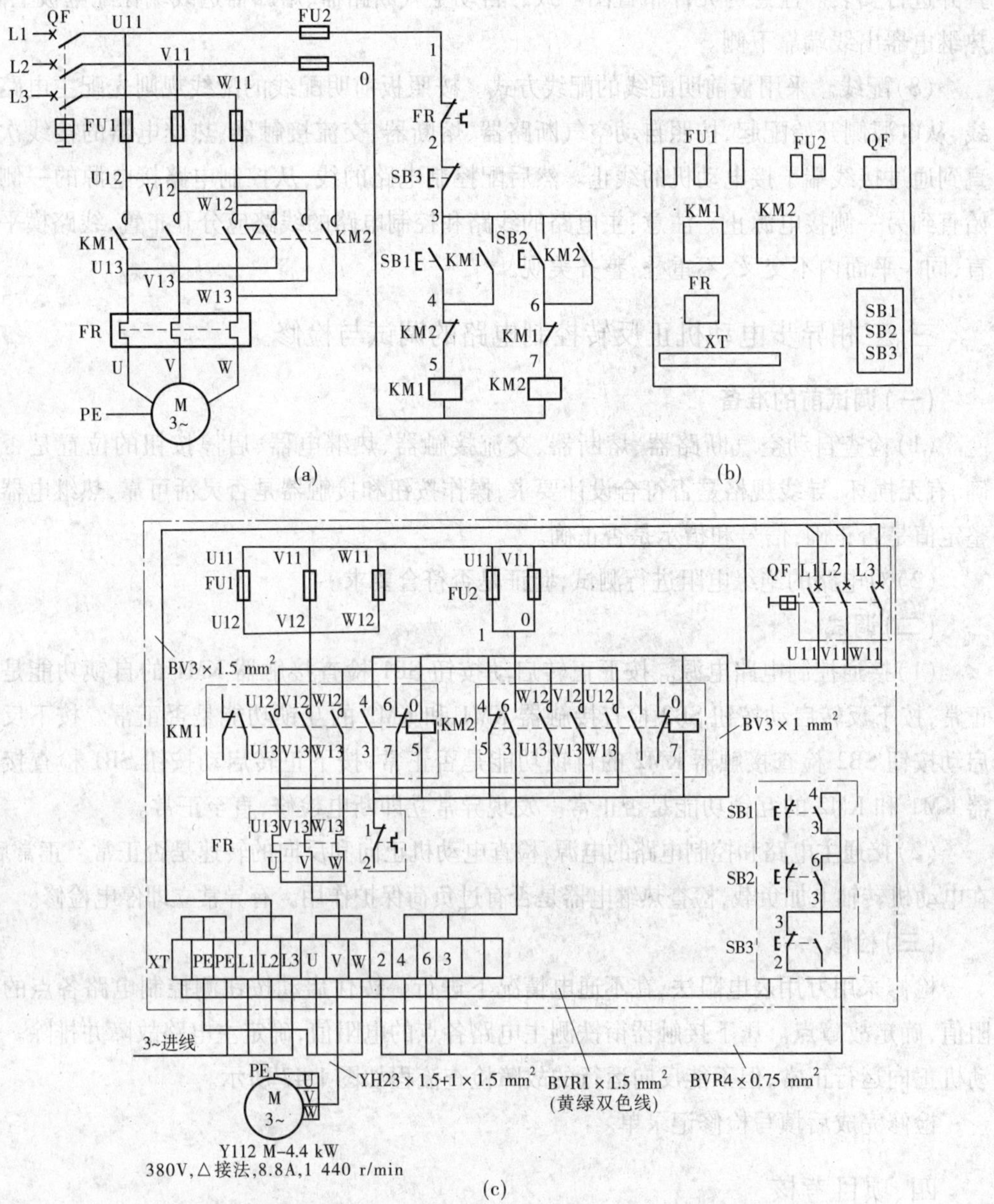

图 1-46　三相异步电动机正反转控制电路接线图

(4)电工工具准备。

(5)确定配电板底板的材料和大小,并进行剪裁(可在电气实验台上确定配电板的大小)。

(6)选择自动空气断路器、熔断器、交流接触器、热继电器、启停按钮、接线端子、电动机、配电板,并进行质量检查。

(7)确定自动空气断路器、熔断器、交流接触器、热继电器、启停按钮、接线端子的位置并进行安装。注意与元件布置图一致。自动空气断路器、熔断器进线端在配电板上侧，热继电器出线端靠下侧。

(8)配线。采用板前明配线的配线方式。按照板前明配线的配线规则先配主电路的线,从电源侧开始配起,按照自动空气断路器、熔断器、交流接触器、热继电器的接线次序直到通过接线端子接电动机的线止。然后配控制电路的线,从控制电路接电源的一侧开始直到另一侧接电源止。注意:主电路的线路和控制电路的线路应分开布置,线路横平竖直,同一平面内不交叉、不重叠,整齐美观。

三、三相异步电动机正反转控制电路的调试与检修

(一)调试前的准备

(1)检查自动空气断路器、熔断器、交流接触器、热继电器、启停按钮的位置是否正确、有无损坏,导线规格是否符合设计要求,操作按钮和接触器是否灵活可靠,热继电器的整定值是否正确,信号和指示是否正确。

(2)对电路的绝缘电阻进行测试,验证是否符合要求。

(二)调试

(1)接通控制电路电源。按下正转启动按钮 SB1 检查接触器 KM1 的自锁功能是否正常,按下反转启动按钮 SB2 检查接触器 KM1 和 KM2 的互锁功能是否正常。按下反转启动按钮 SB2 检查接触器 KM2 的自锁功能是否正常,按下正转启动按钮 SB1 检查接触器 KM1 和 KM2 的互锁功能是否正常。发现异常立即断电检修,直至正常。

(2)接通主电路和控制电路的电源,检查电动机正向和反向的转速是否正常。正常后,在电动机转轴上加负载,检查热继电器是否有过负荷保护作用。有异常立即停电检修。

(三)检修

检修采用万用表电阻法,在不通电情况下进行。按住启动按钮测控制电路各点的电阻值,确定故障点。压下接触器衔铁测主电路各点的电阻值,确定主电路故障并排除。电动机正向运行正常,但不能反向运行的故障检查流程如图 1-47 所示。

检修完成后填写检修记录单。

四、项目考核

项目考核采用职业技能鉴定的考核方法,内容分“应知”和“应会”两部分。本项目考核标准见表 1-10。

五、制作和检修技术文件的整理与记录

结束前填写、核实制作和检修记录单并保存。

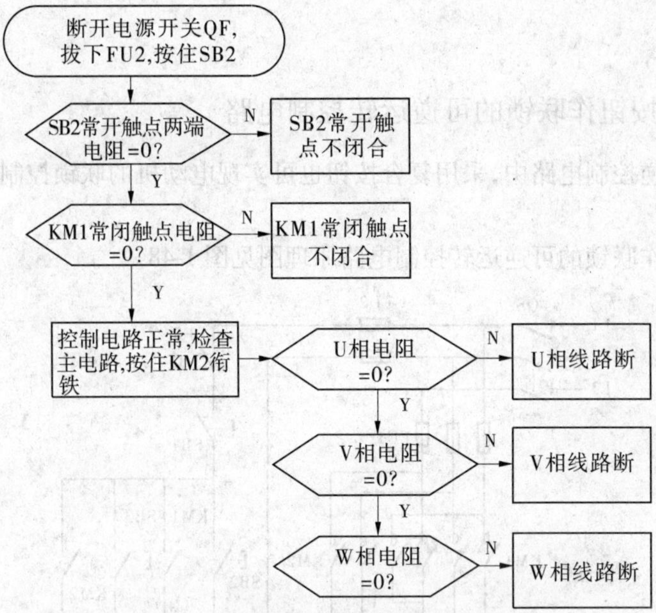

图1-47　不能反向运行故障检查流程图

表1-10　评分标准表

项目内容	配分	评分标准	扣分标准
应知基础知识 (10个知识点内容)	30分	自动空气断路器、行程开关的选择,互锁、自锁、失压保护,短路保护、过负荷保护,设计制作工艺,电阻法排除故障、电压法排除故障	每个知识点错误扣3分
应会技能	10分	1. 作出可行实施计划; 2. 制作项目的工艺过程	每项完不成扣3分
	10分	根据电气原理图正确绘制接线图	每处错误扣1分
	30分	1. 正确完成器件选择和质检; 2. 组件安装位置符合要求; 3. 电气接线符合要求	一个器件选择有问题、安装有问题扣一分,一条线连接不合格扣1分
	20分	1. 调试顺序:先控制电路后主电路; 2. 检修用万用表电阻法; 3. 通电试验顺序:控制电路、主电路、空车、带负载运行; 4. 查出故障点不能排除; 5. 产生新故障点; 6. 因误操作损坏电动机和电气组件; 7. 排除故障最终试车不成功,正常为止	错误扣3分 错误扣3分 错误扣3分 扣3分 扣3分 扣20分 扣10分
安全文明生产		1. 积累电路制作经验和养成良好的职业习惯; 2. 遵守安全文明生产规程,清理场地	违反安全文明生产规程扣10~70分

【知识拓展】

一、用复合按钮作联锁的可逆运转控制电路

在电动机可逆控制电路中，采用复合按钮也可实现电动机的联锁控制。

（一）原理图

用复合按钮作联锁的可逆运转控制电路原理图见图 1-48。

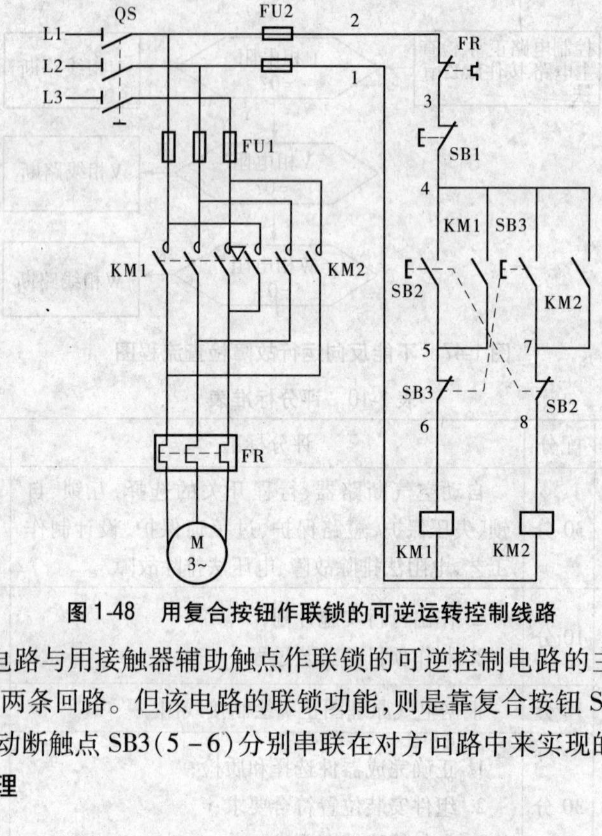

图 1-48　用复合按钮作联锁的可逆运转控制线路

该电路的主电路与用接触器辅助触点作联锁的可逆控制电路的主电路相同；控制电路也有正转、反转两条回路。但该电路的联锁功能，则是靠复合按钮 SB2 的动断触点 SB2（7－8）及 SB3 的动断触点 SB3（5－6）分别串联在对方回路中来实现的。

（二）工作原理

1. 正转控制

合上开关QS→按下正转启动按钮SB2→SB2的动断辅助触点SB2(7–8)先分断反转电器(联锁)

→SB2的动合辅助触点SB2(4–5)接通→接触器KM1线圈得电→KM1(4–5)闭合(自锁)；→KM1主触点闭合，主电路接通

→电动机按L1–L2–L3的相序接通电源，电动机开始正转并保持连续运行

放开SB2→KM1(4–5)仍闭合自锁，使电动机继续保持正转

放开SB2→SB2(7–8)复位闭合，为反转作好准备

2. 反转控制

按下反转启动按钮SB3→SB3的动断辅助触点SB3(5-6)先分断正转电路(联锁)

→SB3的动合辅助触点SB3(4-7)接通→接触器KM2线圈得电→KM2(4-7)闭合(自锁)；→KM2主触点闭合,主电路接通

→电动机按L3-L2-L1的相序接通电源，电动机开始反转并保持连续运行

3. 电路特点

(1)本电路中从正转切换到反转时,可以直接切换,而不必再经过停止位置了。因为按下反转启动按钮SB3时,SB3的动断触点SB3(5-6)会首先断开,自动切断正转回路,使接触器KM1线圈断电释放,电动机正转停止。当SB3经过一定行程后,其动合触点SB3(4-7)才能接通反转接触器KM2的控制回路,使KM2动作,电动机反转。放开SB3后,由于KM2(4-7)闭合自锁,可使电动机继续保持反转;同时SB3(5-6)也会复位闭合,又为正转作好准备。

(2)该电路如果要使电动机停止运转,只需按下停止按钮SB1分断控制电路即可,操作十分方便。

(3)只用复合按钮进行联锁,并不十分可靠。因为在实际运用中可能出现以下情况:接触器的主触点由于负载短路或大电流的长期作用,被强烈的电弧“烧焊”在一起;接触器的机构失灵,使衔铁卡住,接触器总是处于吸合状态。这都可能使某一接触器的主触点即使在线圈断电的情况下仍未能断开,这时如果另一接触器又动作,就会造成电源短路事故。为了避免出现这样的事故,常采用双重联锁的正反转控制电路。

二、用按钮及辅助触点作双重联锁的可逆运转控制电路

用按钮及辅助触点作双重联锁的可逆运转控制电路的原理图如图1-49所示。其主电路结构与用辅助触点作联锁的可逆控制电路相同。其控制电路除用复合按钮的动断触点作电气联锁外,又加了用接触器的辅助触点作电气联锁。这两种联锁呈串联状态,构成双重联锁,使电路使用更加安全、运行更加可靠,操作同样方便,故该电路在生产上也得到了广泛应用。

【思考与练习】

1. 什么是自动空气断路器?塑料外壳式低压断路器的电磁脱扣器和热脱扣器是如何起作用的?

2. 绘制电动机正反转控制电路的原理图并分析其工作原理。

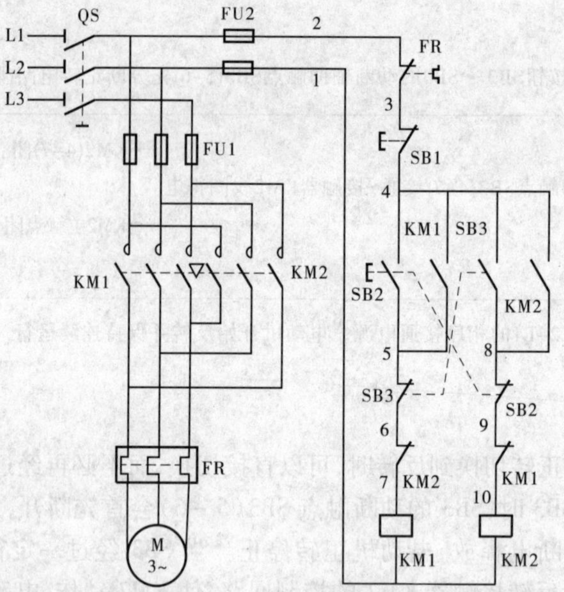

图 1-49　用按钮及辅助触点作双重联锁的可逆运转控制电路

任务四　工作台自动往返控制电路的制作与检修

【学习内容】

工作台自动往返控制电路的制作与检修。

【学习目标】

1. 知识目标

(1)了解行程开关结构参数、动作原理和如何选择。

(2)了解工作台自动往返控制电路的组成和动作原理。

2. 能力目标

(1)能够绘制工作台自动往返控制电路的原理图、接线图。

(2)能够制订电路的安装工艺计划。

(3)会按照工艺计划进行线路的安装、调试和检修。

(4)会作检修记录。

【任务导入】

在生产过程中,有时需要限制某些生产机械运动部件的行程,即当生产机械运动部件运动到需要停止的位置时,电路应能够自动断电,使其停止(如起重机的吊钩上升时);有时又需要生产机械运动部件在规定的行程内作往复运动,即机械运动部件到达一定位置时能够自动改变运动方向(如龙门刨床工作台的前进、后退等)。上述功能是通过行程开关来检测往返运动的相对位置,进而控制电动机正反转来实现的,我们把这种控制称为位置控制或行程控制。那么行程开关是如何控制电动机自动正反转的呢?

【相关知识】

行程开关

行程开关又称为限位开关或位置开关。它是根据机械行程,发出命令控制生产机械的运动方向或行程大小的主令电器,常在往返运动中起行程控制和限位保护作用。行程开关除用于位置控制外,还常用作行车车门打开时的自停开关。

行程开关根据动作方式可分为直动式、转动式、滚轮式等。根据碰撞部位的形式不同,又可分为直动式、单滚轮式和双滚轮式,如图 1-50 所示。

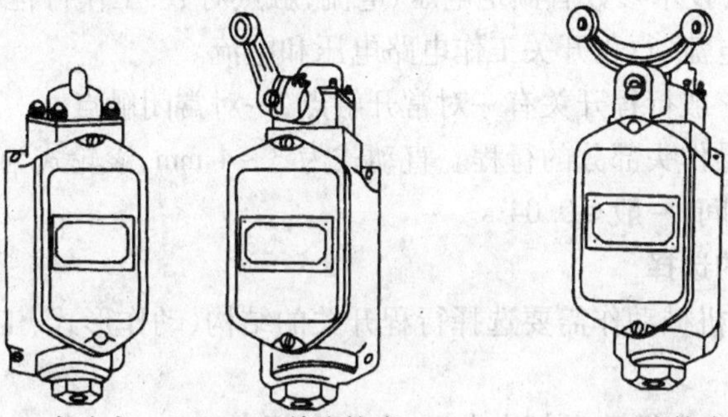

(a)直动式　(b)单滚轮式　(c)双滚轮式

图 1-50　常用行程开关外形

行程开关由操作头、触点系统和外壳三部分组成。操作头是开关的感测部分,用以接受机械设备发出的动作信号,并将此信号传递到触点系统。触点系统是行程开关的执行部分,它将操作头传来的机械信号通过本身的转换动作变换为电信号,输出到有关控制回路中,使控制回路做出相应的反应。图 1-51 是行程开关的触点结构图。

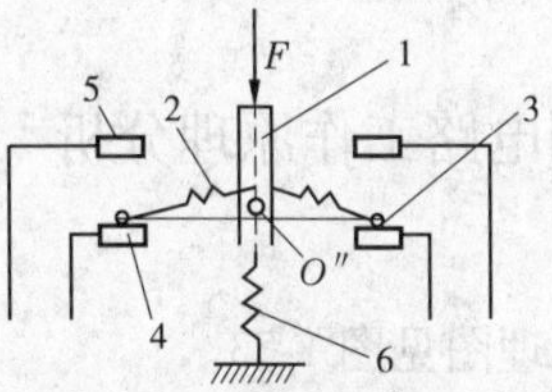

1—推杆;2—弹簧;3—动触点;4—动断静触点;5—动合静触点;6—复位弹簧

图 1-51　行程开关的触点结构图

(一)行程开关的动作原理

当生产机械撞块碰触行程开关滚轮时,传动杠杆和转轴一起转动,转轴上的凸轮推动推杆使微动开关动作,接通动合触点,分断动断触点,指令生产机械停车、反转或变速。

对于单滚轮自动复位的行程开关,只要生产机械撞块离开滚轮后,复位弹簧就能将已动作的部分恢复到动作前的位置,为下一次动作作好准备。对于双滚轮式行程开关,在生产机械撞块碰撞第一只滚轮时,内部微动开关也会动作并发出信号指令,但生产机械撞块离开滚轮后并不能自动复位，必须要生产机械撞块碰撞第二个滚轮时，已动作的部分方能复位。

行程开关的型号及其意义如下：

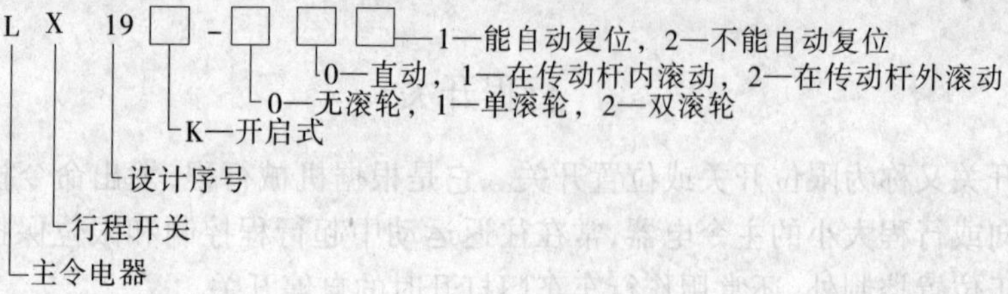

（二）行程开关的主要参数

行程开关的主要技术参数有额定电压、电流，触点对数，工作行程和触点转换时间等。

（1）额定电压、电流：行程开关工作电路电压和电流。

（2）触点对数：一般行程开关有一对常开触点，一对常闭触点。

（3）工作行程：操作头部分的行程。直动式为 3～4 mm，滚轮式为 30°。

（4）触点转换时间：一般≤0.04 s。

（三）行程开关的选择

（1）根据被保护机械动作需要选择行程开关的结构、动作形式、工作行程和触点转换时间；

（2）根据安装处的电源选择额定电压、电流和频率。

（四）常用行程开关

常用的行程开关有 LX19、LX32 型行程开关和 LX31 型微动开关、LX33 型起重机用行程开关等。

行程开关的电路符号如图 1-52 所示。

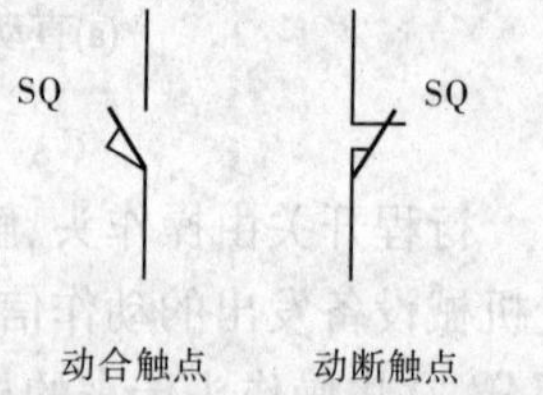

图 1-52 行程开关的电路符号

【任务实施】

一、工作台自动往返控制电路工作原理分析

（一）原理图

工作台自动往返控制电路原理图见图 1-53。

1. 主电路

与用接触器辅助触点作联锁的可逆控制电路相同。

2. 控制电路

在可逆控制电路基础上，又安置了 4 个具有动合及动断触点的行程开关 SQ1、SQ2、SQ3、SQ4，用来控制工作台的自动往返和限位保护。

另外，在工作台的梯形槽中还安装有挡块，工作中就是用它去撞击行程开关而使行程开关动作发出信号指令的。工作台的行程可通过移动挡块的位置来调整，以适应不同加工零件的不同要求。

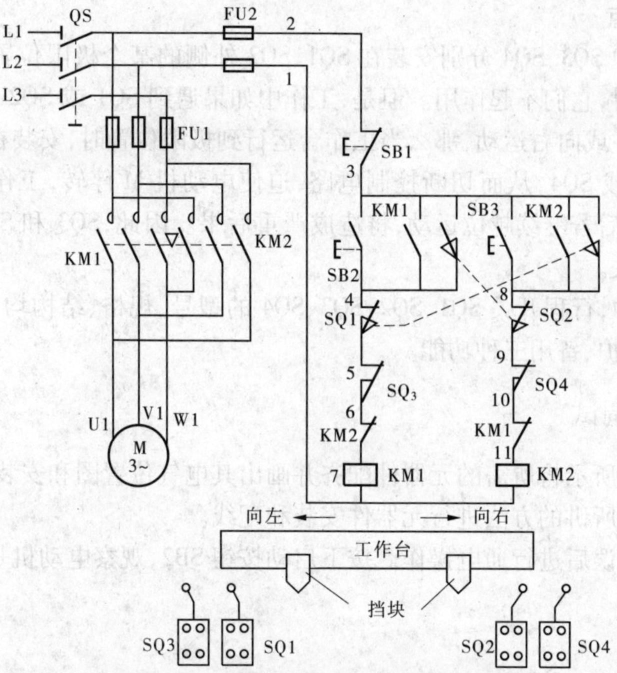

图 1-53 工作台自动往返控制电路原理图

(二)工作原理

按下SB2→KM1线圈得电→KM1(3-4)闭合、自锁；KM1主触点闭合；KM1(10-11)分断、联锁

→电动机M正转→工作台向左移动

→至指定位置时挡块会碰SQ1→SQ1动断触点先分断→KM1失电→电动机M停转→工作台停止左移；KM1(10-11)闭合，解除对KM1联锁

→SQ1动合触点后闭合→KM2得电→KM2(3-8)闭合、自锁；主触点闭合，电动机反转→工作台右移；KM2(6-7)分断，对KM1联锁

→至指定位置时挡块会碰SQ2→SQ2动断触点先分断→KM2失电→电动机M停转→工作台停止右移；KM2(6-7)闭合，解除对KM1联锁

→SQ2动合触点后闭合→KM1得电→KM1(3-4)闭合、自锁；主触点闭合，电动机正转→工作台左移；KM1(10-11)分断，对KM2联锁

→以后重复上述过程，工作台就在规定的行程范围内往返运动

(三)电路特点

(1)图 1-53 中 SQ3、SQ4 分别安装在 SQ1、SQ2 外侧的某个极限位置起保护作用。整个控制电路正常时,它们不起作用。但是,工作中如果遇到 SQ1 或 SQ2 发生故障失灵,工作台就会继续向左或向右运动,那么当工作台运行到极限位置时,安装在工作台上的挡块就会碰撞到 SQ3 或 SQ4,从而切断控制电路,迫使电动机 M 停转,工作台停止移动。否则,生产机械到位后若继续越位运动,将造成严重后果。因此,SQ3 和 SQ4 也称为终端保护开关或限位开关。

(2)图 1-53 中,行程开关 SQ1、SQ2、SQ3、SQ4 的型号、规格、结构均相同,故 SQ3、SQ4 同时具有限位、保护、备用三种功能。

二、安装和调试

(1)按原理图所示将所需的元器件配齐并画出其电气位置图和安装接线图。

(2)按照前面所讲的方法进行元器件安装和配线。

(3)经检查无误后进行通电操作。按下启动按钮 SB2,观察电动机是否按照自动往返的过程进行动作。

【知识拓展】

接近开关

接近开关是一种无接触式物体检测装置。当某种物体与之接近到一定距离时就发出"动作"信号,它不需要施以机械外力。接近开关的用途除像一般的行程开关一样做行程和限位保护外,还可以用于高速计数、测速、液面控制、检测零件尺寸、检测金属体存在,用作无触点按钮及计算机或可编程序控制器的传感器等。

接近开关由感应头、高频振荡器、放大器和外壳组成。当运动部件与接近开关的感应头接近时,就使其输出一个电信号,其动合触点闭合、动断触点断开。

常见接近开关的外形和电气符号如图 1-54 所示。

(a)外形

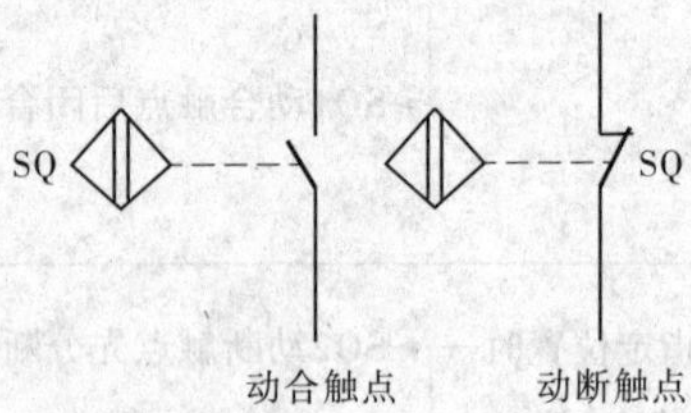

(b)电气符号

图 1-54 常见接近开关的外形和电气符号

【思考与练习】

1. 什么是行程开关?常见的有哪三种外形?分析其动作原理。

2. 绘制工作台自动往返控制电路的原理图并分析其工作原理。

任务五　三相异步电动机定子串电阻降压启动控制电路制作与检修

【学习内容】

三相异步电动机定子串电阻降压启动控制电路制作与检修。

【学习目标】

1. 知识目标

(1)了解时间继电器的结构参数、动作原理和如何选择。

(2)了解三相异步电动机定子串电阻降压启动控制电路的组成和动作原理。

2. 能力目标

(1)异步电动机定子串电阻降压启动控制电路的原理图、接线图。

(2)能够制作电路的安装工艺计划。

(3)能按照工艺计划进行线路的安装、调试和检修。

(4)会作检修记录。

【任务导入】

三相异步电动机的启动有直接启动和降压启动两种。对于容量小的电动机可以采用直接启动。但对于大容量的电动机则不能采用直接启动而只能采用降压启动。

降压启动是指将启动设备电压适当降低后加到电动机的定子绕组上进行启动,待电动机启动运转后再使其电压恢复到额定值正常运转。由于电流随电压降低而减小,从而可实现减小启动电流的目的。但同时,由于电动机启动转矩与电压的平方成正比,所以降压启动也将导致电动机的启动转矩大大降低。因此,降压启动需要在空载或轻载下进行。

常见的降压启动方法有:定子绕组串电阻(电抗)启动、电动机 Y－△降压启动和自耦变压器降压启动。

那么如何实现对三相异步电动机的定子绕组串电阻(电抗)降压启动呢?

【相关知识】

继电器是一种小信号控制电器,它利用电流、电压、时间、速度、温度等信号来接通和分断小电流电路,其动作灵敏度和准确性较高,广泛应用于电动机或线路的保护及各种生产机械的自动控制。继电器一般不用来直接控制主电路(而是通过控制接触器和其他开关设备对主电路进行间接控制),因此其载流容量小,无需灭弧装置。继电器具有体积小、重量轻、结构简单等优点。

继电器按工作原理可分为电磁式、感应式、电动式、电子式等。常用电磁式继电器有热继电器、电压继电器、电流继电器、中间继电器、时间继电器、速度继电器、温度继电器等。

一、中间继电器

中间继电器常用于控制各种电磁线圈,使有关信号放大,也可将信号同时传送给几个元件,使它们互相配合而起自动控制的作用。

中间继电器的基本结构和工作原理与小型交流接触器基本相同,它仍然由电磁线圈、动铁芯、静铁芯、触点系统、反作用弹簧和复位弹簧等组成,如图 1-55 所示。

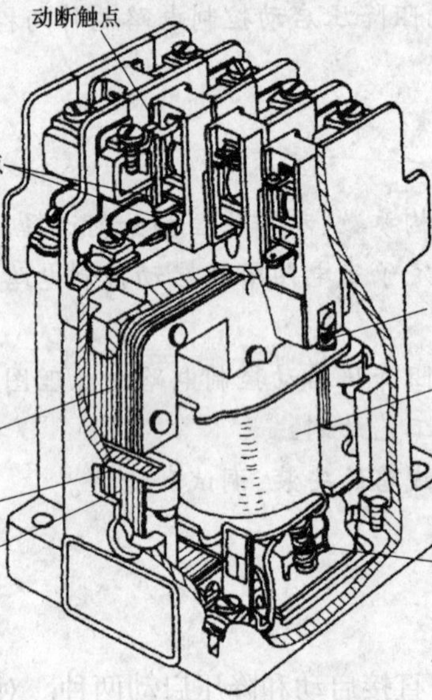

图 1-55　JZ7 系列中间继电器

它的触点系统无主、辅之分,各对触点载流量相等,多为 5 A。如果被控制电流在 5 A 以下,中间继电器可当作接触器使用(相当于一个小型的交流接触器)。选用中间继电器时,应根据被控制电路的电压等级、所需触点对数、种类和容量进行综合考虑。

二、过电流继电器

过电流继电器简称过流继电器,可对负载供电电路起过载保护作用。其电磁线圈串接在主电路中,而动断触点则串接于辅助电路中。常用的过电流继电器有 JT4、JL12 和 JL14 等系列。JT4 系列过电流继电器外形、结构如图 1-56(a)所示,它主要由线圈、圆柱形静铁芯、衔铁、触点系统及反作用弹簧等组成。

其工作原理如图 1-56(b)所示。当接于主电路的线圈电流低于整定值时,它所产生的电磁引力不能克服反作用弹簧的作用力,继电器不会动作,动断触点保持闭合,维持电路正常工作。一旦流过线圈的电流超过整定值,线圈的电磁引力将大于弹簧反作用力,静铁芯将吸引衔铁使其动作,分断动断触点,切断控制回路,进而分断主电路,可保护电路和负载。该系列继电器的整定电流值是通过调整弹簧反作用力实现的。在频繁启动的电路中,为避免它因电动机启动电流较大而产生误动作,一般都将线圈动作电流整定为启动电流的 1.1～1.3 倍。

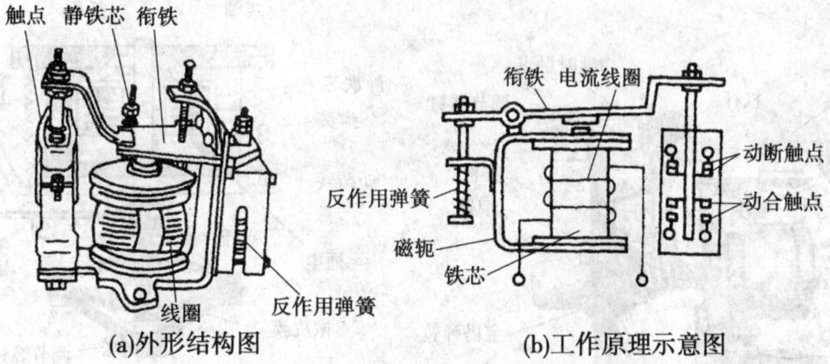

图 1-56　JT4 系列过电流继电器

三、时间继电器

在电力拖动控制系统中,不仅需要动作迅速的继电器,而且需要当吸引线圈通电或断电以后其触点经过一定延时再动作的继电器,这种继电器称为时间继电器。按其动作原理与构造不同,可分为电磁式、空气阻尼式、电动式和电子式等。

(一)电子式时间继电器

电子式时间继电器多用于电力传动、自动顺序控制及各种过程控制系统中,并以其延时范围宽、精度高、体积小、工作可靠的优势而逐步取代传统的电磁式、空气阻尼式等时间继电器。电子式时间继电器的使用方法相对比较简单,工作可靠,坏了一般也不维修,直接更换,所以这里不做具体介绍。JS11 系列电子式时间继电器的接线图如图 1-57 所示。

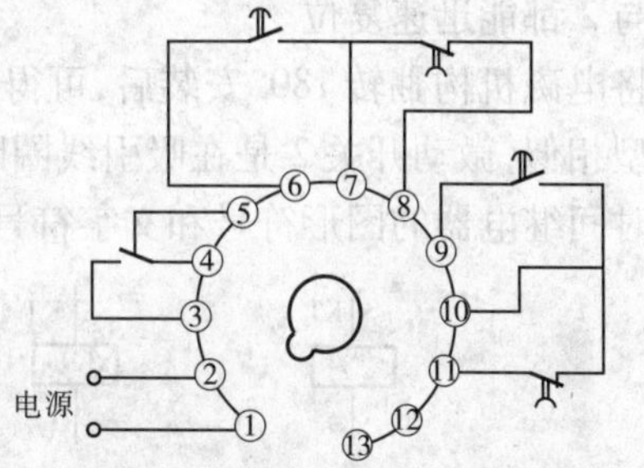

图 1-57　JS11 系列电子式时间继电器的接线图

(二)空气阻尼式时间继电器

空气阻尼式时间继电器的优点是结构简单、寿命长、价格低,还附有延时的触点,所以应用较为广泛。缺点是准确度低、延时误差大(±10% ~ ±20%),在要求延时精度高的场合不宜采用。

虽然空气阻尼式时间继电器要逐步被电子式时间继电器所取代,但是因为工业设备的更新换代有一个较长的过渡时间,所以在较长时间内空气阻尼式时间继电器还将会被大量使用。

空气阻尼式时间继电器是利用空气阻尼作用获得延时的。它分为通电延时和断电延时两种类型。图 1-58 是目前使用比较广泛的 JS7 系列时间继电器的结构示意图,它主要由电磁系统、延时机构和工作触点三部分组成。

图 1-58 所示为通电延时型时间继电器。当线圈通电后,静铁芯将动衔铁吸合,同时托板使微动开关 1 立即动作。活塞杆在宝塔弹簧的作用下,带动活塞及橡皮膜向上移动,由于橡皮膜下方气室空气稀薄,形成负压,因此活塞杆不能迅速上移。当空气由进气孔进入时,活塞杆才逐渐上移。移到最上端时杠杆才使微动开关 2 动作。延时时间即为自电

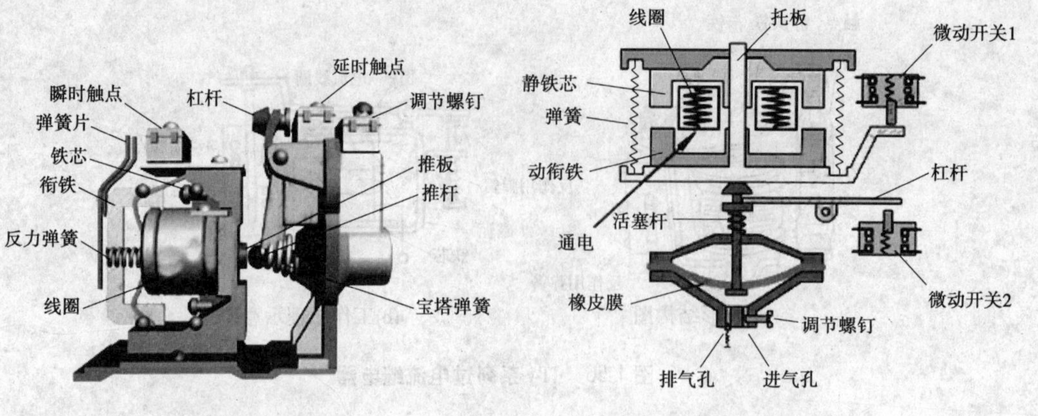

(a)外形结构　　(b)原理示意图

图 1-58　JS7 系列时间继电器的结构和原理示意图

磁铁吸引线圈通电时刻起到微动开关 2 动作为止的这段时间。通过旋转调节螺钉,改变进气孔的大小,就可以调节延时时间。

当线圈断电时,动衔铁在弹簧的作用下将活塞杆推向最下端。因活塞被往下推时,橡皮膜下方气室内的空气,都通过带单向阀的排气孔顺利排掉,因此延时与不延时的微动开关 1 与 2 都能迅速复位。

将电磁机构翻转 180°安装后,可得到断电延时型时间继电器。它的工作原理与通电延时型相似,微动开关 2 是在吸引线圈断电后延时动作的。

时间继电器的图形符号和文字符号如图 1-59 所示。

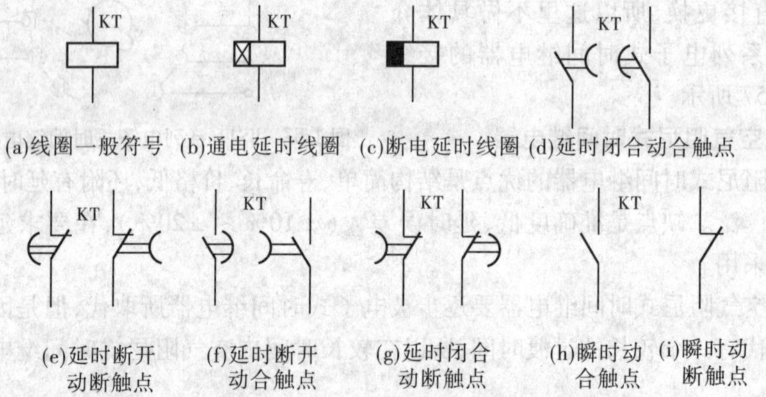

(a)线圈一般符号　(b)通电延时线圈　(c)断电延时线圈　(d)延时闭合动合触点

(e)延时断开动断触点　(f)延时断开动合触点　(g)延时闭合动断触点　(h)瞬时动合触点　(i)瞬时动断触点

图 1-59　时间继电器的电气符号

其触点图形符号要注意触点的半圆符号的开口的指向,遵循的原则是:半圆开口方向是触点延时动作的指向。

对于通电延时型时间继电器,使用通电延时线圈(b);所用的触点是延时闭合动合触点(d) 和延时断开动断触点(e),它们在线圈通电时延时动作,在线圈断电时瞬时动作。

对于断电延时型时间继电器,使用断电延时线圈(c);所用的触点是延时断开动合触点(f)和延时闭合动断触点(g),它们在线圈通电时瞬时动作,在线圈断电时延时动作。

有的时间继电器还附有瞬时动合触点(h)和瞬时动断触点(i)。

【任务实施】

一、定子串电阻降压启动控制电路分析

电动机启动时,在其定子绕组前串接电阻或电抗器,通过电阻或电抗器的分压作用,可使加在电动机定子绕组上的电压低于电源电压;待电动机转速接近额定转速时(启动完毕),再将电阻或电抗器短接切除,使电动机在额定电压(全压)下运行。其控制电路如图 1-60 所示。

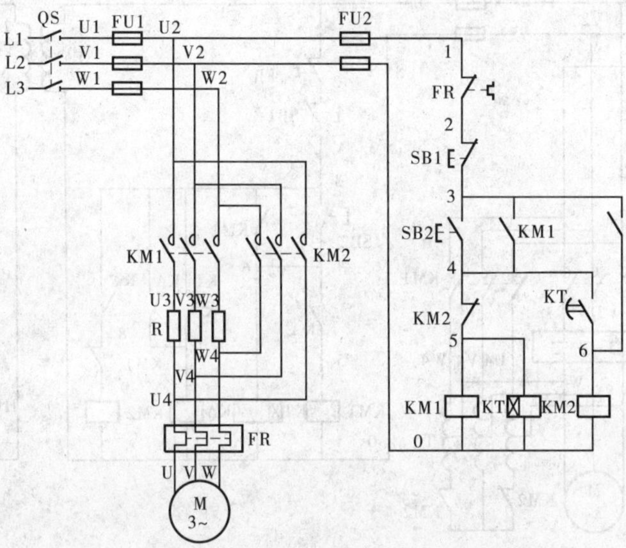

图 1-60　定子串电阻降压启动控制电路

电路工作原理如下:

合上电源开关 QS,按下启动按钮 SB2,接触器 KM1、时间继电器 KT 线圈同时通电并自锁,此时电动机定子绕组串接电阻 R 进行降压启动。

当电动机转速接近额定转速时,时间继电器 KT 常开延时触点闭合,接触器 KM2 线圈通电并自锁,KM2 动断触点断开并切断 KM1、KT 线圈电路,使 KM1、KT 断电释放。于是形成先由 KM1 主触点串接定子回路电阻 R,再由 KM2 主触点短接定子回路电阻 R,电动机经 KM2 主触点在全压下进入正常运行。

二、定子串电阻降压启动的优缺点

优点:该启动方式不受电动机接线形式的限制,较为方便。

缺点:减小了电动机启动转矩,在电阻上功率损耗较大;如果频繁启动,则电阻的温升会很高,对于精密的机床会产生一定影响。

【知识拓展】

自耦变压器降压启动控制电路的分析

对于容量较大,正常运行时定子绕组为星形接法的异步电动机,可采用自耦变压器降压启动。即电动机在启动时,先经自耦变压器降低电压,限制启动电流;当转速接近额定转速时,切除自耦变压器转入全压运行。实际运用中,自耦变压器二次侧有电源电压的65%、73%、80%等几组抽头,使用时应根据负载情况及供电系统要求选择一组合适的抽头。自耦变压器降压启动控制电路如图 1-61 所示。

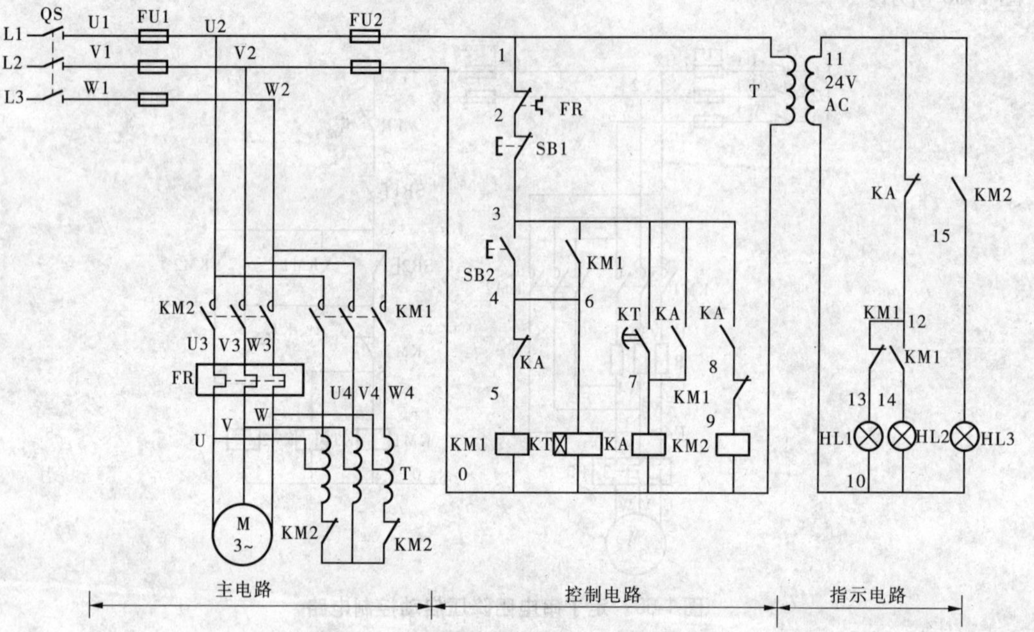

图 1-61　自耦变压器降压启动控制电路

自耦变压器降压启动控制电路由主电路、控制电路和指示电路组成。主电路中由自耦变压器 T 和接触器 KM1 的主触点构成自耦变压器启动器;接触器 KM2 的主触点用以实现全压运行。HL1 为电源指示灯,HL2 为降压启动指示灯,HL3 为正常运行指示灯。启动过程按时间原则控制,工作原理如下:

首先合上电源开关 QS。

按下SB2 → KM1线圈得电 → KM1主触点闭合 → 电动机M经自耦变压器T降压启动
→ KM1辅助动合触点闭合(自锁)
→ KM1辅助动断触点分断(对KM2联锁)
→ KM1辅助动断触点分断 → 电源指示灯HL1熄灭
→ KM1辅助动合触点闭合 → 启动指示灯HL2点亮
经过一段时间
→ KT线圈得电 → KT延时动合触点闭合 → KA线圈得电 → (转下页)

(接上页)→
- KA动断触点分断→KM1和KT线圈失电→KM1、KT的所有触点复位，主电路切除自耦变压器T
- KA动合辅助触点闭合(自锁)
- KA动合辅助触点闭合→KM2线圈得电→
  - KM2两对辅助动断触点分断，解除T的Y形连接
  - KM2主触点闭合→电动机M全压运行
  - KM2辅助动合触点闭合→运行指示灯HL3点亮
- KA动断触点分断→启动指示灯HL2熄灭

【思考与练习】

1. 什么是中间继电器、过流继电器及时间继电器?
2. 阐述三相异步电动机定子串电阻降压启动控制电路的工作原理。

任务六　三相异步电动机的Y-△降压启动控制电路制作与检修

【学习内容】

异步电动机的Y-△降压启动控制电路的制作与检修。

【学习目标】

1. 知识目标

(1)了解三相异步电动机的星形接法和三角形接法。

(2)掌握三相异步电动机Y-△降压启动控制电路的组成和动作原理。

2. 能力目标

(1)能够绘制三相异步电动机Y-△启动控制电路的原理图、接线图。

(2)能够制作电路的安装工艺计划。

(3)能按照工艺计划进行线路的安装、调试和检修。

(4)会作检修记录。

【任务导入】

如前所述,常见的降压启动方法有:定子绕组串电阻(电抗)启动、电动机Y-△降压启动和自耦变压器降压启动等。那么如何实现对三相异步电动机的Y-△降压启动呢?

【相关知识】

三相异步电动机Y-△降压启动控制分析

对于正常运行时定子绕组接成三角形的三相鼠笼型异步电动机,均可采用Y-△降压启动。启动时,定子绕组先接成星形,待电动机转速上升到接近额定转速时,将定子绕

组换接成三角形，电动机便进入全压下的正常运转。图 1-62 为原理图。该电路电动机启动过程的 Y－△转换是靠时间继电器自动完成的。

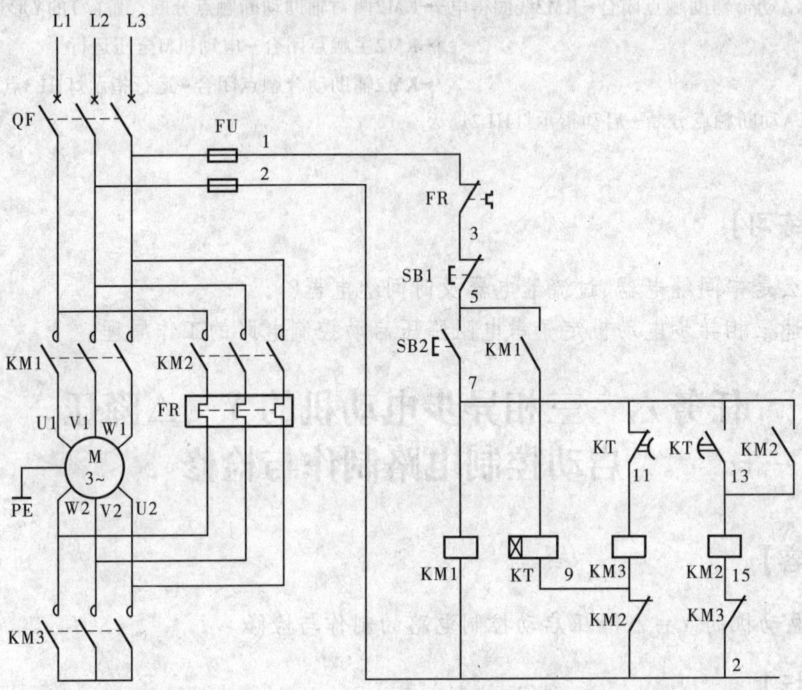

图 1-62　鼠笼型异步电动机 Y－△自动启动电路（时间继电器自动切换）

控制电路分析如下：

合上开关 QF 引入三相电源。按下启动按钮 SB2，交流接触器 KM1 线圈回路通电吸合并通过自己的辅助常开触点自锁，其主触点闭合接通电动机三相电源，时间继电器 KT 线圈也通电吸合并开始计时，交流接触器 KM3 线圈通过时间继电器的延时断开触点通电吸合，KM3 的主触点闭合将电动机的尾端连接，电动机定子绕组成星形连接，这时电动机在星形接法下降压启动。

当时间继电器 KT 整定时间到后，其延时断开触点断开，交流接触器 KM3 线圈回路断电，KM3 主触点打开定子绕组尾端的接线，KM3 的辅助常闭触点闭合，为 KM2 线圈的通电做好准备。时间继电器 KT 动作使其延时闭合触点闭合，接通 KM2 线圈回路，使得 KM2 通电吸合并通过自己的辅助常开触点自锁，KM2 主触点闭合将定子绕组接成三角形，电动机在三角形接法下运行。

电动机的过载保护由热继电器 FR 完成。线路中的互锁环节有：KM2 常闭触点接入 KM3 线圈回路，KM3 常闭触点接入 KM2 线圈回路。

【任务实施】

一、三相异步电动机的 Y－△降压启动控制电路的制作

按照上面的原理图，异步电动机 Y－△降压启动控制电路的接线图如图 1-63 所示。

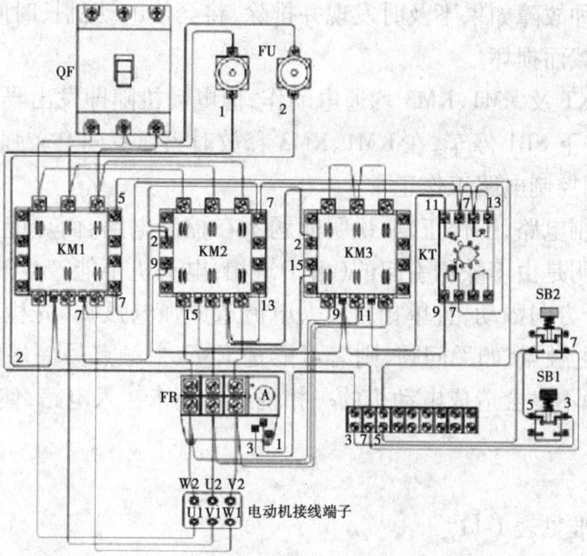

图 1-63　Y－△降压启动控制电路的接线图

二、三相异步电动机 Y－△降压启动控制电路常见故障的检修

(一)电动机不能启动

造成该故障的原因可能有:控制电路熔断器熔断,热继电器动作后未复位,按钮接触不良或损坏,时间继电器损坏,接触器损坏,电动机本身有故障。

(二)启动时的异常现象

电动机通电后转速上升,约 1 s 后电动机突然发出“嗡嗡”声且转速下降,继而断电停转。尽管 Y－△启动方式可降低电动机启动电流,但启动电流值仍可达到额定电流的 2～3倍(轻载启动)。在启动刚开始时电动机状态正常,说明电源及线路正常,但随之电动机发出“嗡嗡”声且转速下降,这是电动机缺相运行的症状。这可能是熔断器熔体的额定电流值太小,启动时熔断了电源的一相熔丝而造成电动机缺相,电动机的缺相运行会造成其绕组电流进一步增大,使另两相熔丝也相继熔断。

(三)启动后的异常现象

(1)电动机星形连接启动时正常,但转换成三角形连接运行后就发出异常响声且转速骤降,继而熔断器熔体熔断使电动机断电停车。

电动机星形连接启动正常,说明该部分电路无误。而转换成三角形连接运行时异常,则应从该部分电路中寻找故障。最有可能的原因是:电动机三角形连接时的接线相序接错,从而造成三相电源相序与星形连接时相反,电动机在 Y－△转换后处于反接制动状态,产生过大的制动电流使三相熔断器熔断。

(2)按下 SB2,KT 及 KM1、KM3 均通电动作,电动机星形连接启动,但之后长时间线路无转换动作。

该故障一般是由于时间继电器故障引起的,如果是空气阻尼式时间继电器,很可能是空气室进气孔阻塞或电磁铁与延时器顶杆相互位置不当造成的,可按维修时间继电器的方法进行检修。这种故障如果不及时发现并排除，将会使电动机长时间星形连接运行，电动机会因长时间过载而损坏。

(3)按下 SB2，KT 及 KM1、KM3 均通电动作，但电动机随即发出异响，转轴沿正、反两个方向颤动；立即按下 SB1 停车，在 KM1、KM3 释放时灭弧罩内有较强的电弧。如果断开主电路进行检查，则控制电路工作正常。

因单独运行控制电路，工作正常，说明问题不在控制电路，而可能在主电路。电动机产生的故障现象说明是由于缺相引起的(由于缺相，电动机不能产生旋转磁场，所以启动时转轴沿正、反两个方向颤动，且单相启动大电流造成强电弧)。先检查主电路的各熔断器和 KM1、KM3 的主触点，如无问题，则有可能是 KM3 主触点另一端的短接线松脱造成的，因为该接线接触不良会造成电动机的一相绕组末端未接入电路，使电动机单相启动。

三、考核要求

本项目评分标准见表 1-11。

表 1-11　电动机的 Y－△降压启动电路的制作与检修评分标准

项目内容	配分	评分标准	扣分标准
应知基础知识 (10 个知识点内容)	30 分	知识：掌握异步电动机的启动性能和启动方法 技能：结合电机试验，掌握异步电动机的启动方法和实际操作的技能	每个知识点错误扣 3 分
	10 分	1. 作出可行的实施计划； 2. 制作项目的工艺过程	每项完不成扣 3 分
	10 分	根据电气原理图正确绘制接线图	每处错误扣 1 分
应会技能	30 分	1. 正确完成器件选择和质检； 2. 组件安装位置符合要求； 3. 电气接线符合要求	接线图不正确一处扣 1 分，一个器件选择有问题、安装有问题、一条线连接不合格扣 1 分
	20 分	1. 用万用表对主电路进行检查； 2. 对信号电路和控制电路进行通电试验； 3. 接通主电路的电源，不接入电动机进行空载试验； 4. 接通主电路的电源，接入电动机进行带负载试验，直到电路工作正常为止	一项不正确扣 3 分
安全文明生产		1. 积累电路制作经验和养成良好的职业习惯； 2. 遵守安全文明生产规程，清理场地	违反安全文明生产规程，不清理场地扣 10～70 分

【知识拓展】

两台电动机顺序启停控制电路的安装

有些生产机械不仅要求几台电动机协调工作，而且要求各台电动机能按一定的顺序进行启动或停止操作，这样才能满足生产工艺的要求。如：在机床工作中，常常需要先启动液压泵电动机，然后才能启动主轴电动机。又如，一台机床工件夹具的夹紧、进刀、自动停车等工序，要求按一定的顺序来完成。这些要求反映了几台电动机或几个加工动作之间的顺序关系。而按照上述要求实现的控制，就称为顺序控制。下面我们就介绍两台电动机顺序启动、停止控制电路的组成及工作原理。

(一)原理图

两台电动机顺序启停控制电路原理图见图1-64。

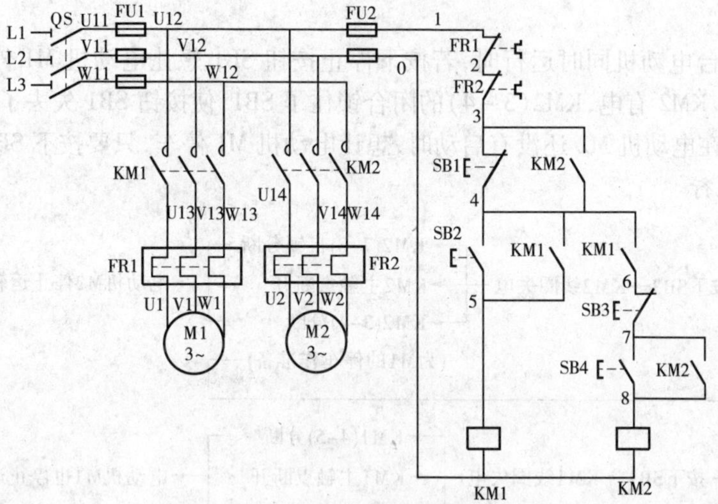

图1-64　两台电动机顺序启停控制电路

1. 主电路

接有M1和M2两台电动机，熔断器FU1为主电路的短路保护，热继电器FR1和FR2则分别是两台电动机的过载保护。

2. 控制电路

共有4个按钮，其中SB2为第一台电动机的启动按钮，SB1为第一台电动机的停止按钮，SB4为第二台电动机的启动按钮，SB3为第二台电动机的停止按钮。

(二)工作原理

1. 启动电动机M1

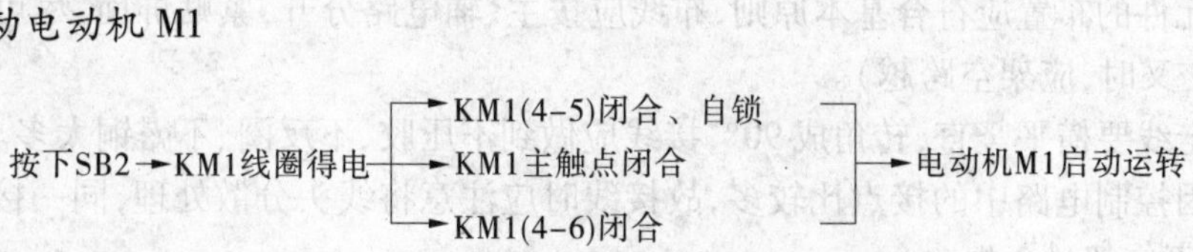

注意：

(1)如果事先没有按下SB2(电动机M1未启动起来)，接触器KM1不会吸合，常开的KM1(4-6)触点就分断了KM2支路，确保电动机M2不可能启动。

(2)如果在电动机M2还没有启动时，想让电动机M1停车，只要按下SB1即可。

2. 启动电动机 M2

按下SB4→KM2线圈得电→KM2(3-4)闭合，锁住SB1→保证电动机M1继续运行，并使电动机M1在电动机M2未停止时不可能先停下来

按下SB4→KM2线圈得电→KM2主触点闭合、KM2(7-8)闭合自锁，锁住SB4→电动机M2也开始启动运转

注意：

(1)在两台电动机同时运行时，若按下停止按钮 SB1 想让电动机 M1 停车是不可能的。因为此时 KM2 有电，KM2(3-4)的闭合锁住了 SB1，使按钮 SB1 失去了作用。

(2)如果在电动机 M2 还没有启动时，想让电动机 M1 停车，只要按下 SB1 即可。

3. 停止运行

按下SB3→KM2线圈失电→KM2(7-8)自锁分断、KM2主触点断开、KM2(3-4)分断→电动机M2停止运转

(为M1的停车作准备)→按下SB1→KM1线圈失电→KM1(4-5)分断、KM1主触点断开、KM1(4-6)分断→电动机M1也停止运转

(三)电路特点

(1)启动时，必须先让电动机 M1 启动后，电动机 M2 才可能继续启动。

(2)停车时，必须先让电动机 M2 停止后，电动机 M1 才可能接着停止。

(四)安装注意事项

(1)电路中有两台电动机，谁是第一台，谁是第二台可以自由确定，但一经确定，对应使用的接触器在控制线路中就不能再改变了。

(2)元件的布置应符合基本原则，布线应按主、辅电路分开，紧贴屏面，尽可能避免交叉(必须交叉时，应架空跨越)。

(3)走线要横平竖直，转角成 90°，接线应做到不压胶、不反圈、不露铜太多。

(4)因控制电路中的接点比较多，故接线时应注意将线头分散处理，同一接线桩上的连接导线不应超过 3 根。

(5)通电试验时，为了避免事故发生，最好先按 SB2→SB4→SB3→SB1 的顺序操作一遍，然后再尝试其他操作。一旦发生事故，应立即切断电源开关 QS。

【思考与练习】

1. 三相异步电动机的星形接法和三角形接法各是怎样连接的？

2. 阐述三相异步电动机 Y-△降压启动控制电路的工作原理。

任务七　三相异步电动机反接制动控制电路的制作与检修

【学习内容】

三相异步电动机反接制动控制电路的制作与检修。

【学习目标】

1. 知识目标

(1)了解速度继电器的结构参数、动作原理和如何选择。

(2)了解三相异步电动机反接制动控制电路的组成和动作原理。

2. 能力目标

(1)能够绘制三相异步电动机反接制动控制电路的原理图、接线图。

(2)能够制订电路的安装工艺计划。

(3)会按照工艺计划进行线路的安装、调试。

(4)能根据故障现象分析诊断,排除故障,并作检修记录。

【任务导入】

由于机械惯性的影响,高速旋转的电动机从切除电源到停止转动需要经过一段时间。这样往往满足不了某些生产工艺要求快速、准确停车的控制要求,因此需要对电动机进行制动控制。

所谓制动,就是给正在运行的电动机加上一个与原转动方向相反的制动转矩迫使电动机迅速停转。电动机常用的制动控制方法有机械制动和电气制动两大类。电气制动常见的方法有反接制动和能耗制动。

那么如何实现三相异步电动机的反接制动呢?

【相关知识】

一、速度继电器

(一)速度继电器的结构和工作原理

速度继电器是一种当转速达到规定值时而动作的继电器。它是根据电磁感应原理制成的,主要用作三相鼠笼型异步电动机的反接制动,故又称为反接制动继电器。速度继电器主要由转子、定子及触点三部分组成。图1-65为JY1系列速度继电器的外形与结构示意图。

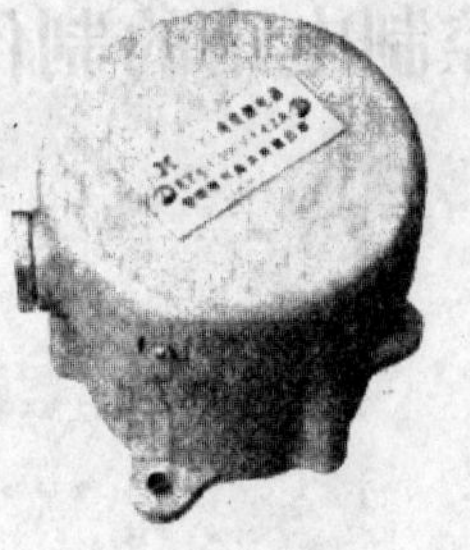

(a)外形

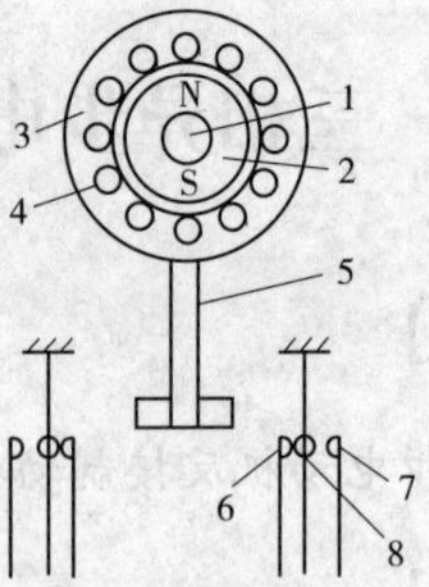

(b)结构示意图

1—转轴;2—转子;3—定子;4—绕组;5—摆锤;6、7—静触点;8—动触点

图 1-65　速度继电器的外形与结构示意图

速度继电器的工作原理与鼠笼型异步电动机相似。它的转子是一个圆柱形永久磁铁,与电动机或机械轴连接,随着电动机旋转而旋转。定子是一个空心圆柱,由硅钢片叠成,内部镶嵌有笼型绕组,它也能围绕着转轴转动。当转子随电动机转动时,它的磁场与定子笼型绕组相切割,在定子笼型绕组中会产生感应电动势及感应电流,该电流在转子磁场作用下产生电磁转矩,使定子外环跟随转子转动一个角度。如果转子永久磁铁逆时针方向转动,则定子外环会带着摆锤移向右边,使右边的动断触点断开,动合触点接通。当转子永久磁铁顺时针方向转动时,则会使左边的触点改变状态。当电动机转速较低(如小于 100 r/min)时,触点复位。

(二)速度继电器的常用型号及电气符号

目前常用的速度继电器有 JY1 型和 JFZ0 型两种。JY1 型在 3 000 r/min 以下能可靠工作;JFZ0 - 1 型适用于 300 ~ 1 000 r/min,JFZ0 - 2 型适用于 1 000 ~ 3 600 r/min。

速度继电器一般具有两对动合、动断触点,触点额定电压 380 V,额定电流 2 A。通常速度继电器动作转速为 130 r/min,复位转速为 100 r/min 以下。

速度继电器主要根据被控电动机的额定转速进行选择,其电气符号见图 1-66。

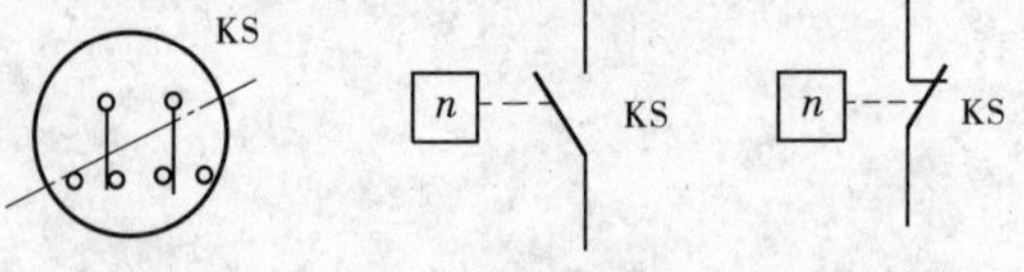

(a)转子　(b)动合触点　(c)动断触点

图 1-66　速度继电器的图形及文字符号

(三)速度继电器的安装

1. 使用前的检查

速度继电器在使用前应旋转几次,看其转动是否灵活,胶木摆杆是否灵敏。

2. 安装注意事项

速度继电器一般为轴连接,安装时应注意继电器转轴与其他机械之间的间隙,不要过紧或过松。如需要皮带传动,必须将继电器固定牢固,并另装皮带轮,注意皮带轮的尺寸应能正确反映机械轴或电动机的转速,否则制动精度会变低。

3.运行中的检查

应注意速度继电器在运行中的声音是否正常、温升是否过高、紧固螺钉是否松动,以防止将继电器的转轴扭弯或将联轴器的销子扭断。

4.拆卸注意事项

拆卸时要仔细,不能用力敲击继电器的各个部件。抽出转子时为防止永久磁铁退磁,要设法将磁铁短路。

二、电动机反接制动控制电路分析

反接制动是通过改变电动机电源相序,使定子绕组产生的旋转磁场与转子旋转方向相反,从而产生制动力矩的一种制动方法。应注意的是,当电动机转速接近零时,必须立即断开电源,否则电动机会反向旋转。另外,由于反接制动电流较大,故制动时需在定子回路中串入电阻以限制制动电流。

反接制动电阻的接法有两种:对称电阻接法和不对称电阻接法,如图 1-67 所示。

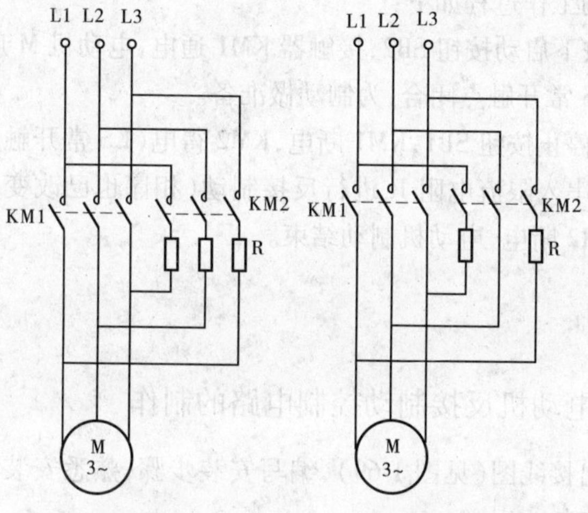

(a)对称电阻接法　　(b)不对称电阻接法

图 1-67　三相异步电动机反接制动电阻接法

三相异步电动机反接制动控制电路按速度原则实现控制,通常采用速度继电器。速度继电器与电动机同轴相连,在 130~3 000 r/min 范围内速度继电器触点动作,当转速低于 100 r/min 时,其触点复位。

反接制动的优点是制动力矩大,制动迅速。缺点是制动准确性差,制动过程中因冲击强烈易损坏传动部件,制动消耗能量大。

反接制动一般适用于系统惯性大、制动要求迅速且不频繁的场合,如用于镗床、铣床等中型车床的主轴制动。

单向运行的三相异步电动机反接制动控制电路如图 1-68 所示。

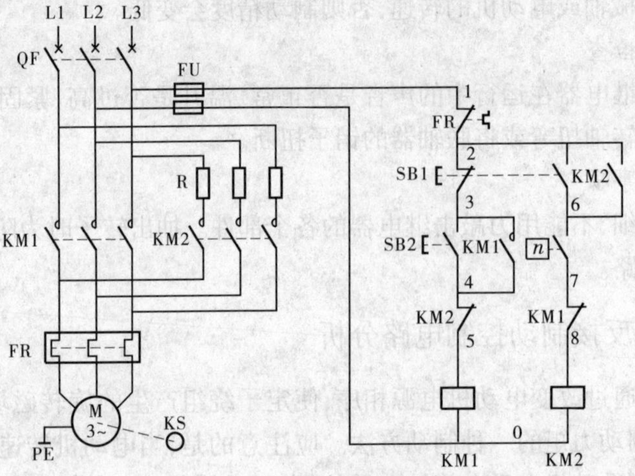

图 1-68　单向运行的三相异步电动机反接制动控制电路

电动机反接制动工作过程如下：

合上开关 QF，按下启动按钮 SB2，接触器 KM1 通电，电动机 M 启动运行，随着转速的升高，速度继电器 KS 常开触点闭合，为制动做准备。

需制动时，按下停止按钮 SB1，KM1 断电，KM2 得电（KS 常开触点尚未打开），KM2 主触点闭合，定子绕组串入限流电阻 R 进行反接制动（相序也已改变）。当 $n\approx0$ 时，KS 常开触点恢复断开，KM2 断电，电动机制动结束。

【任务实施】

一、三相异步电动机反接制动控制电路的制作

根据原理图画出接线图（见图 1-69），编写安装步骤，熟悉安装工艺要求。经指导教师审查合格后进行安装。

二、反接制动电路的电器安装注意事项

（1）安装速度继电器前，要弄清楚其结构，辨明常开触点的接线端。

（2）速度继电器可以预先安装好，不计入定额时间。安装时，采用速度继电器的连接头与电动机转轴直接连接的方法，并使两轴中心线重合。

（3）通电试车时，若制动不正常，可检查速度继电器是否符合规定要求。若需调节速度继电器的调整螺钉，必须切断电源，以防止出现相对地短路事故。

（4）速度继电器动作值和返回值的调整，应先由教师示范后，再由学生自己调整。

（5）制动操作不宜过于频繁。

（6）通电试车时，必须有指导教师在现场监护，同时做到安全文明生产。

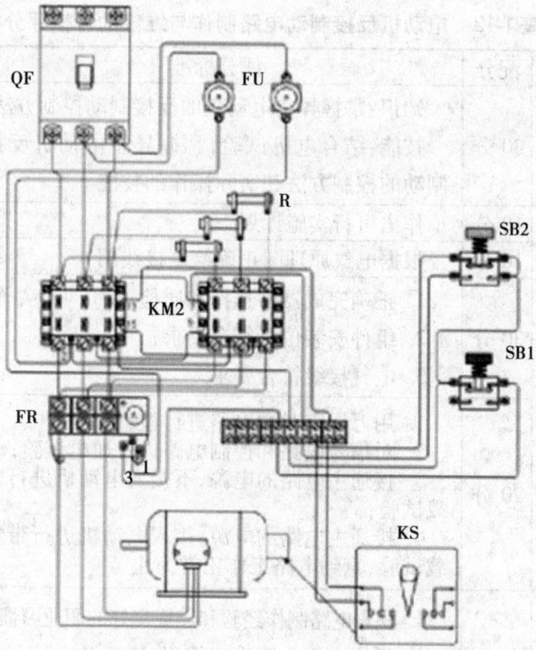

图 1-69　三相异步电动机反接制动接线图

三、常见故障的维修

交流异步电动机反接制动控制电路常用速度继电器来实现自动控制,因此其典型的故障也常出自速度继电器。

(1)电动机启动、运行正常,但按下 SB1 时电动机继续旋转,无制动作用。

这时应检查 KM2 各触点及其接线有无问题,并检查 SB1 的动合触点。如果上述检查没有问题,则要检查速度继电器 KS,如其触点接触不良或胶木摆杆断裂,则进行修理或更换。另外还可启动电动机,待其转速上升到一定值时观察 KS 的摆杆动作,如果发现摆杆摆向未使用的另一组触点,则说明是 KS 的两组触点用错,应改接另一组触点。

(2)电动机有制动作用,但在 KM2 释放时,电动机的转速仍较高。

这说明 KM2 释放太早。如有转速表可测量 KM2 释放时电动机的转速,一般应在 100 r/min 左右,若转速太高可进行调节。松开速度继电器 KS 的触点复位弹簧的锁定螺母,将弹簧的压力调小后再将螺母锁紧。重新观察制动的效果,反复调整。

(3)电动机制动时,KM2 释放后电动机发生反转。

这是由于 KS 复位太迟引起的故障,原因是 KS 的触点复位弹簧压力过小,应按上述方法将复位弹簧的压力调大,并反复调整试验,直至达到合适程度。

四、项目考核

本项目评分标准见表 1-12。

表 1-12 电动机反接制动电路制作与维修的考核评分标准

项目内容	配分	评分标准	扣分标准
应知基础知识（10 个知识点内容）	30 分	知识：掌握异步电动机的反接制动控制方法 技能：结合电机试验，掌握异步电动机反接制动的控制方法和实际操作的技能	每个知识点错误扣 3 分
应会技能	10 分	作出可行实施计划	每项完不成扣 3 分
	10 分	根据电气原理图正确绘制接线图	每处错误扣 1 分
	30 分	1. 正确完成器件选择和质检； 2. 组件安装位置符合要求； 3. 电气接线符合要求	一处不正确扣 1 分
	20 分	1. 用万用表对主电路进行检查； 2. 对信号电路和控制电路进行通电试验； 3. 接通主电路的电源，不接入电动机进行空载试验； 4. 接通主电路的电源，接入电动机进行带负载试验，直到电路工作正常为止	一项不正确扣 3 分
安全文明生产		1. 积累电路制作经验和养成良好的职业习惯； 2. 遵守安全文明生产规程，清理场地	违反安全文明生产规程，不清理场地扣 10 ~ 70 分

【知识拓展】

双向启动反接制动控制电路

(一)原理图

双向启动反接制动控制电路原理图见图 1-70。

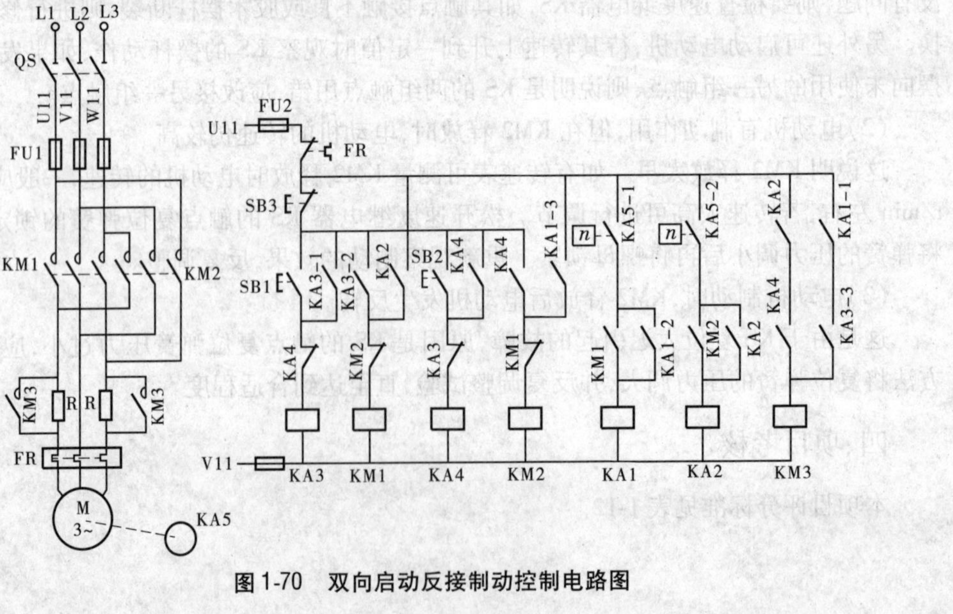

图 1-70 双向启动反接制动控制电路图

(二)线路工作原理

1. 正向启动

先合上电源开关QS。

按下SB1→KA3线圈得电→
- →KA3联锁触点断开(联锁KA4反向启动)
- →KA3-1自锁触点闭合
- →KA3-3触点闭合(为KM3线圈通电做准备)
- →KA3-2常开触点闭合→KM1线圈通电→
  - →KM1联锁触点分断(联锁KM2)
  - →KM1常开触点闭合(为KA1线圈通电做准备)
  - →KM1主触点闭合→电动机串电阻R降压启动 --- n升至一定值时 ---→KA5-1触点闭合→KA1线圈得电→
    - →KA1-2自锁触点闭合
    - →KA1-3触点闭合→(为KM2线圈通电做准备)
    - →KA1-1闭合(KA3-3已闭合)→KM3线圈通电→KM3主触点闭合，切除R→电动机M全压运行

2. 正向停止

按下SB3→ KA3线圈失电→
- →KA3联锁触点恢复(为反向启动做准备)
- →KA3-1自锁触点断开
- →KA3-3触点断开→KM3线圈断电(电阻R接入，为反接制动做准备)
- →KA3-2常开触点断开→KM1线圈断电→
  - →KM1常开触点断开(但因KA1-2自锁触点是闭合的，KA1线圈暂未断电)
  - →KM1主触点断开→电动机M断电
  - →KM1联锁触点恢复(因前KA1-3触点已闭合)→ KM2线圈得电→
    - →KM2联锁触点分断(联锁KM1正向启动)
    - →KM2常开触点闭合(这里不起作用)
    - →KM2主触点闭合→电动机串电阻R反接制动 --- n降至一定值时 ---→ KA5-1触点断开→KA1线圈失电→
      - →KA1-2自锁触点断开
      - →KA1-3触点断开→KM2线圈断电→KM2主触点断开→电动机反接制动自动停止
      - →KA1-1触点也恢复断开

【思考与练习】

1. 分析电动机反接制动控制电路的工作原理。

2. 简述反接制动的优点、缺点和适用场合。

任务八　三相异步电动机能耗制动控制电路的制作与检修

【学习内容】

三相异步电动机能耗制动控制电路的制作与检修。

【学习目标】

1. 知识目标

(1)了解速度继电器的结构参数、动作原理和如何选择。

(2)了解三相异步电动机能耗制动控制电路的组成和动作原理。

2. 能力目标

(1)能够绘制三相异步电动机能耗制动的原理图、接线图。

(2)能够制作电路的安装工艺计划。

(3)会按照工艺计划进行线路的安装、调试。

(4)能根据故障现象分析诊断,排除故障,并作检修记录。

【任务导入】

如前所述,三相异步电动机的电气制动常见方法有反接制动和能耗制动,那么如何实现三相异步电动机的能耗制动呢?

【相关知识】

一、能耗制动

三相异步电动机的能耗制动是在切断电动机定子绕组的交流电源后,又在定子绕组任意两相通入直流电流,形成静止磁场,通过静止磁场与旋转着的转子中的感应电流相互作用产生制动转矩,使电动机减速停止。这种制动方法是将电动机旋转的动能变为电能,消耗在制动电阻上,故称为能耗制动。

注意:制动结束必须及时切断直流电源。

二、三相异步电动机能耗制动控制电路工作原理

能耗制动控制线路如图 1-71 所示。

能耗制动工作原理如下:

合上刀开关 QF,按下启动按钮 SB2,接触器 KM1 通电,电动机 M 启动运行。

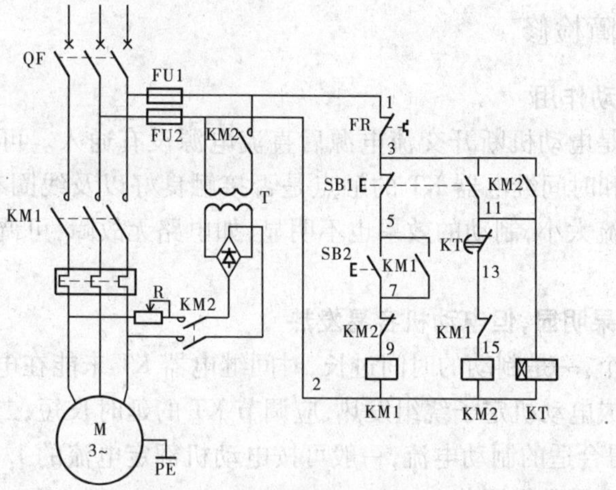

图 1-71 能耗制动控制线路

制动时，按下复合按钮 SB1，KM1 断电，电动机 M 断开交流电源，KM2 通电，M 两相定子绕组通入直流电流，开始能耗制动；同时时间继电器 KT 通电，延时 t 后，KT 延时断开的常闭触头断开，KM2 断电，M 切断直流电流；同时 KT 断电，能耗制动结束。

能耗制动控制电路的优点是制动准确平稳，能量消耗少。缺点是制动力量较弱，特别是低速时制动效果不佳。另外，对于较大功率的电动机要采用三相整流电路，则所需设备多，投资成本高。能耗制动控制电路一般用于制动要求准确平稳，启动和制动频繁的场合，如磨床、立式铣床等。

【任务实施】

一、绘制能耗制动控制电路接线图

能耗制动控制电路接线图见图 1-72。

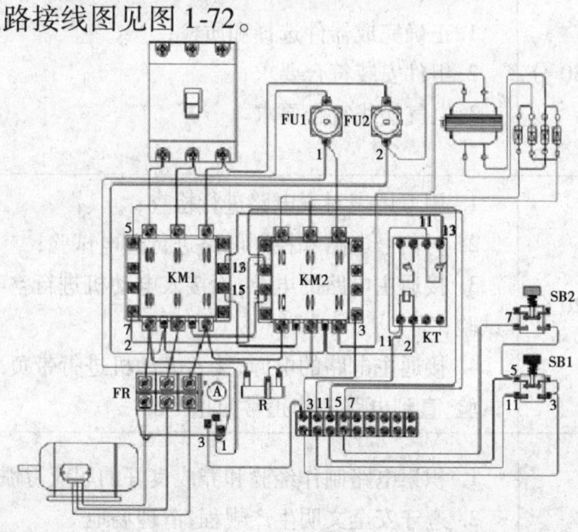

图 1-72 能耗制动控制电路接线示意图

二、常见故障检修

(一)没有制动作用

其原因通常是电动机断开交流电源后直流电源没有通入。可检查直流电源有无问题、接触器 KM2 和时间继电器 KT 的触点是否接触良好以及线圈有无损坏等。此外,如果制动的直流电流太小,制动的效果也不明显,如电路无故障,可调节可调电阻 R 以调节制动电流。

(二)制动效果明显,但电动机容易发热

其原因有两个:一是制动的时间过长,时间继电器 KT 未能在电动机停下来后及时切断直流电源而造成电动机定子绕组发热,应调节 KT 的延时长短;二是制动的直流电流太大,可调节 R 取得合适的制动电流,一般可按电动机额定电流的 1.5 倍来估算制动电流,并根据实际制动效果进行调节。

三、项目考核

本项目评分标准见表 1-13。

表 1-13　能耗制动控制电路的制作与检修评分标准

项目内容	配分	评分标准	扣分标准
应知基础知识 (10 个知识点内容)	30 分	知识:掌握三相异步电动机能耗制动的控制方法 技能:结合电机试验,掌握三相异步电动机能耗制动的控制方法和实际操作的技能	每个知识点错误扣 3 分
应会技能	10 分	1. 作出可行的实施计划; 2. 制作项目的工艺过程	每项完不成扣 3 分
	10 分	根据电气原理图正确绘制接线图	每处错误扣 1 分
	30 分	1. 正确完成器件选择和质检; 2. 组件安装符合要求; 3. 电气接线符合要求	接线图不正确一处扣一分,一个器件选择有问题、安装有问题、一条线连接不合格扣 1 分
	20 分	1. 用万用表对主电路进行检查; 2. 对信号电路和控制电路进行通电试验; 3. 接通主电路的电源,不接入电动机进行空载试验; 4. 接通主电路的电源,接入电动机进行带负载试验,直到电路工作正常为止	一项不正确扣 3 分
安全文明生产		1. 积累电路制作经验和养成良好的职业习惯 2. 遵守安全文明生产规程,清理场地	违反安全文明生产规程,未清理场地扣 10 ~ 70 分

【知识拓展】

机械制动控制电路

利用机械装置使电动机断开电源后迅速停转的方法称为机械制动。机械制动常用的方法有电磁抱闸制动和电磁离合器制动。这里主要介绍电磁抱闸制动,它可分为通电制动型和断电制动型两种。

电磁抱闸制动装置由电磁操作机构和弹簧力机械抱闸机构组成。图 1-73 所示为断电制动型电磁抱闸的结构示意图。

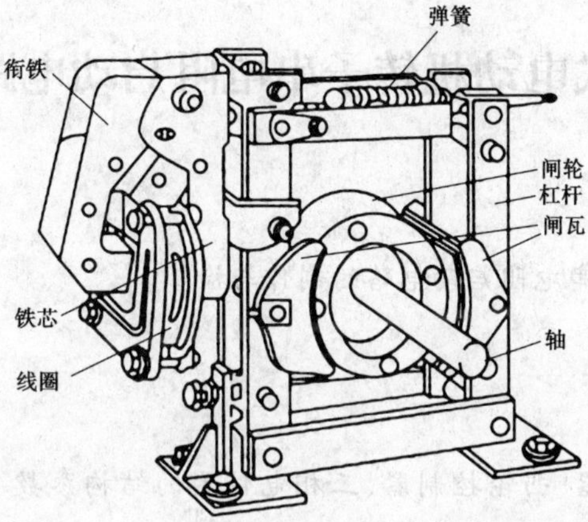

图 1-73　断电制动型电磁抱闸的结构示意图

断电制动型电磁抱闸的工作原理图如图 1-74 所示。

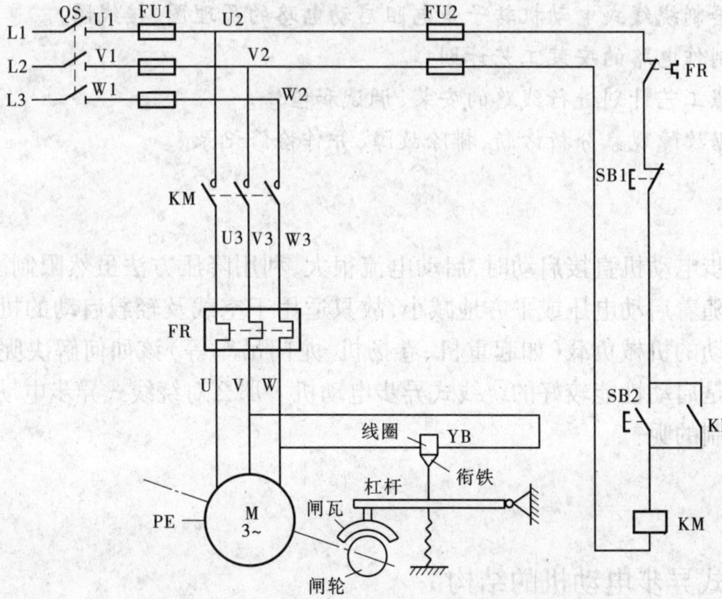

图 1-74　断电制动型电磁抱闸的工作原理图

合上电源开关 QS，按下启动按钮 SB2 后，接触器 KM 线圈得电自锁，主触点闭合，电磁线圈 YB 通电，衔铁吸合，使制动器的闸瓦和闸轮分开，电动机 M 启动运行。停车时，按下停止按钮 SB1 后，接触器 KM 线圈断电，自锁触点和主触点分断，使电动机和电磁线圈 YB 同时断电，衔铁与铁芯分开，在弹簧拉力的作用下闸瓦紧紧抱住闸轮，电动机迅速停转。电磁抱闸制动适用于各种传动机构的制动，且多用于起重电动机的制动。

【思考与练习】

1. 分析三相异步电动机能耗制动控制电路的工作原理。

2. 总结能耗制动的优点、缺点和适用场合。

任务九　绕线式电动机转子串电阻启动电路的制作与检修

【学习内容】

绕线式电动机转子串电阻启动电路的制作与检修。

【学习目标】

1. 知识目标

(1) 了解主令控制器、凸轮控制器、三相电位器的结构参数、动作原理，掌握选择方法。

(2) 了解绕线式电动机转子串电阻启动电路的组成和动作原理。

2. 能力目标

(1) 能够绘制绕线式电动机转子串电阻启动电路的原理图、接线图。

(2) 能够制作电路的安装工艺计划。

(3) 会按照工艺计划进行线路的安装、调试和检修。

(4) 能根据故障现象分析诊断，排除故障，并作检修记录。

【任务导入】

鼠笼型异步电动机直接启动时，启动电流很大，利用降压方法虽然限制了启动电流，但启动转矩也随着启动电压成平方地减小，故只适用于空载及轻载启动的机械负载。对于需要重载启动的机械负载（如起重机、卷扬机、龙门吊车等）该如何解决呢？实际应用中广泛采用的是启动性能较好的绕线式异步电动机。那么对绕线式异步电动机是如何实现重载启动控制的呢？

【相关知识】

一、绕线式异步电动机的结构

绕线式异步电动机的结构见图 1-75。

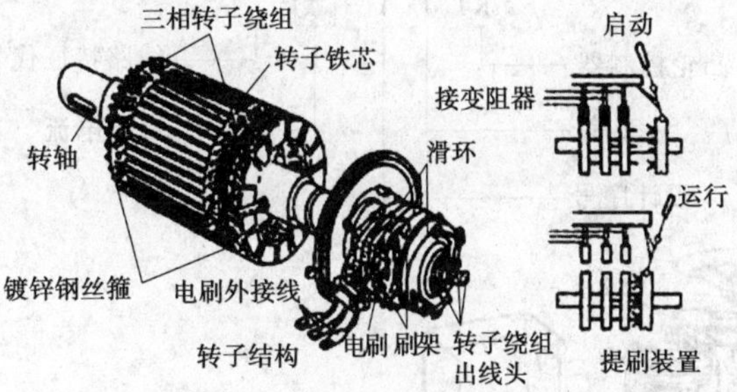

图 1-75　绕线式异步电动机的结构

绕线式异步电动机的定子绕组结构与鼠笼型异步电动机完全一样,但两者的转子绕组却不同。绕线式异步电动机的转子绕组是一个与定子绕组具有相同极数的三相对称绕组。转子绕组一般都接成星形,绕组的末端接在一起,绕组的首端分别接到转轴上的三个与转轴绝缘的滑环上,再通过安装在定子端盖上的电刷装置与外电路相连,见图 1-76。

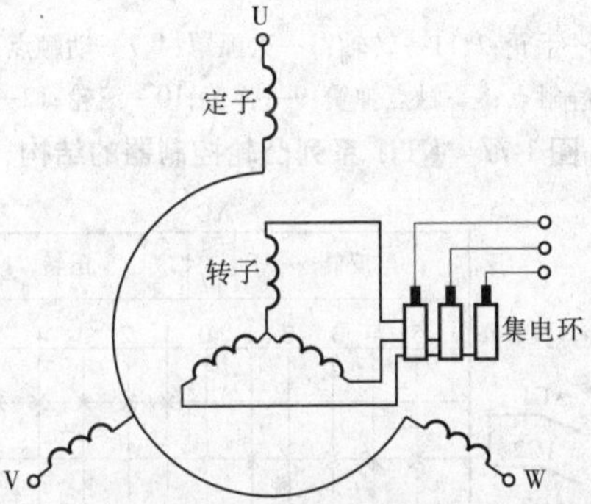

图 1-76　绕线式异步电动机定子和转子绕组的连接方式

二、凸轮控制器

凸轮控制器靠凸轮运动来使触头动作,主要用于控制绕线式电动机的启动和调速,在起重机械的升降控制电路中应用较广泛。

(一)凸轮控制器的结构

凸轮控制器主要由手轮、触点系统、凸轮、转轴等组成,KTJ1 系列凸轮控制器结构如图 1-77 所示。有 12 对触点,其中 9 对常开,3 对常闭。AC1 ~ AC4 接于主电路,带灭弧罩;AC5 ~ AC9 接转子电阻 R,用于启动或调速;AC10 ~ AC12 接于电动机控制电路,起零位保护作用。凸轮转动时,凹凸部分可推动滚轮 10 使动触点动作,触点会闭合或分断。图 1-78 是 KTJ1 - 50/1 型凸轮控制器的触点分合表,左侧是凸轮控制器的 12 对触点。上面一行阿拉伯数字表示手轮的 11 个位置。手轮所在位置可接通的触点打有“×”,不接通的为空白。

凸轮控制器的型号表示及其意义如下:

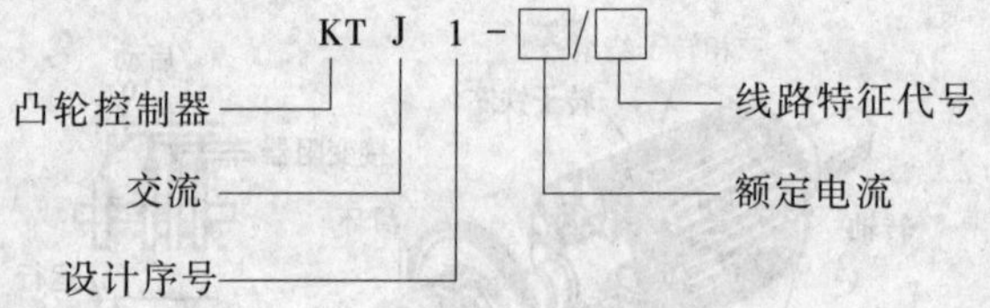

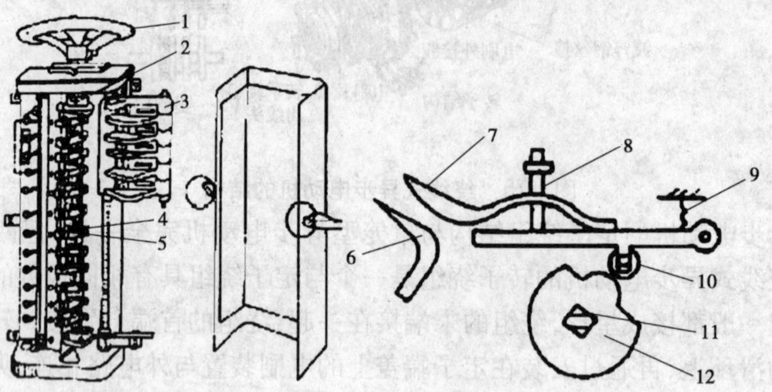

1—手轮；2、11—转轴；3—灭弧罩；4、7—动触点；
5、6—静触点；8—触点弹簧；9—弹簧；10—滚轮；12—凸轮

图 1-77　KTJ1 系列凸轮控制器的结构

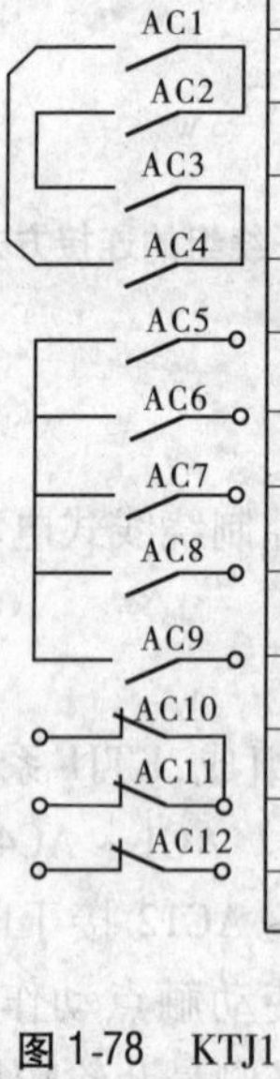

AC	反转 5	反转 4	反转 3	反转 2	反转 1	零位 0	正转 1	正转 2	正转 3	正转 4	正转 5
AC1							×	×	×	×	×
AC2	×	×	×	×	×						
AC3							×	×	×	×	×
AC4	×	×	×	×	×						
AC5	×	×	×	×				×	×	×	×
AC6	×	×	×						×	×	×
AC7	×	×								×	×
AC8	×										×
AC9	×										×
AC10						×	×	×	×	×	×
AC11	×	×	×	×	×	×					
AC12						×					

图 1-78　KTJ1－50/1 型凸轮控制器的触点分合表

(二)凸轮控制器的主要参数

凸轮控制器的主要参数见表 1-14、表 1-15。

表 1-14　凸轮控制器的主要参数

手轮位置数	手轮位置不同,接通或断开的触点不同
额定电流	凸轮控制器在不同的工作制中允许的工作电流
额定控制功率	在不同的电压下凸轮控制器的控制功率
操作次数	每小时允许的操作次数

表 1-15　KTJ1 型凸轮控制器的技术数据

型号	位置数		额定电流(A)		额定控制功率(W)		操作次数(h)
	向前	向后	通电持续率小于 40%	长期工作制	220 V	380 V	
KTJ1－50/1	5	5	75	50	16	16	
KTJ1－50/2	5	5	75	50	X	X	
KTJ1－50/3	1	1	75	50	11	11	600
KTJ1－80/1	6	6	120	80	22	30	
KTJ1－80/3	6	6	120	80	22	30	

注:"X"由定子回路的接触器功率决定。

(三)凸轮控制器的选择

(1)根据被控制电路的额定电压、电流、设备容量、工作制选择凸轮控制器的额定电压、电流和额定控制功率。

(2)根据要控制的电路触点数和位置数选择凸轮控制器的位置数。

(四)常用凸轮控制器

常用凸轮控制器有 KTJ1、KTJ10、KTJ14、KTJ15 等系列。

三、三相电阻器

电阻器主要适用于交流 50 Hz, AC 500 V 和直流 DC 440 V 电路中作电动机的启动、制动、调速之用。其结构形式大多为开启式,应装在室内并加以遮拦,防止触电。主要类型有 ZX1、ZX2 系列,其容量约为 4.6 kW。主要参数有:总阻值、每一级的阻值、额定电流、电阻元件的数量。选择时主要考虑调速要求的阻值和功率。

电阻器的型号表示及其意义如下:

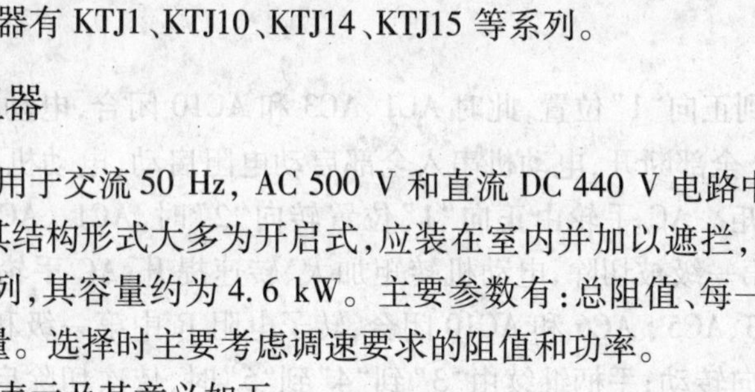

四、凸轮控制器控制绕线式电动机的工作原理

(一)原理图

绕线式电动机转子串电阻启动电路原理图见图 1-79。

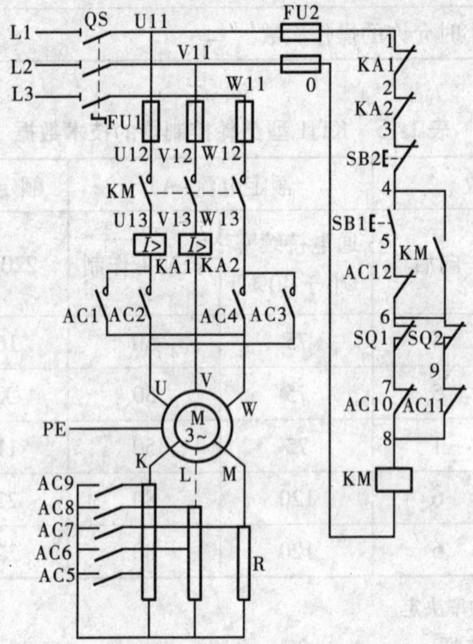

图 1-79　绕线式电动机转子串电阻启动电路原理图

(二)工作原理分析

1. 准备启动

凸轮控制器手轮置零位后,合上组合开关 QS,接触器 KM 线圈通电并自锁,作好电动机启动前的准备。

2. 正向启动

扳动 AC 手轮到正向"1"位置,此时 AC1、AC3 和 AC10 闭合,电动机接通电源正向启动,由于 AC5 ~ AC9 全部断开,电动机串入全部启动电阻启动,电动机具有较小的启动电流和较大的启动转矩。AC 手轮由正向"1"位置转向"2"时,AC1 、AC3、AC5 和 AC10 闭合,转子电阻 R 中第一级被切除,电动机转矩加大、转速提升;AC 手轮由正向"2"位置转向"3"时,AC1 、AC3、AC5 、AC6 和 AC10 闭合,转子电阻 R 中第一级和第二级被切除,电动机在大转矩下正向转动;手柄继续由"3"到"4"到"5"时,依次切除启动电阻,电动机启动完毕进入正常运行状态。

3. 停车

手轮回到"0"位,电动机停止转动。

4. 反向启动

扳动 AC 手轮到反向"1"位置,此时 AC2 、AC4 和 AC11 闭合,电动机接通电源时交换两相所以反向启动,由于 AC5 ~ AC9 全部断开,电机串入全部启动电阻启动,具有小的启动电流和较大的启动转矩。AC 手轮由反向"1"位置转向"2"时,AC2、AC4、AC5 和 AC11

闭合，转子电阻 R 中第一级被切除，电动机转矩加大、转速提升；AC 手轮由反向"2"位置转向"3"及"4"、"5"时，依次切除启动电阻，电动机启动完毕进入反向正常运行状态。

（三）AC10～AC12 的零位保护作用

只有手柄在"0"位时 AC10～AC12 全部闭合，按 SB1 时 KM 通电。手柄在其余位置时只有 AC10 或 AC11 中的一对触点接通，此时按 SB1 启动按钮，KM 不能通电。这就保证了电动机只能由凸轮控制器在"0"位时，串入全部启动电阻开始启动，然后通过手柄控制逐级切除启动电阻，进入正常运转状态。因此，零位保护实际上就是必须回到零位串入全部启动电阻开始才能启动，不能在无启动电阻或串入部分启动电阻情况下启动。

【任务实施】

一、绕线式电动机转子串电阻启动电路的制作

（1）绘制绕线式电动机转子串电阻启动电路原理图。

（2）绘制绕线式电动机转子串电阻启动电路的接线图。

（3）填写绕线式电动机转子串电阻启动电路材料配置清单（见表 1-16），并领料。

表 1-16　绕线式电动机转子串电阻启动电路材料配置清单

代号	器件名称	型号规格	数量	备注
QS	组合开关	HZ10－25/3	1	380 V, 25 A
M	绕线式电动机	YZR－132A－6	1	380 V, 2.2 kW
FU1	熔断器	RL1－60/25	32	
FU2	熔断器	RL1－15/2	2	
KM	交流接触器	CJT1－20	1	
KA1、KA2	过电流继电器	JL14－11	2	10 A
SB	启停按钮	LA10－3H	1	保护式
AC	凸轮控制器	KTJ1－50/2	1	
R	启动电阻	2K1－12－6/1		
SQ1、SQ2	行程开关	LX19－212	2	
XT	接线端子	JX2－1015	1	不少于 15 组
	线槽	2 cm 宽	1.6 m	
	导线	铜软导线 1 mm^2	若干	
	配电板	使用面积（50×40）cm^2	1	

（4）工具准备。

（5）确定配电板底板的材料和大小，并进行剪裁。

（6）选择组合开关、熔断器、交流接触器、过电流继电器、凸轮控制器、启动电阻、行程

开关、启停按钮、接线端子、绕线式电动机并进行质量检查,然后进行这些电气元件的定位和安装,注意与元件布置图一致。

(7)按照接线图上线路走向安装线槽。

(8)配线。采用板前槽配线方式。导线采用BV多股塑料软线,剥皮裸露导线长小于1 mm,并装上与接线图相同的编码套管。每个接线端子上一般不超过两根导线。

二、绕线式电动机转子串电阻启动电路的调试与检修

(一)调试前的准备

(1)检查组合开关、熔断器、交流接触器、过电流继电器、凸轮控制器、启动电阻、行程开关、启停按钮位置是否正确,导线规格和接线方式是否符合设计要求,操作按钮和接触器是否灵活可靠,过电流继电器的整定值是否正确等。

(2)检查电路绝缘是否正常。

(二)调试

(1)首先接通控制电路电源。凸轮控制器在"0"位,按下启动按钮SB1检查接触器的自锁功能是否正常,凸轮控制器的触点AC10、AC11、AC12是否闭合及过电流继电器是否正常等。发现不正常现象立即停电检修,直至正常。

(2)接通主电路和控制电路的电源,检查主电路是否正常。正常后,在电动机转轴上加负载。

检查过电流继电器是否有过负荷保护作用。若有不正常现象,立即停电查明原因并检修。

(三)检修

(1)检修时先用万用表,在不通电情况下,按住启动按钮测控制电路各点的电阻值。转动凸轮控制器的手轮到各挡位,压下接触器衔铁测主电路各点的电阻,确定主电路故障点并排除。万用表测试正常后方可通电试验。

(2)合上QS,并按照电路正常操作次序进行操作,观察凸轮控制器和各电气元件的动作和电动机的转动情况,发现异常立即停车检查。根据故障现象分析电气原理图,确定故障范围。用万用表电阻测量法确定故障点,并排除。直到通电试车正常。

(四)注意事项

(1)原理图中,AC在"0"位时主电路有两相是通电的,电动机不转是因为单相运行无启动转矩。

(2)检修或调试过程中发现故障应立即断电停车。

(3)带电检修时必须有指导教师现场监护,确保安全。

三、项目考核

本项目考核内部和标准见表1-17。

表 1-17　项目考核内容和标准

项目内容	配分	评分标准	扣分标准
应知基础知识（10 个知识点内容）	30 分	1. 组合开关、过电流继电器、凸轮控制器、启动电阻的选择； 2. 绕线式电动机的启动和调速方法； 3. 过电流继电器的整定,凸轮控制器的动作特点和用途； 4. 电路检修的方法	每个知识点错误扣 3 分
应会技能	10 分	1. 作出可行的实施计划； 2. 制作项目的工艺过程	每项完不成扣 3 分
	10 分	根据电气原理图正确绘制接线图	每处错误扣 1 分
	30 分	1. 正确完成器件选择和质检； 2. 元件安装位置符合要求； 3. 电气接线符合要求	不按要求一次扣 1 分 不符合一处扣 1 分 一条线连接不合格扣 1 分
	20 分	1. 调试顺序错误； 2. 检修顺序错误； 3. 通电实验时操作顺序错误； 4. 查出故障点不能排除； 5. 产生新故障点； 6. 损坏电动机和电气元件； 7. 排除故障最终试车不成功	扣 3 分 扣 3 分 扣 3 分 扣 3 分 扣 3 分 扣 20 分 扣 10 分
安全文明生产		1. 积累电路制作经验和养成良好的职业习惯； 2. 遵守安全文明生产规程,清理场地	违反安全文明生产规程扣 10～70 分

四、制作和检修技术文件的整理与记录

项目结束前填写,核实制作和检修记录单并保存。

【知识拓展】

主令控制器

主令控制器常用来控制频繁操作的多回路控制电路,如起重机械升降控制电路。主令控制器的原理结构图如图 1-80 所示。

转动手柄时,中间的方轴带动凸轮块 1、7 转动,固定在支杆 5 上的动触点 4 随着支杆

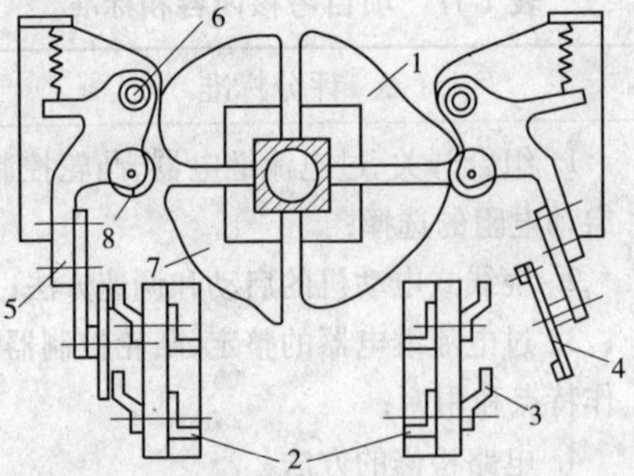

1、7—凸轮块;2—接线柱;3—静触点;4—动触点;5—支杆;6—转动轴;8—小轮

图 1-80　主令控制器的原理结构图

5 绕轴 6 转动,凸轮的凸起部分推压小轮 8 时带动支杆 5 和动触点 4 张开,将电路断开。由于凸轮块有不同形状,所以转动手柄时触点按一定顺序接通或断开。

(一)主令控制器的类型

主令控制器根据凸轮块的位置是否能调整分为调整型和非调整型两种类型。调整型主令控制器,凸轮块的位置可以根据触点分合表进行调整;非调整型主令控制器,凸轮块只有一个位置,不能调整,手柄转换时只能按照触点分合表断开或接通电路。

主令控制器的型号表示及其意义如下:

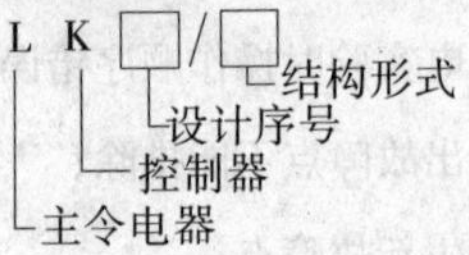

主令控制器在电路中的图形符号和文字符号如图 1-81 所示。图中横线表示控制回路的触点,竖虚线表示指令控制器手柄位置。手柄位置上的小黑点,表示在该位置时能接通的触点,如手柄在Ⅰ的位置时,1 号和 3 号触点接通,其余断开。触点的通断也可以用通断表来表示,表中"×"表示触点闭合,空白表示分断。主令控制器的通断表如图 1-82 所示。

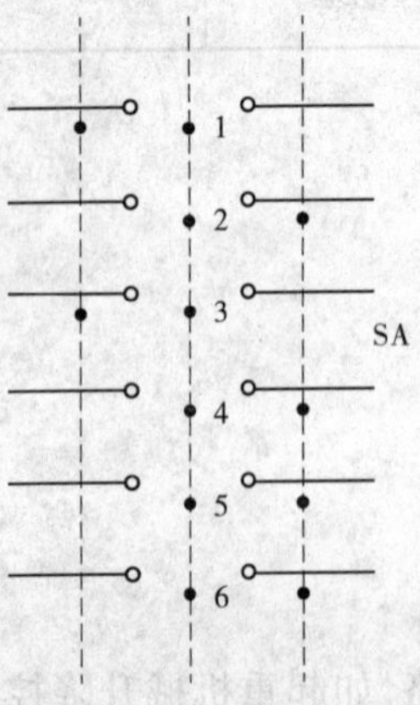

图 1-81　主令控制器的图形符号和文字符号

触点号	Ⅰ	0	Ⅱ
1	×	×	
2		×	×
3	×	×	
4		×	×
5		×	×
6		×	×

图 1-82　主令控制器的通断表

(二)主令控制器的主要参数

主令控制器的主要参数见表 1-18。

表 1-18　主令控制器的主要参数

额定电压和电流	主令控制器触点分断或接通状态下的电压和电流值
约定发热电流	主令控制器在约定使用条件下达到允许的温升时的电流值
触点的机械寿命	触点不会产生机械故障所允许的通断次数
操作频率	每小时触点允许的通断次数
控制回路数	主令控制器触点控制的回路总数
通断能力	一定条件下主令控制器触点能够接通或断开的最大电流

(三)主令控制器的选择

(1)根据被控制电路的电压和电流选择主令控制器的额定电压和电流及通断能力。主令控制器工作时的电流不能超过约定发热电流,否则会过热烧毁。

(2)根据控制电路的回路数和操作要求选择控制回路数、操作频率、触点寿命等。

(四)常用主令控制器

常用主令控制器有 LK1、LK4、LK5、LK14、LKT8 系列等。其中 LK4 和 LKT8 系列是可调式主令控制器。LKT8 系列属于革新产品,吸收了国外先进技术,采用 IEC 标准,有交流、直流两种工作形式。表 1-19 列出了 LK1 和 LK14 系列的主令控制器的主要参数。

表 1-19　LK1 和 LK14 系列的主令控制器的主要参数

型号	额定电压(V)	额定电流(A)	控制回路数	接通与分断能力(A)	
				接通	分断
LK1 - 12/90 LK1 - 12/96 LK1 - 12/97	380	15	12	100	15
LK14 - 12/90 LK14 - 12/96 LK14 - 12/97	380	15	12	100	15

【思考与练习】

1. 什么是凸轮控制器的零位保护?
2. 绕线式异步电动机转子串电阻启动的目的和方法是什么?

模块二　常用机床电气控制线路

【学习内容】

本模块主要介绍C650型普通车床、M7120型平面磨床、Z3050型摇臂钻床、X62W型卧式铣床及20/5 t桥式起重机这些常用机床设备的结构、运动形式，重点是分析各种机床的电气控制线路工作原理以及典型故障的检修方法。

【学习目标】

1. 了解各种常用机床设备的不同运动形式，掌握其控制线路的工作原理，学会通过故障现象分析故障原因，掌握查找故障的检测流程。

2. 能对常用机床设备进行安装调试和检修。

3. 学会安装和检修技术文件的整理与记录。

任务一　C650型普通车床控制线路分析与故障排除

【学习内容】

C650型普通车床电气线路的安装、调试和检修。

【学习目标】

1. 知识目标

了解C650型普通车床的主要运动形式，掌握C650型普通车床电路的工作原理、故障的分析方法及故障的检测流程。

2. 能力目标

能对C650型普通车床电气线路进行安装、调试和检修。

【任务导入】

在金属切削机床中，车床所占的比例最大，而且应用也最广泛。车床能够车削外圆、内圆、端面和螺纹等，并可装上钻头或铰刀进行钻孔和铰孔等加工。

从车削工艺出发，对车床的电力拖动及其控制有以下要求。

1. 主轴的主运动

安装在床身主轴箱中的主轴转动，称为主运动。由三相异步电动机M1完成拖动。电动机M1采用直接启动方式，要求实现正反转。由于加工的工件比较大，故加工时转动惯量也比较大，需要停车时不易立即停下来，因此必须设有停车制动功能。为加工调整方便，还应具有点动功能。此外，为监视电动机 M1 的工作电流，应配置电流表进行显示。

2. 进给运动

溜板箱上的溜板带动刀架进行的直线运动，称为进给运动。车削螺纹时，刀架移动与主轴旋转运动之间必须保持准确的比例关系，因此车床的主运动和进给运动只能由一台电动机拖动。刀架移动由主轴箱通过机械传动链实现，其运动速度由变速齿轮箱通过手柄切换。

3. 辅助运动

为了提高生产效率、减轻工人劳动强度，溜板箱可由电动机 M3 单独拖动以实现快速移动。根据需要，采用点动控制，可随时控制启停。尾座的移动和工件的夹紧、放松则为手动操作。

4. 冷却要求

车削加工中，为防止刀具和工件的温度过高，延长刀具使用寿命，提高加工质量，车床需配置一台单向旋转的冷却泵，要求可单独操作。

5. 照明及保护要求

为便于工人操作及加工，要求有局部照明；为保证控制线路安全，要求设置必要的电气保护装置。

【相关知识】

一、C650 型普通车床结构

C650 型普通车床如图 2-1 所示。它由 3 台三相异步电动机拖动（即主电动机 M1、冷却泵电动机 M2 和刀架快移电动机 M3）。

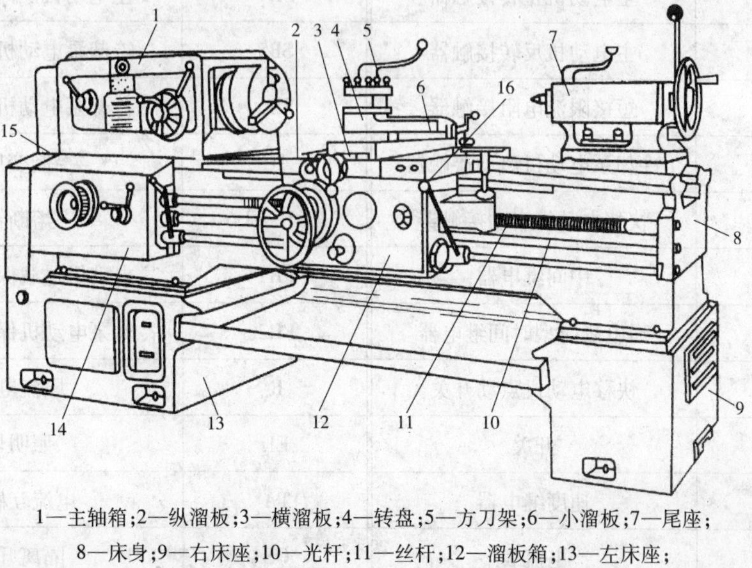

1—主轴箱；2—纵溜板；3—横溜板；4—转盘；5—方刀架；6—小溜板；7—尾座；
8—床身；9—右床座；10—光杆；11—丝杆；12—溜板箱；13—左床座；
14—进给箱；15—挂轮架；16—操纵手柄

图 2-1　C650 型普通车床结构简图

二、C650 型普通车床电路图的识读

C650 型普通车床的电气控制线路原理图如图 2-2 所示。

(1)电路图按电路功能分成若干个单元,并用文字将其功能标注在电路图顶部的栏内。例如:图 2-2 所示电路图按功能分为电源、主电动机、冷却泵电动机、快移电动机等 11 个单元。

(2)电路图底部又分为若干图区,并从左至右依次用阿拉伯数字编号标注在图区栏内。通常是一条回路或一条支路划为一个图区。如图 2-2 所示电路图共划分了 16 个图区。

(3)电路图中,每个接触器线圈下方画出两条竖直线,分成左、中、右三栏;而每个继电器线圈下方画出一条竖直线,分成左、右两栏。受其线圈控制而动作的触点所处的图区号被填入相应栏内,对备用的触点,在相应的栏内用记号"×"标出或不标记任何符号。

三、C650 型普通车床电气元件符号、名称及用途

C650 型普通车床电气元件符号、名称及用途见表 2-1。

表 2-1　C650 型普通车床电气元件符号、名称及用途

符号	名称及用途	符号	名称及用途
M1	主电动机	SB1	总停按钮
M2	冷却泵电动机	SB2	主电动机正向点动按钮
M3	快移电动机	SB3	主电动机正向启动按钮
KM1	主电动机正转接触器	SB4	主电动机反向启动按钮
KM2	主电动机反转接触器	SB5	冷却泵电动机停止按钮
KM3	短接限流电阻接触器	SB6	冷却泵电动机启动按钮
KM4	冷却泵电动机启动接触器	TC	控制变压器
KM5	快移电动机启动接触器	FU0 ~ FU6	熔断器
KA	中间继电器	FR1	主电动机过载保护热继电器
KT	通电延时型时间继电器	FR2	冷却泵电动机保护热继电器
SQ	快移电动机点动开关	R	限流电阻
SA	开关	EL	照明灯
KS	速度继电器	TA	电流互感器
A	电流表	QS	隔离开关

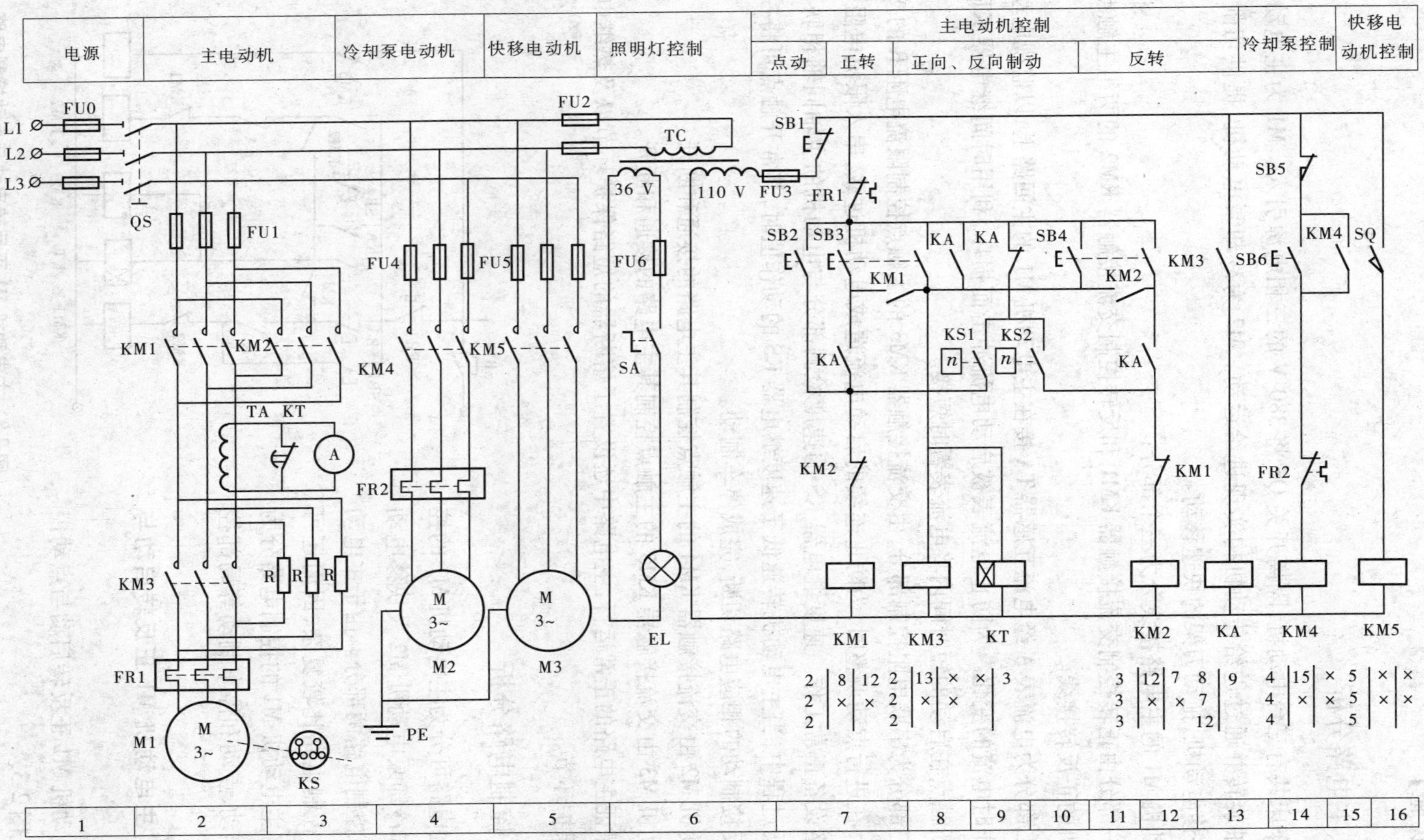

图2-2 C650型卧式普通车床电气控制线路原理图

【任务实施】

一、主电路分析

该车床共有三台电动机，隔离开关 QS 将 380 V 的三相电源引入。M1 为主电动机，拖动主轴旋转并通过进给传动机构实现进给运动。M2 为冷却泵电动机，提供切削液。M3 为快移电动机，拖动刀架的快速移动。

电动机 M1 的主电路接线分为三个部分：

第一部分由正转控制交流接触器 KM1 和反转控制交流接触器 KM2 的两组主触点构成电动机的正反转接线。

第二部分为电流表 A 经电流互感器 TA 接在主电动机 M1 的主回路上，以监视电动机绕组工作时电流的变化。为防止电流表被启动电流冲击而损坏，利用时间继电器 KT 的延时动断触点在启动的短时间内将电流表暂时短接。

第三部分为串联电阻控制部分，由交流接触器 KM3 的主触点控制限流电阻 R 的接入和切除。在进行点动调整时，为防止连续的启动电流造成电动机过载，串入限流电阻 R，保证电路设备正常工作。速度继电器 KS 的速度检测部分与电动机的主轴同轴相联，在停车制动过程中，当主电动机转速低于速度继电器 KS 的动作值时，其常开触点可将控制电路中反接制动的相应电路切断，完成停车制动。

电动机 M2 由交流接触器 KM4 的主触点控制其主电路的接通和断开。

电动机 M3 由交流接触器 KM5 的主触点控制其主电路的接通和断开。

为保证主电路的正常运行，主电路中还设置了熔断器的短路保护环节以及热继电器的过载保护环节。

二、控制电路分析

控制电路可分为主电动机 M1 的控制电路和冷却泵电动机 M2 及快移电动机 M3 的控制电路两部分。由于主电动机 M1 的控制电路比较复杂，因而还可进一步将主电动机 M1 的控制电路分为正反转启动、点动和停车制动等局部控制电路。

（一）主电动机 M1 正反转启动与点动控制

主电动机 M1 正反转启动与点动控制电路见图 2-3。

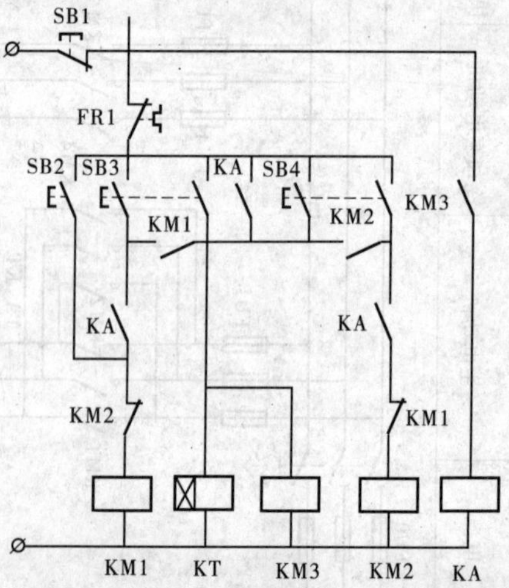

图 2-3　主电动机 M1 正反转启动与点动控制电路

1. 主电动机 M1 正转启动

按下SB3 →
- SB3(1)闭合，但不起作用(因KA断开)
- SB3(2)闭合 →
  - KT得电 → KT常闭触点延时断开，将A接入，监视M1电流
  - KM3得电 →
    - KM3主触点闭合 → 切除限流电阻R
    - KM3常开触点闭合 → KA得电 →
      - KA常闭触点(9区)断开 → 分断停车制动电路
      - KA常开触点(7区)闭合 → KM1得电 →
        - KM1主触点闭合 → M1启动
        - KM1常开触点闭合 → 串联自锁
      - KA常开触点(8区)闭合 → 串联自锁

2. 主电动机 M1 反转启动

过程基本同上,只是将 SB3 换为 SB4 而已!

3. 主电动机 M1 点动

按下SB2 →
- KM1得电 → KM1主触点闭合 → M1旋转
- KM3断电 →
  - KM3主触点断开 → R串入主电路,起限流作用
  - KM3常开触点(13区)断开 → KA失电 → KM1无法自锁!

松开SB2 → KM1断电 → KM1主触点断开 → M1停转!

(二)主电动机 M1 反接制动控制

主电动机 M1 反接制动控制电路见图 2-4。

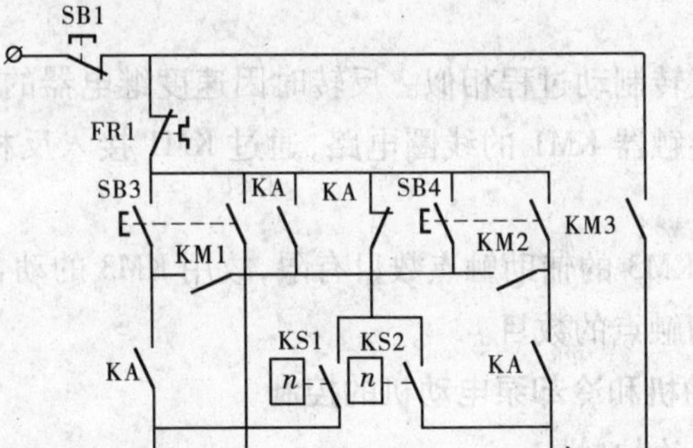

图 2-4 主电动机 M1 反接制动控制电路

1. 制动开始

当 SB1 停车按钮按下时。

2. 制动结束

当转速下降到接近于零时，速度继电器的常开触点恢复为断开，从而结束制动。

3. 正转制动过程

在主电动机正转过程中，KS 的常开触点 KS2 已动作闭合，使制动电路处于准备状态。

按下SB1 → KM1断电 → KM1自锁失效
按下SB1 → KM1断电 → KM1联锁KM2的常闭触点失效(恢复为闭合)
按下SB1 → KM1断电 → KM1主触点断开 → 主电动机M1断电 → 电动机转速下降
按下SB1 → KM3断电 → KM3主触点断开 → 限流电阻R串入M1主电路中
按下SB1 → KM3断电 → KA断电 → KA常闭触点(9区)闭合、(前知KS2常开触点闭合)、(前知KM1联锁恢复闭合) → 连通控制反向启动的KM2线圈回路的后半部分(前因SB1断开未完全接通)

松开SB1 → KM2得电 → KM2自锁(无意义)
松开SB1 → KM2得电 → KM2联锁KM1
松开SB1 → KM2得电 → KM2主触点闭合 → 主电动机M1接入反相序电源，产生反向制动力矩，使M1转速快速下降！

当电动机转速下降到接近于零时 → KS2常开触点恢复为断开 → KM2断电 → KM2主触点断开 → 主电动机M1接入的反相序电源断电 → 完成反接制动！

4. 反转制动过程

反转制动过程与正转制动过程相似。反转时因速度继电器的 KS1 触点是闭合的，故在制动时可接通交流接触器 KM1 的线圈电路，通过 KM1 接入反相序电源实现主电动机 M1 的反转反接制动。

另外，因为接触器 KM3 的辅助触点数目有限，故用 KM3 的动合触点带了一个中间继电器 KA，用以扩充辅助触点的数目。

(三)刀架快移电动机和冷却泵电动机的控制

1. 刀架快移电动机的控制

操动刀架的手柄压动位置开关SQ → KM5得电 → KM5主触点闭合 → M3得电 → M3运转 → 经传动系统驱动溜板 → 带动刀架快速移动！

2. 冷却泵电动机控制

按下SB6 → KM4得电 → KM4主触点闭合 → M2得电运转！
　　　　　　　　　　→ KM4常开辅助触点闭合 → 自锁

按下SB5 → KM4失电 → KM4主触点断开 → M2失电停转！
　　　　　　　　　　→ KM4常开辅助触点断开 → 自锁解除

（四）照明、信号回路

控制变压器 TC 的二次侧输出 36 V 安全工作电压供给照明灯 EL，EL 由开关 SA 控制。

三、C650 型普通车床电气控制线路故障检修

（一）检修所需工具和设备

1. 工具

试电笔、电工刀、尖嘴钳、斜口钳、剥线钳、螺钉旋具、活扳手等。

2. 仪表

万用表、兆欧表、钳形电流表。

3. 机床

C650 型普通车床或 C650 型普通车床模拟电气控制台。

（二）C650 型普通车床常见故障的检修

C650 型普通车床常见故障的检修见表 2-2。

表 2-2　C650 型普通车床常见故障的检修

故障现象	故障原因	处理方法
冷却泵电动机 M2 启动后不能自锁（即按下 SB6，M2 启动运转；松开 SB6，M2 随之停止）	1. 接触器 KM4 的自锁触点接触不良； 2. 接触器 KM4 的自锁触点两边连接导线松脱	合上 QS，测 KM4 自锁触点两端电压。若电压正常，故障是自锁触点接触不良；若无电压，故障可能是自锁触点两端连线断线或松脱
快移电动机 M3 不能停止	1. 接触器 KM5 主触点熔焊； 2. KM5 铁芯端面被油污粘牢，不能脱开； 3. 快移点动开关 SQ 被击穿或两端连线短路	断开 SQ，若 KM5 释放，说明点动开关 SQ 被击穿或两端连线短路；若 KM5 过一段时间释放，说明 KM5 铁芯端面被油污粘牢；若 KM5 不释放，说明接触器 KM5 主触点熔焊。可根据情况采取相应措施修复

续表 2-2

故障现象	故障原因	处理方法
主电动机 M1 运行中自动停车	热继电器 FR1 动作,原因可能是: 1. 三相电源电压不平衡或过低; 2. 整定值偏小; 3. 负载过重; 4. 连接导线接触不良	找出 FR1 动作原因,排除后使其复位
照明灯 EL 不亮	1. 灯泡与灯头接触不良或灯泡损坏 2. FU6 熔断器熔断 3. SA 触点接触不良 4. TC 二次侧绕组断线或接头松脱	根据具体情况采取相应措施修复

四、项目考核

C650 型普通车床常见故障检修考核要求及评分标准如表 2-3 所示。

表 2-3　考核要求及评分标准

序号	考核内容	考核要求	评分标准	配分	扣分	得分
1	冷却泵电动机 M2 启动后不能自锁	分析故障范围,编写检修流程,排除故障	(1)不能找出原因,扣 10 分 (2)编写流程不正确,扣 5 分 (3)不能排除故障,扣 10 分	25 分		
2	快移电动机 M3 不能停止	分析故障范围,编写检修流程,排除故障	(1)不能找出原因,扣 10 分 (2)编写流程不正确,扣 5 分 (3)不能排除故障,扣 10 分	25 分		
3	主电动机 M1 运行中自动停车	分析故障范围,编写检修流程,排除故障	(1)不能找出原因,扣 10 分 (2)编写流程不正确,扣 5 分 (3)不能排除故障,扣 10 分	25 分		
4	照明灯 EL 不亮	分析故障范围,编写检修流程,排除故障	(1)不能找出原因,扣 10 分 (2)编写流程不正确,扣 5 分 (3)不能排除故障,扣 10 分	25 分		
5	安全文明生产	按生产规程操作	违反安全文明生产规程,扣 10～30 分			
6	额定工时	4 h	每超 5 min(不足 5 min 以 5 min 计算)扣 5 分			
起始时间			合计	100 分		
结束时间			教师签字:		年　月　日	

【思考与练习】

1. 选择题

(1)C650 型车床的过载保护采用(　　)

A. 接触器自锁　　B. 熔断器　　C. 热继电器

(2)C650 型车床主电动机缺相运行,会发出“嗡嗡”声,输出转矩下降,可能原因为(　　)

A. 烧毁电动机　　B. 烧毁控制电路　　C. 电动机加速运转

(3)C650 型车床为防止电流表被主电动机的较大启动电流冲击损坏,利用时间继电器 KT 的延时动断触点,在启动的短时间内将电流表暂时(　　)

(A)短接　　B. 开路　　C. 串联

(4)C650 型卧式普通车床的主电动机是采用(　　)制动的方式来进行制动的。

(A)能耗　　B. 反接　　C. 降压

2. 简答题

(1)C650 型普通车床有几台电动机?它们的作用是什么?

(2)简述 C650 型普通车床主电动机反向运行时的反接制动工作原理。

任务二　M7120 型平面磨床控制线路分析与故障排除

【学习内容】

M7120 型平面磨床控制线路的安装、调试和检修。

【学习目标】

1. 知识目标

了解 M7120 型平面磨床的主要运动形式,掌握 M7120 型平面磨床控制电路的工作原理、故障的分析方法及故障的检测流程。

2. 能力目标

能对 M7120 型平面磨床的电气线路进行安装、调试和检修。

【任务导入】

磨床是用砂轮的周边或端面进行机械加工的精密机床。磨床的种类较多,按其工作性质可分为外圆磨床、内圆磨床、平面磨床、工具磨床以及一些专用磨床(如螺纹磨床、齿轮磨床、球面磨床、花键磨床、导轨磨床与无心磨床等),其中以平面磨床应用最为普遍。平面磨床是用砂轮磨削加工各种零件平面的,它的磨削精度和光洁度都比较高,操作方便,适于磨削精密零件和各种工具,有的还可作镜面磨削。

从磨削工艺要求出发,对磨床的电力拖动及其控制有以下要求。

1. 分散拖动要求

液压泵、砂轮、砂轮升降、冷却泵各自采用不同的三相鼠笼型交流异步电动机。

2. 冷却要求

为减少工件在磨削加工中的热变形并冲走磨屑以保证加工精度,需用冷却液。

3. 夹持工件要求

为适应磨削小工件要求,也为工件在磨削过程中能自由伸缩,采用电磁吸盘来吸持工件。

4. 电动机转向要求

砂轮电动机、液压泵电动机和冷却泵电动机只要求单方向旋转并采用直接启动,砂轮升降电动机要求能正、反转。

5. 照明及保护要求

应具有完善的保护环节(如电动机短路、过载、零压保护,电磁吸盘欠压保护等),要有必要的信号指示和局部照明。

6. 工作台的往复运动要求

通过机械撞块撞动换向手柄去实现液压换向。

【相关知识】

一、M7120 型平面磨床的结构

M7120 型平面磨床主要由床身、工作台(包括电磁吸盘)、磨头、立柱、托板、行程挡块、砂轮修整器、驱动工作台手轮、垂直进给手轮、横向进给手轮等部件组成。其结构简图如图 2-5 所示。

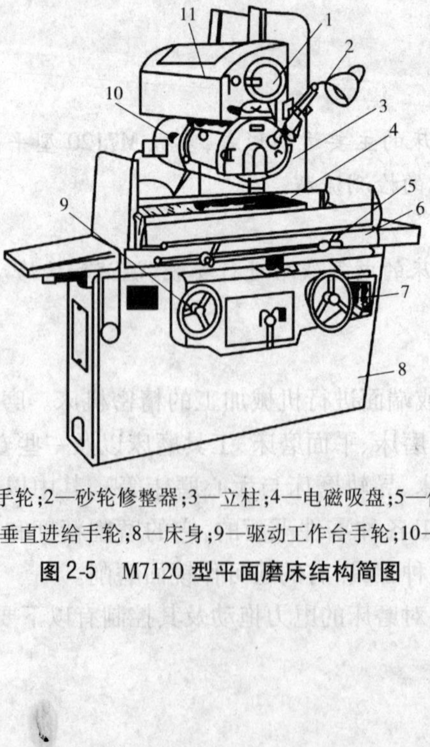

1—横向进给手轮;2—砂轮修整器;3—立柱;4—电磁吸盘;5—位置行程挡块;
6—工作台;7—垂直进给手轮;8—床身;9—驱动工作台手轮;10—磨头;11—托板

图 2-5 M7120 型平面磨床结构简图

二、M7120 型平面磨床的电路图

M7120 型平面磨床电气控制线路原理图如图 2-6 所示，可分为主电路、电动机控制电路、电磁工作台控制电路及照明与指示灯电路四部分。

三、平面磨床使用的电气元件的符号及功能说明

M7120 型平面磨床电气元件符号及功能说明见表 2-4。

表 2-4　M7120 型平面磨床电气元件符号及功能说明

符号	名称及用途	符号	名称及用途
QS	电源开关	SB1 ~ SB10	按钮
M1	液压泵电动机	YH	电磁吸盘
M2	砂轮电动机	VC	整流器
M3	冷却泵电动机	KV	欠电压继电器
M4	砂轮升降电动机	C	电容
KM1 ~ KM6	交流接触器	R	电阻
FR1	热继电器	HL1 ~ HL5	指示灯
FR2	热继电器	SA	台灯开关
FR3	热继电器	EL	工作照明灯
FU1	熔断器	XS1、XP1	接插件
FU2 ~ FU7	熔断器	XS2、XP2	接插件
TC	控制变压器	XB	接零牌

【任务实施】

一、主电路分析

主电路共有 4 台电动机。其中 M1 是液压泵电动机，它驱动液压泵进行液压传动，实现工作台和砂轮的往复运动，用接触器 KM1 控制。M2 是砂轮电动机，它带动砂轮转动来完成磨削加工工件；M3 是冷却泵电动机，它供给砂轮对工件进行加工所需的冷却液。M2、M3 均用接触器 KM2 控制。砂轮升降电动机 M4 是短期工作的，电路不设过载保护，用接触器 KM3、KM4 控制。4 台电动机共用一组熔断器 FU1 作短路保护。

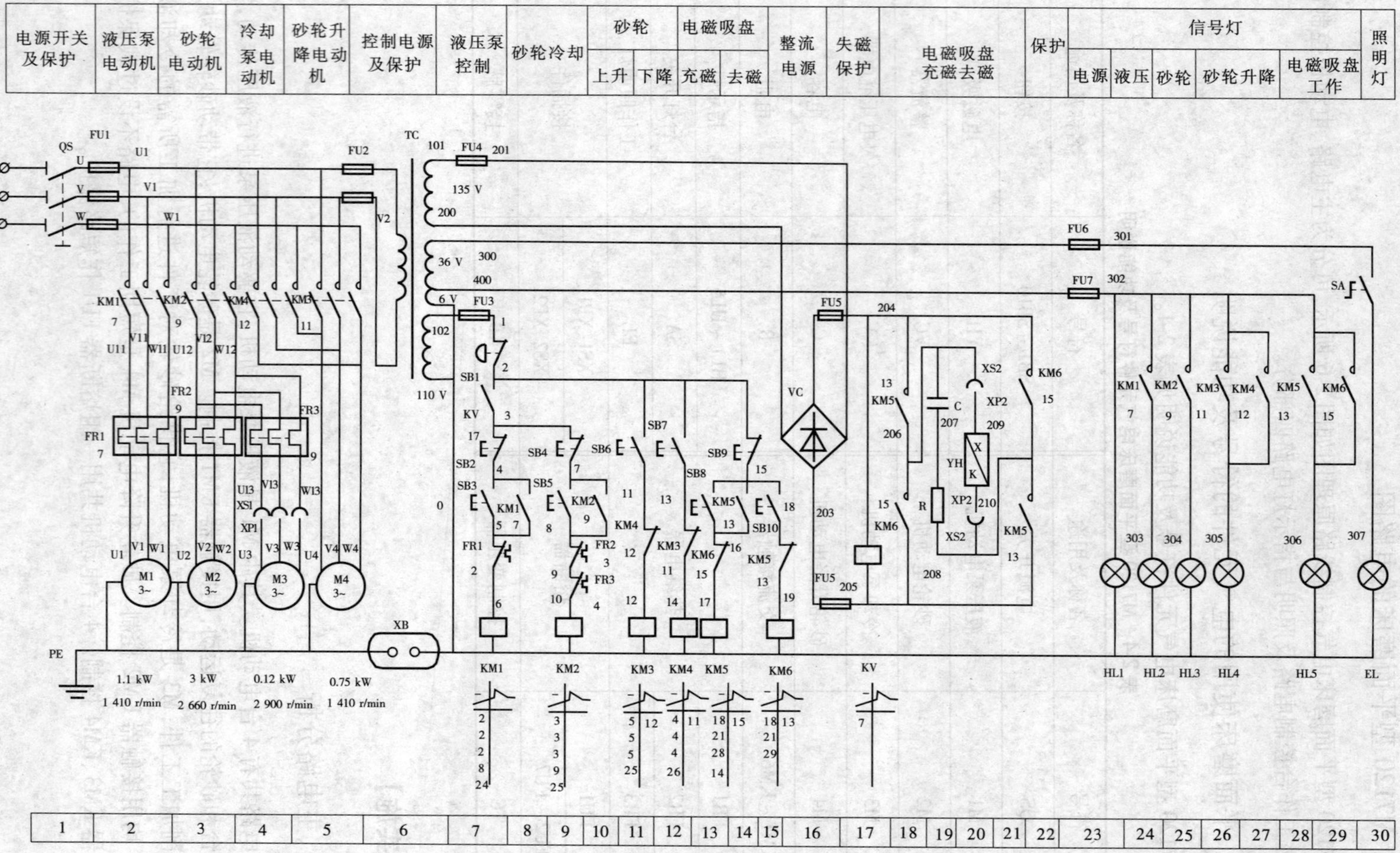

图2-6 M7120型平面磨床电气控制线路原理图

二、控制线路分析

(一)液压泵电动机 M1 的控制

1. 准备

合上QS → 若整流电源输出直流电压正常,则欠电压继电器KV可吸合(17区) → KV的常开触点闭合[7区(2-3)] → 为启动液压泵电动机M1、砂轮电动机M2作好准备!

如果 KV 不能可靠动作,则液压泵电动机 M1 和砂轮电动机 M2 均无法启动。因为平面磨床的工件是靠直流电磁吸盘的吸力将工件吸牢在工件台上,只有具备可靠的直流电压后,才允许启动砂轮和液压系统,以保证安全。

2. 启动

按SB3 → KM1得电 →
- KM1主触点闭合 → 液压泵电动机M1启动
- KM1自锁(8区)
- KM1另一对常开触点闭合(24区) → HL2指示灯亮

(HL2指示灯反映液压泵电动机是否开始工作)

3. 停止

按SB2 → KM1失电 →
- KM1主触点断开 → 液压泵电动机M1断电停止
- KM1自锁解除
- KM1另一对常开触点恢复(24区) → HL2指示灯灭

(HL2指示灯反映液压泵电动机是否开始工作)

(二)砂轮电动机 M2 及冷却泵电动机 M3 的控制

电动机 M2 及 M3 也必须在 KV 通电吸合后才能启动。

1. 启动

按SB3 → KM1得电 →
- KM2主触点闭合
- KM2自锁

→ 砂轮电动机M2启动
→ 冷却泵电动机M3启动

2. 停止

按SB4 → KM1失电 →
- KM2主触点断开
- KM2自锁解除

→ 砂轮电动机M2停止
→ 冷却泵电动机M3停止

两台电动机的过载保护热继电器 FR2 和 FR3 的动断触点都串联在 KM2 电路上,只要有一台电动机过载,就使接触器 KM2 失电。因冷却泵循环使用,经常混有污垢杂质,很容易引起冷却泵电动机 M3 过载，故用热继电器 FR3 进行过载保护。

（三）砂轮升降电动机 M4 的控制

砂轮升降电动机只有在调整工件和砂轮之间位置时使用。

1. 砂轮上升

点动SB6 → KM3得电 → KM3主触点闭合 → M4启动(正转) → 砂轮上升

(上升到所需位置时) → 松开SB6 → KM3失电 → KM3主触点断开 → M4停止 → 砂轮停止上升

2. 砂轮下降

点动SB7 → KM4得电 → KM4主触点闭合 → M4启动(反转) → 砂轮下降

(下降到所需位置时) → 松开SB7 → KM4失电 → KM4主触点断开 → M4停止 → 砂轮停止下降!

为了防止电动机 M4 正反转线路同时接通，故在对方线路中串入接触器 KM4 和 KM3 的动断触点进行联锁控制。

（四）电磁工作台的控制

电磁工作台又称电磁吸盘，它是固定加工工件的一种夹具。利用通电导体在铁芯中产生的磁场吸牢铁磁材料的工件，以便加工。它与机械夹具比较，具有夹紧迅速，不伤工件，一次能吸牢若干个小工件，以及工件发热可以自由伸缩等优点，因而电磁吸盘在平面磨床上用得十分广泛。

电磁吸盘结构如图 2-7 所示。其外壳是钢制箱体，中部的芯体上绕有线圈，吸盘的盖板用钢板制成，钢制盖板用非磁性材料（如铅锡合金）隔离成若干小块。当线圈通上直流电以后，电磁吸盘的芯体被磁化，产生磁场，磁通便以芯体和工件作回路，工件被牢牢吸住。

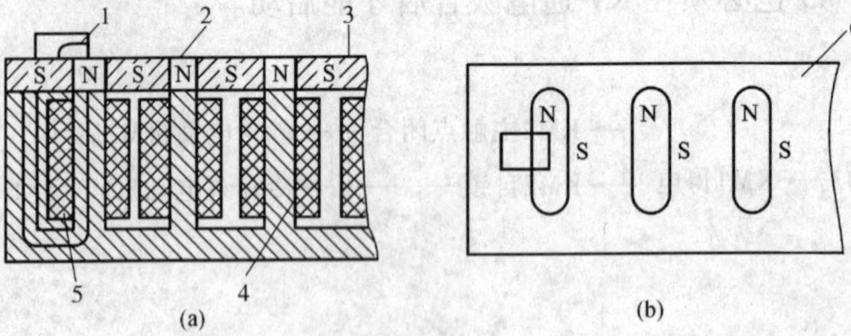

1—工件；2—绝缘材料；3—工作台；4—芯体；5—线圈；6—盖板

图 2-7　电磁吸盘结构

电磁吸盘的的控制电路包括三个部分：整流装置、控制装置和保护装置。

1. 整流装置

整流装置由变压器 TC 和单相桥式全波整流器 VC 组成，供给 110 V 直流电源。

2. 控制装置

控制装置由按钮 SB8、SB9、SB10 和接触器 KM5、KM6 等组成。电磁工作台充磁和去磁过程如下：

1) 充磁过程

按SB8 → KM5得电 → KM5自锁[14区(15–16)]
　　　　　　　　 → KM5自锁[15区(18–19)]
　　　　　　　　 → KM5主触点闭合 → [18区(204–206)]
　　　　　　　　　　　　　　　　 → [21区(205–208)]
→ 电磁吸盘YH通入直流电充磁，吸牢工件后，再进行磨削加工

2) 断磁过程

磨削加工完毕后，在取下加工好的工件时：

按SB9 → KM5失电 → KM5自锁[14区(15–16)]断开
　　　　　　　　 → KM5联锁[15区(18–19)]恢复
　　　　　　　　 → KM5主触点断开 → [18区(204–206)]
　　　　　　　　　　　　　　　　 → [21区(205–208)]
→ 电磁吸盘YH通入的直流电被切断，但由于吸盘和工件内均有剩磁，故在取下工件前，还需对二者去磁

3) 去磁过程

按SB10(点动) → KM6得电 → KM6主触点闭合 → [18区(205–206)]
　　　　　　　　　　　　　　　　　　　　 → [21区(204–15)]
→ 电磁吸盘YH通入反向的直流电，使吸盘和工件去磁

去磁时，为了防止电磁吸盘和工件反向磁化将工件再次吸住，仍取不下工件，所以要注意按点动按钮 SB10 的时间不能过长，同时接触器 KM6 采用点动控制方式。

3. 保护装置

保护装置由放电电阻 R 和电容 C 以及欠电压继电器 KV 组成。

(1) 电阻 R 和电容 C 的作用。电磁吸盘是一个大电感，在充磁吸工件时，存储有大量磁场能量。当它脱离电源的一瞬间，电磁吸盘 YH 的两端产生较大的自感电动势，如果没有 RC 放电回路，电磁吸盘的线圈及其他电器的绝缘将有被击穿的危险，故用电阻和电容组成放电回路；利用电容 C 两端的电压不能突变的特点，使电磁吸盘线圈两端电压变化趋于缓慢；利用电阻 R 消耗电磁能量，如果参数选配得当，此时 RLC 电路可以组成一个衰减振荡电路，对去磁将是十分有利的。

(2)欠电压继电器 KV 的作用。在加工过程中,若电源电压过低使电磁吸盘 YH 吸力不足,则电磁吸盘将吸不牢工件,会导致工件被砂轮打出,造成严重事故。因此,在电路中设置了欠电压继电器 KV,将其线圈并联在直流电源上,其动合触点区 7(2 ~ 3)串联在液压泵电动机和砂轮电动机的控制电路中。若电压过低使电磁吸盘 YH 吸力不足而吸不牢工件,欠电压继电器 KV 立即释放,使液压泵电动机 M1 和砂轮电动机 M2 立即停转,以确保电路的安全。

(五)照明和指示灯电路

(1)图 2-6 中 EL 为照明灯,其工作电压为 36 V,由变压器 TC 供给。SA 为照明开关。

(2)HL1、HL2、HL3、HL4 和 HL5 为指示灯,其工作电压为 6 V,也由变压器 TC 供给。五个指示灯的作用是:

①HL1 亮表示控制电路的电源正常;不亮,表示电源有故障。

②HL2 亮表示液压泵电动机 M1 处于运转状态,工作台正在进行往复运动;不亮,表示 M1 停转。

③HL3 亮表示冷却泵电动机 M3 及砂轮电动机 M2 处于运动状态;不亮,表示 M2、M3 停转。

④HL4 亮表示砂轮升降电动机 M4 处于运动状态;不亮,表示 M4 停转。

⑤HL5 亮表示电磁吸盘 YH 处于工作状态(充磁或去磁);不亮,表示电磁吸盘未工作。

三、M7120 型平面磨床电气控制线路检修

(一)检修所需工具和设备

1. 工具

试电笔、电工刀、尖嘴钳、斜口钳、剥线钳、螺钉旋具、活扳手等。

2. 仪表

万用表、兆欧表、钳形电流表。

3. 机床

M7120 型平面磨床或 M7120 型平面磨床模拟电气控制台。

(二)常见故障检修

M7120 型平面磨床常见电气故障的检修见表 2-5。

表 2-5 M7120 型平面磨床常见电气故障的检修

故障现象	故障原因	处理方法
砂轮只能下降而不能上升	若接触器 KM3 能吸合,可能是接触器机械卡阻造成其主触点接触不良。若接触器 KM3 不能吸合,检查 SB6 按钮连线是否脱落及 KM4 联锁触点是否接触良好	可采用电阻测量法,用万用表依次测量该控制电路各点之间是否导通

续表 2-5

故障现象	故障原因	处理方法
电磁吸盘无吸力	可能是熔断器 FU4 或 FU5 熔断或接插器 XS2 与 XP2 之间接触不良	更换熔断器或用万用表直流电压挡测量接插器两触点电压是否正常
电磁吸盘吸力不足	可能是交流电源电压较低或整流电路出故障	可用万用表直流电压挡测量整流器 VC 的输出电压(应不低于 110V)或更换整流二极管
砂轮电动机的 FR2 经常脱扣	电动机的轴承磨损,砂轮进刀量过大,FR2 的整定电流调整值过小	更换电动机的轴承,减小砂轮进刀量,增大 FR2 的整定电流调整值

四、项目考核

M7120 型平面磨床常见故障检修考核要求及评分标准见表 2-6。

表 2-6　M7120 型平面磨床常见故障检修考核要求及评分标准

序号	考核内容	考核要求	评分标准	配分	扣分	得分
1	砂轮只能下降而不能上升	分析故障范围,编写检修流程,排除故障	(1)不能找出原因,扣 10 分 (2)编写流程不正确,扣 5 分 (3)不能排除故障,扣 10 分	25 分		
2	电磁吸盘无吸力	分析故障范围,编写检修流程,排除故障	(1)不能找出原因,扣 10 分 (2)编写流程不正确,扣 5 分 (3)不能排除故障,扣 10 分	25 分		
3	电磁吸盘吸力不足	分析故障范围,编写检修流程,排除故障	(1)不能找出原因,扣 10 分 (2)编写流程不正确,扣 5 分 (3)不能排除故障,扣 10 分	25 分		
4	砂轮电动机的 FR2 经常脱扣	分析故障范围,编写检修流程,排除故障	(1)不能找出原因,扣 10 分 (2)编写流程不正确,扣 5 分 (3)不能排除故障,扣 10 分	25 分		
5	安全文明生产	按生产规程操作	违反安全文明生产规程,扣 10 ~ 30分			
6	定额工时	10 h	每超 5 min(不足 5 min 以 5 min 计),扣 5 分			
起始时间			合　计	100 分		
结束时间			教师签字:		年　　月	日

【思考与练习】

1. 选择题

(1)M7120 型平面磨床的砂轮在加工中(　　)。

A. 需调速　　B. 不需调速　　C. 需正反转

(2)M7120 型平面磨床先应确保(　　)得电并工作正常,才能启动砂轮和液压系统。

A. 欠电压继电器 KV　　B. 接触器 KM5　　C. 接触器 KM6

(3)M7120 型平面磨床对吸盘和工件去磁时,在操作按钮 SB10 时应注意(　　)。

A. 需长时间按　　B. 只需点动一下即可　　C. 时间长短无所谓

2. 简答题

分析 M7120 型平面磨床电气控制线路原理图,写出其工作过程。

任务三　Z3050 型摇臂钻床控制线路分析与故障排除

【学习内容】

Z3050 型摇臂钻床控制线路安装、调试和检修。

【学习目标】

1. 知识目标

了解 Z3050 型摇臂钻床的主要运动形式,掌握 Z3050 型摇臂钻床控制线路工作原理、故障的分析方法及故障的检测流程。

2. 能力目标

能对 Z3050 型摇臂钻床电气线路进行安装、调试和检修。

【任务导入】

钻床是一种用途广泛的孔加工机床,它主要用钻头钻削精度要求不太高的孔,另外还可以用来扩孔、铰孔、镗孔,以及刮平面、攻螺纹等进行多种形式的加工。钻床的结构形式很多,有立式钻床、卧式钻床、深孔钻床及多轴钻床等。摇臂钻床是一种立式钻床,它适用于单件或批量生产中带有多孔的大型零件的孔加工,是一般机械加工车间常用的机床。

根据钻床加工工艺要求,摇臂钻床对电力拖动及其控制有以下要求。

1. 主轴正反转及变速要求

因为钻头等需进出,所以要求主轴能正反转;为达到不同的加工精度,又要求主轴能变速,变速通过机械传动机构实现。

2. 摇臂升降要求

为保证可以加工不同尺寸的工件,要求摇臂可实现升降。

3. 摇臂、内外立柱的夹紧和放松要求

为便于调整加工位置,要求摇臂可以旋转。但在到位后,又要求摇臂固定以保证加工精度,所以要实现摇臂、内外立柱的夹紧和放松,可用电动机控制液压泵实现。

4. 冷却要求

钻削加工中,为防止钻头和工件的温度过高,延长钻头使用寿命,提高加工质量,需配置一台单向旋转的冷却泵,要求可单独操作。

5. 照明及保护要求

为便于工人操作及加工,要求有局部照明;为保证控制线路安全,要求设置必要的电气保护装置。

【相关知识】

一、Z3050 型摇臂钻床主要结构

Z3050 型摇臂钻床主要由底座、内立柱、外立柱、摇臂、主轴箱、工作台等组成,如图 2-8所示。

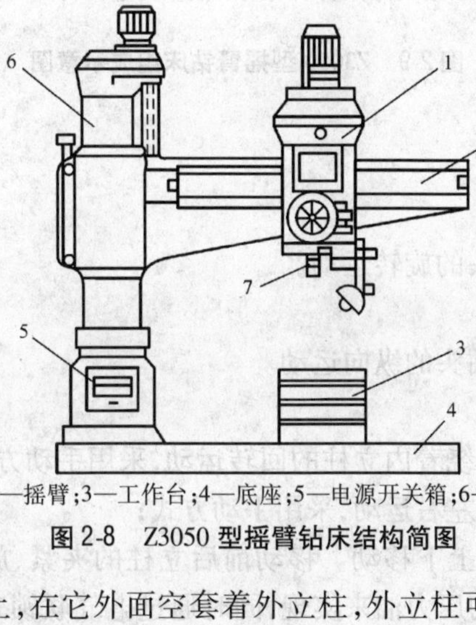

1—主轴箱;2—摇臂;3—工作台;4—底座;5—电源开关箱;6—立柱;7—主轴

图 2-8　Z3050 型摇臂钻床结构简图

内立柱固定在底座上,在它外面空套着外立柱,外立柱可以绕着固定不动的内立柱回转一周。摇臂一端的套筒部分与外立柱滑动配合,摇臂升降电动机装于立柱顶部,借助于丝杠,摇臂可沿外立柱上下移动,但两者不能作相对转动,因此摇臂只与外立柱一起相对内立柱回转。主轴箱是一个复合的部件,它由主电动机(电动机装在主轴箱顶部)、主轴和主轴传动机构、进给和进给变速机构以及机床的操作机构等部分组成。主轴箱安装在摇臂钻床水平导轨上,可借助手轮操作使其在水平导轨上沿摇臂作径向运动。除冷却泵电动机 M4、电源开关 QS1 及 FU1、QS2 是安装在固定部分外,其他电气设备均安装在回转部分上。由于本机床立柱顶上没有集电环,故在使用时,要注意不要总是沿着一个方向连续转动摇臂,以免把穿入立柱的电源线拧断。Z3050 型摇臂钻床组成示意如图 2-9 所示。

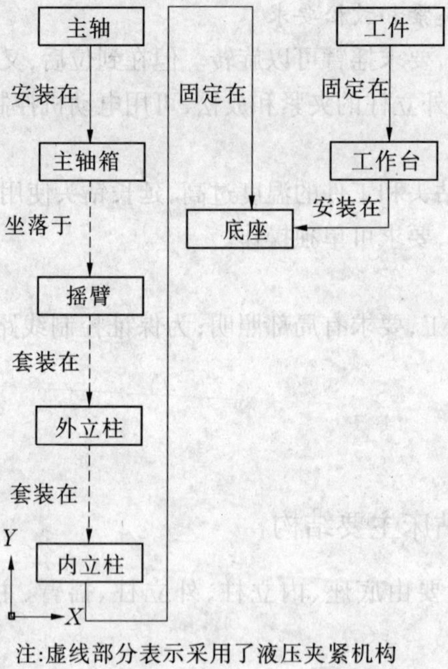

图 2-9　Z3050 型摇臂钻床组成示意图

二、钻床的运动形式

（一）主运动

主运动为主轴带动钻头的旋转运动。

（二）进给运动

进给运动为主轴带着钻头的纵向运动。

（三）辅助运动

（1）摇臂连同外立柱围绕着内立柱的回转运动，采用手动方式；

（2）主轴箱在摇臂上的左右运动，采用手动方式；

（3）摇臂在外立柱上的上下移动。移动前后立柱的夹紧、放松由 1 台电动机拖动齿轮泵来供给夹紧装置所用的压力油来实现，同时通过电气联锁来实现主轴箱的夹紧与放松。

注意：主轴的旋转与摇臂的升降不允许同时进行，以保证安全生产。

三、Z3050 型摇臂钻床电气控制线路原理图

Z3050 型摇臂钻床电气控制线路原理图见图 2-10。

四、Z3050 型摇臂钻床电气元件符号及功能说明

Z3050 型摇臂钻床电气元件符号及功能说明见表 2-7。

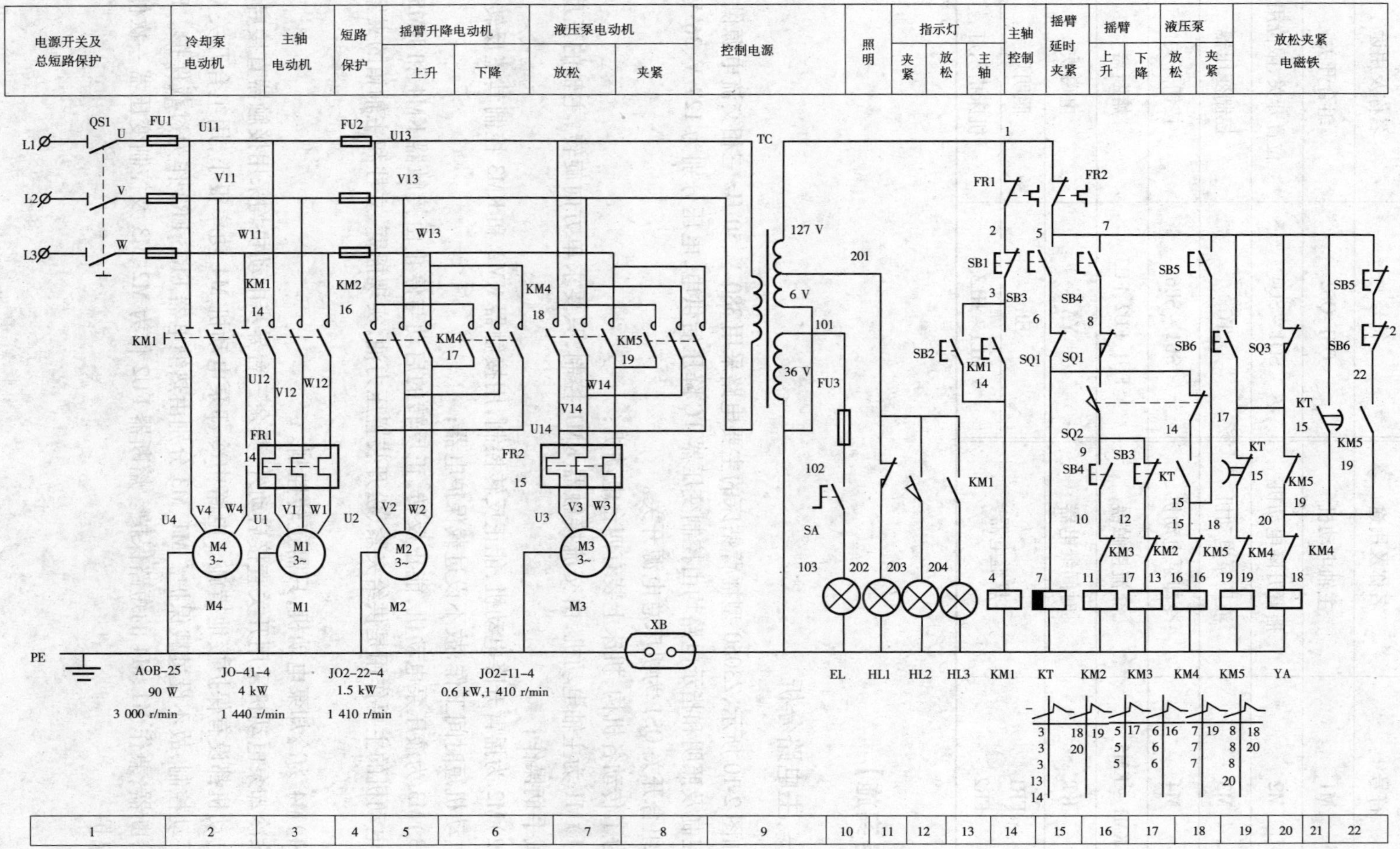

图2-10　Z3050型平面磨床电气控制线路原理图

表 2-7　Z3050 型摇臂钻床电气元件符号及功能说明

符号	名称及用途	符号	名称及用途
M1	主轴电动机	QS1、QS2	组合开关
M2	摇臂升降电动机	SQ1 ~ SQ4	位置开关,限位用
M3	液压泵电动机	TC	控制变压器
M4	冷却泵电动机	SB1 ~ SB6	按钮开关
KM1 ~ KM5	交流接触器	FU1、FU2、FU3	熔断器
KT	时间继电器	YA	电磁铁
FR1 FR2	热继电器	EL	照明灯
		HL1 ~ HL3	机床指示灯

【任务实施】

一、主电路分析

如图 2-10 所示,Z3050 型摇臂钻床的主要电路采用 380 V、50 Hz 三相交流电源供电。

控制及照明和指示电路均由控制变压器 TC 降压后供电,电压分别为 127 V、36 V 及 6 V。组合开关 QS1 为机床总电源开关。

为了传动各机构,机床上装有四台电动机:

(1)M1 为主轴电动机,由交流接触器 KM1 控制,只要求单方向旋转,主轴的正反转由机械手柄操作;

(2)M2 为摇臂升降电动机,能正反转控制,用接触器 KM2 和 KM3 控制其正反转,因为该电动机短时间工作,故不设过载保护电器;

(3)M3 为液压泵电动机,能正反转,正反转的启动与停止由接触器 KM4 和 KM5 控制,该电动机的主要作用是供给夹紧、松开装置压力油,实现摇臂、立柱和主轴箱的夹紧与松开;

(4)M4 为冷却泵电动机,只需正转控制。

除冷却泵电动机采用开关直接启动外,其余三台异步电动机均采用接触器直接启动。四台电动机都设有保护接地措施。电路中冷却泵电动机 M4 功率很小,用组合开关 QS2 进行手动控制,故不设过载保护。M1、M3 分别由热继电器 FR1、FR2 作为过载保护。FU1 为总熔断器,兼作 M1、M4 的短路保护。熔断器 FU2 作为 M2、M3 及控制变压器一次侧的短路保护。

二、控制电路分析

(一)主轴电动机 M1 的控制

1. 启动

合QS1 → 按SB2 → KM1得电 →
- → KM1自锁[14区(3-4)]
- → KM1常开触点闭合[13区(201-204)] → HL3指示灯亮
- → KM1主触点闭合[3区] → M1启动运行

2. 停止

按SB1 → KM1失电 →
- → KM1自锁解除[14区(3-4)]
- → KM1常开触点恢复[13区(201-204)] → HL3指示灯灭
- → KM1主触点断开[3区] → M1停止

(二)摇臂升降控制

摇臂钻床在常态下,摇臂和外立柱处于夹紧状态,此时,SQ3 处于压下状态,其常闭触点(20 区)为断开位置,SQ2 处于自然位置,它们动作的控制由摇臂松开和夹紧油腔推动活塞杆上下移动实现。当摇臂和外立柱松开后,活塞杆下移,压下 SQ2。位置开关 SQ2、SQ3 位置示意如图 2-11 所示。

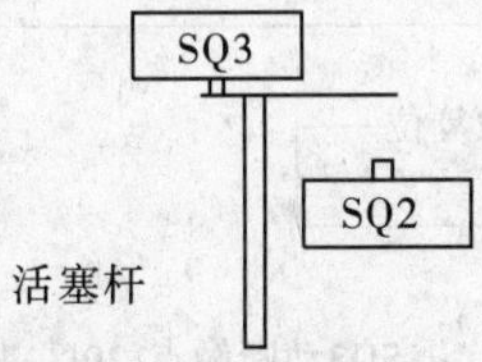

图 2-11　SQ2、SQ3 位置示意图

1. 摇臂上升

第一步:摇臂松开(外于夹紧状态时,SQ2未动作,但SQ3动断触点受压断开)

(注:SQ2动断触点处于闭合)

按下复合按钮SB3 → KT吸合 (联锁下降KM3)(断电延时) →
- → KT瞬时动合触点闭合(18区) → KM4得电 → M3正转
- → KT延时闭合触点断开(19区) → 联锁KM5(夹紧)
- → KT延时断开触点闭合(21区) → YA电磁铁得电

→ 压力油经二位六通阀体进入“摇臂松开”油腔 → 推动活塞正向移动

→ 碰撞菱形块 → 摇臂松开,同时SQ3复位

第二步:摇臂上升

摇臂松开到位 → 活塞杆通过弹片顶动SQ2 → SQ2动断触点(18区)断开 → KM4失电 → M3停止(松开结束)

→ SQ2动合触点(16区)闭合 → (SB3动断触点为断开,联锁下降) → KM2得电 → M2正转 → 摇臂下升 → 上升到位,松开SB3 → KM2失电 → M2停转 → 摇臂停止上升

→ KT失电 → 开始计时(延时1~3 s)

第三步:摇臂夹紧外立柱

KT延时时间到 → KT延时断开触点(20区)断开 → (前升SQ3(20区)动断触点恢复闭合) → KM5得电

→ KT延时闭合触点(19区)闭合 → KM5得电

→ KM5动断触点断开(20区) → 联锁KM4(松开)

→ KM5动合触点闭合(22区) → YA得电

→ KM5主触点闭合 → M3反转

→ 压力油经二位六通阀体进入“摇臂夹紧”油腔 → 推动活塞反向移动

→ 碰撞菱形块 → 摇臂夹紧,同时SQ2复位

→ 摇臂夹紧到位 → 活塞杆通过弹片顶动SQ3 → SQ3动断触点(20区)断开 → KM5失电 → M3反转停止 YA失电

到此,完成了摇臂松开、上升、夹紧的整套动作!

2. 摇臂下降

第一步:摇臂松开外立柱(处于夹紧状态时,SQ2未动作,但SQ3动断触点受压断开)

按下复合按钮SB4 → KT吸合 → (联锁下降KM3)(断电延时) → KT瞬时动合触点闭合(18区) → (注:SQ2动断触点处于闭合) → KM4得电 → M3正转

→ KT延时闭合触点断开(19区) → 联锁KM5(夹紧)

→ KT延时断开触点闭合(21区) → YA电磁铁得电

→ 压力油经二位六通阀体进入“摇臂松开”油腔 → 推动活塞正向移动

→ 碰撞菱形块 → 摇臂松开,同时SQ3复位

第二步:摇臂下降

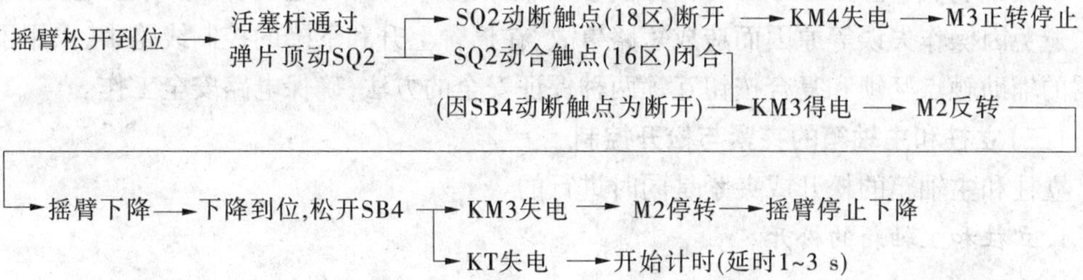

第三步:摇臂夹紧外立柱

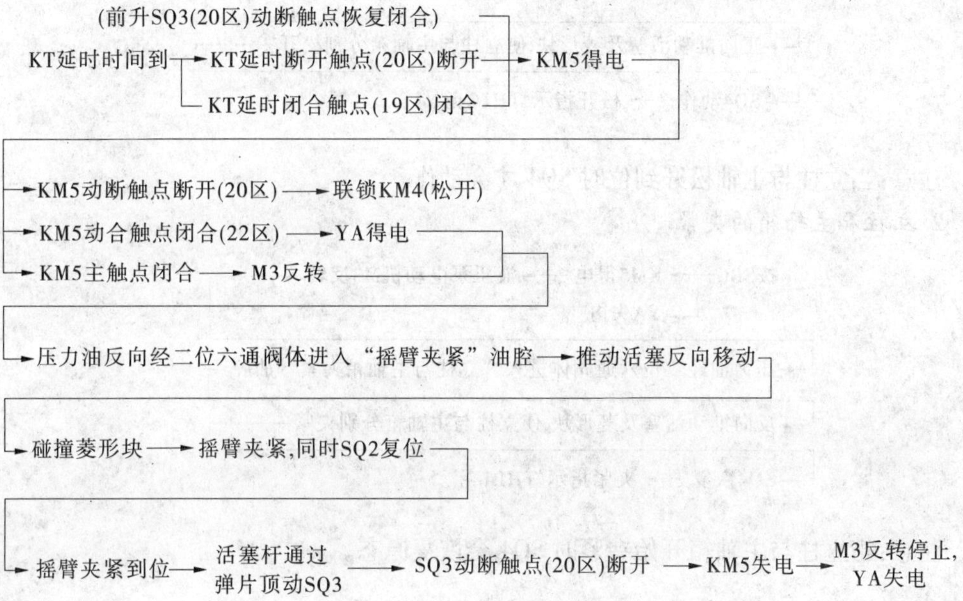

到此,完成了摇臂松开、下降、夹紧的整套动作!

利用位置开关 SQ1 来限制摇臂的升降行程。当摇臂上升到极限位置时,SQ1 动作,使电路 SQ1(6-7)断开,KM2 释放,摇臂升降电动机 M2 停止旋转,但另一组 SQ5(7-8)仍闭合,以保证摇臂能够下降。当摇臂下降到极限位置时,SQ5 动作,使 SQ5(7-8)断开,KM3 释放,M2 停止旋转,但另一组触点 SQ1(6-7)仍闭合,以保证摇臂能够上升。

3. 几点说明

(1)时间继电器的主要作用是控制接触器 KM5 的吸合时间,使升降电动机停止运转后,再夹紧摇臂。KT 的延时时间视需要,整定时间为 1~3 s。

(2)摇臂的自动夹紧是由位置开关 SQ3 来控制的,如果液压夹紧系统出现故障而不能自动夹紧摇臂,或者由于 SQ3 调整不当,在摇臂夹紧后不能使 SQ3 的常闭触点断开,都会使液压泵电动机 M3 处于长时间过载运行状态而造成损坏。为了防止损坏 M3,电路中使用了热继电器 FR2，其整定值应根据 M3 的额定电流来调整。

(3)摇臂升降电动机的正反转控制接触器不允许同时得电动作，以防止电源短路。为了避免因操作失误等原因而造成短路事故，在摇臂上升和下降的控制线路中，采用了接触器的辅助触点互锁和复合按钮互锁两种保证安全的方法，确保电路安全工作。

(三)立柱和主轴箱的夹紧与松开控制

立柱和主轴箱的松开或夹紧是同时进行的。

1. 立柱和主轴箱的松开

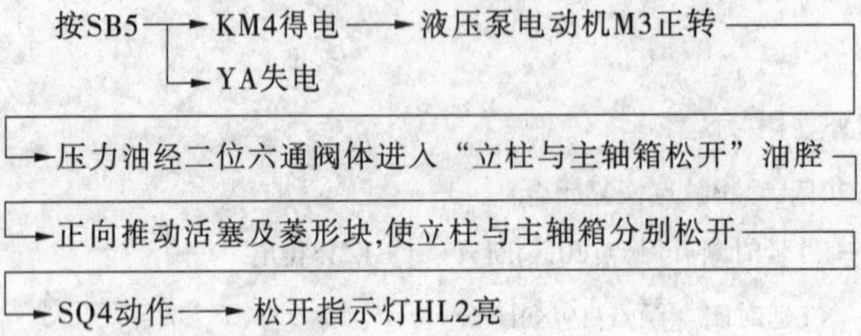

注意：当立柱与主轴松开到位时 SQ4 才会动作。

2. 立柱和主轴箱的夹紧

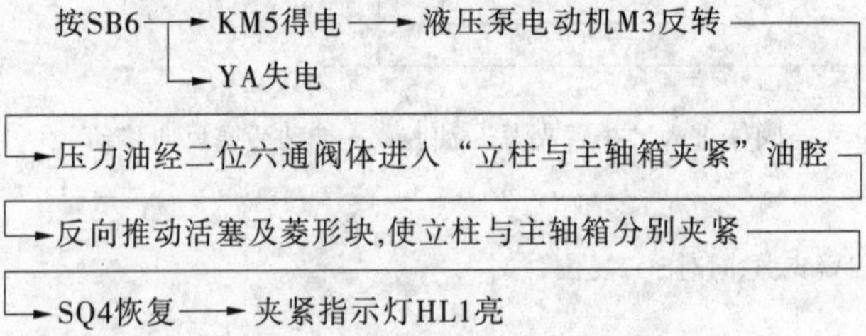

注意：当立柱与主轴箱开始夹紧时 SQ4 会恢复原态。

三、Z3050 型摇臂钻床电气控制线路故障检修

(一)检修所需工具和设备

1. 工具

试电笔、电工刀、尖嘴钳、斜口钳、剥线钳、螺钉旋具、活扳手等。

2. 仪表

万用表、兆欧表、钳形电流表。

3. 机床

Z3050 型摇臂钻床或 Z3050 型摇臂钻床模拟电气控制台。

(二)Z3050 型摇臂钻床常见电气故障的检修

Z3050 型摇臂钻床常见电气故障的检修见表 2-8。

表 2-8　Z3050 型摇臂钻床常见电气故障的检修

故障现象	故障原因	处理方法
主轴电动机无法启动	可能是电源总开关 QS1 接触不良，或控制按钮 SB1、SB2 接触不良，或接触器 KM1 线圈断线或触点接触不良	需调整或更换
立柱、主轴箱不能夹紧或松开	可能是按钮 SB5、SB6 或接触器 KM4、KM5 接触不良，或油路堵塞	检查按钮 SB5、SB6 接线情况是否良好；若无问题，继续检查 KM4、KM5 能否吸合；若也无问题，则是油路故障
摇臂上升或下降限位保护开关失灵	可能是限位开关 SQ1 损坏	更换限位开关 SQ1
摇臂上升到位后不能夹紧	可能是限位开关位置安装不当或安装螺钉松动	根据具体情况采取相应措施修复

四、项目考核

Z3050 型摇臂钻床常见故障检修考核要求及评分标准如表 2-9 所示。

表 2-9　Z3050 型摇臂钻床常见故障检修考核要求及评分标准

序号	考核内容	考核要求	评分标准	配分	扣分	得分
1	主轴电动机无法启动	分析故障范围，编写检修流程，排除故障	(1)不能找出原因，扣 10 分 (2)编写流程不正确，扣 5 分 (3)不能排除故障，扣 10 分	25 分		
2	立柱、主轴箱不能夹紧或松开	分析故障范围，编写检修流程，排除故障	(1)不能找出原因，扣 10 分 (2)编写流程不正确，扣 5 分 (3)不能排除故障，扣 10 分	25 分		
3	摇臂上升或下降限位保护开关失灵	分析故障范围，编写检修流程，排除故障	(1)不能找出原因，扣 10 分 (2)编写流程不正确，扣 5 分 (3)不能排除故障，扣 10 分	25 分		
4	摇臂上升到位后不能夹紧	分析故障范围，编写检修流程，排除故障	(1)不能找出原因，扣 10 分 (2)编写流程不正确，扣 5 分 (3)不能排除故障，扣 10 分	25 分		

续表 2-9

序号	考核内容	考核要求	评分标准	配分	扣分	得分
5	安全文明生产	按生产规程操作	违反安全文明生产规程,扣 10~30分			
6	额定工时	4 h	每超 5 min(不足 5 min 以 5 min 计算),扣 5 分			
起始时间			合计	100 分		
结束时间			教师签字:			年 月 日

【思考与练习】

1. 选择题

(1)Z3050 型摇臂钻床立柱与主轴箱松开后,主轴箱在摇臂上的移动靠(　　)。

A. 转动手轮　　B. 电动机驱动　　C. 液压驱动

(2)Z3050 型摇臂钻床摇臂升降电动机的正反转控制接触器 KM2 和 KM3 之间的联锁采用的是(　　)。

A. 辅助触点联锁　　B. 复合按钮联锁　　C. 双重联锁

(3)Z3050 型摇臂钻床在正常情况下,当摇臂尚未松开时,摇臂(　　)。

A. 可以上升　　B. 不能上升　　C. 可以下降

2. 简答题

分析 Z3050 型摇臂钻床电气控制线路原理图,写出其工作过程。

任务四　X62W 型卧式普通铣床控制线路分析与故障排除

【学习内容】

X62W 型卧式普通铣床电气控制线路的安装、调试与检修。

【学习目标】

1. 知识目标

(1)了解 X62W 型卧式普通铣床的结构、作用及主要运动形式;

(2)了解 X62W 型卧式普通铣床元器件的位置、线路的大致走向;

(3)掌握 X62W 型卧式普通铣床电路工作原理。

2. 能力目标

能根据故障现象,分析故障原因,按照正确的检测步骤,排除 X62W 型卧式普通铣床的故障。

【任务导入】

铣床是主要用来加工零件平面、斜面和沟槽等的机床。装上分度头后，可以加工齿轮或螺旋面；装上回转圆形工作台后，则可以加工凸轮或弧形槽。

从铣削工艺要求出发，对卧式普通铣床的电力拖动及控制有以下要求。

1. 铣床的主运动

铣床主轴带动铣刀的旋转运动为铣床的主运动，由主轴电动机 M1 拖动。为适应顺铣和逆铣的需要，要求主轴电动机 M1 能进行正反转；为实现快速停车，要求在停车时对主轴电动机 M1 实现制动，制动方式常采用反接制动。

2. 工作台的进给运动

工作台的进给运动是指工件相对铣刀的移动。进给运动有水平工作台的纵向（左右）、横向（前后）、垂直（上下）3 个方向的运动以及装上圆形工作台后需要实现的旋转运动。由于铣床的主运动和进给运动之间没有速度比例协调要求，故进给运动由一台进给电动机 M2 拖动。因为进给有进有退，故要求进给电动机也能进行正反转。

3. 变速冲动

为适应加工的需要，主轴旋转与工作台进给应有较宽的调速范围，可采用机械变速的方法（改变变速箱的传动比）。为保证变速时齿轮易于啮合并减小对齿轮端面的冲击，要求变速时有电动机冲动控制（短时转动）。

4. 辅助运动

为了缩短工作台调整时间，提高铣床工作效率，工作台在纵向、横向、垂直 3 个方向上应具备快速移动功能。同样，装上圆形工作台后也需要其快速转动。所有的快速移动或转动可通过快速电磁铁 YA 的吸合去改变传动链的传动比来实现。

5. 联锁控制

（1）主轴电动机 M1 与进给电动机 M2 的联锁。在铣削加工中，为了不使工件和铣刀碰撞发生事故，要求进给运动一定要在铣刀旋转后才能进行，因此要求主轴电动机 M1 与进给电动机 M2 之间有可靠的联锁。

（2）纵向、横向、垂直方向与圆形工作台的联锁。为了保证铣床、刀具的安全，在铣削加工时，只允许水平工作台在一个方向作进给运动。在使用圆形工作台时，则不允许工件作纵向、横向、垂直方向的进给运动。

6. 冷却润滑

铣削加工中，根据不同的工件材料，也为了延长刀具的寿命和提高加工质量，需要切削液对工件和刀具进行冷却及润滑，但有时又不采用。因此，可采用转换开关控制冷却泵电动机的单向旋转，为铣削加工提供冷却液。

7. 两地控制及安全照明

为操作方便和安全需要，应考虑能在两地控制各部件的启动与停止，同时应配置安全照明电路。

【相关知识】

一、X62W 型卧式普通铣床的结构

X62W 型卧式普通铣床主要由床身、悬梁、刀杆支架、主轴、工作台和升降台等组成。其结构如图 2-12 所示。

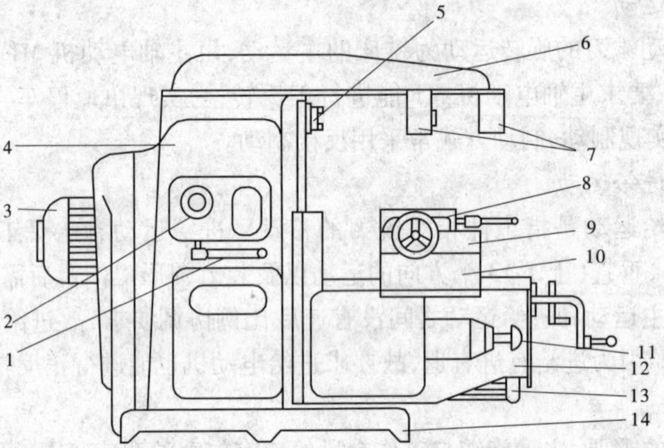

1—主轴变速手柄;2—主轴变速盘;3—主轴电动机;4—床身;5—主轴;6—悬梁;7—刀杆支架;
8—工作台;9—回转台;10—溜板;11—进给变速手柄及变速盘;12—升降台;13—进给电动机;14—底座

图 2-12　X62W 型卧式普通铣床结构简图

箱形的床身固定在底座 14 上,在床身内装有主轴传动机构和变速操纵机构。床身的顶部安装有带刀杆支架的悬梁 6,悬梁可沿水平导轨移动。刀杆支架 7 用来安装铣刀心轴的一端,而铣刀心轴的另一端则固定在主轴 5 上。床身的前方装有垂直导轨,一端悬持的升降台 12 可沿导轨作上下垂直移动。在升降台上部的水平导轨上,装有沿平行于主轴轴线方向(横向)移动的溜板 10。溜板上面是可以转动的回转台 9。工作台 8 可沿溜板上部回转台的导轨在垂直于主轴轴线的方向(纵向)移动。这样,安装在工作台上的工件就可以在 3 个方向调整位置或完成进给运动。此外,由于回转台对溜板 10 可绕垂直轴线转动一个角度(通常为 ±45°),因此工作台在水平面上除能平行或垂直于主轴轴线方向进给外,还能在倾斜方向进给,从而完成铣削螺旋槽的加工。

二、X62W 型卧式普通铣床电气控制线路原理图

如图 2-13 所示,该原理图可划分为主电路、控制电路和信号照明电路 3 个部分。

三、X62W 型卧式普通铣床电气元件符号及功能说明

X62W 型卧式普通铣床电气元件符号及功能说明见表 2-10。

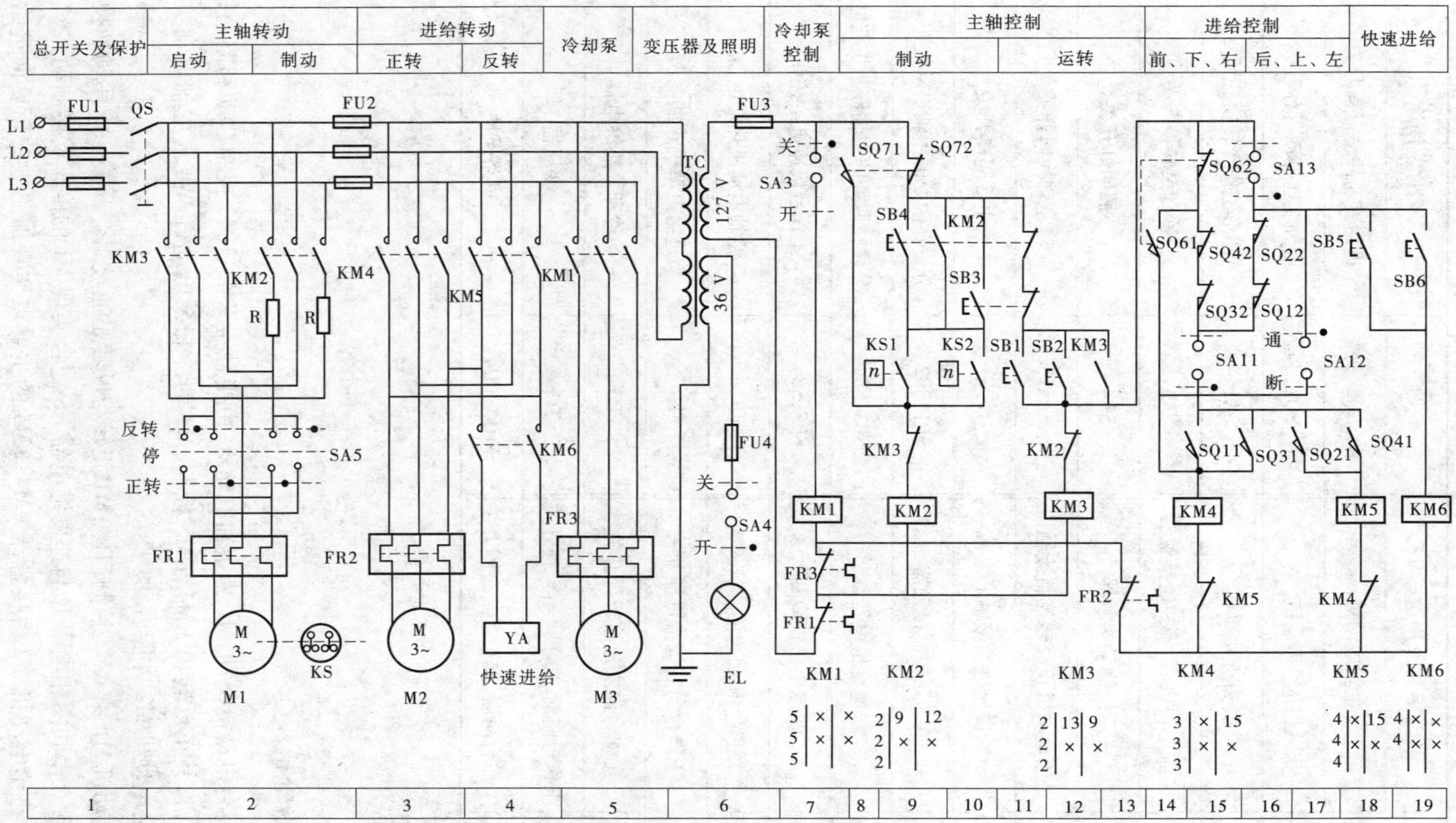

图2-13 X62W型卧式普通铣床电气控制线路原理图

表 2-10　X62W 型卧式普通铣床电气元件符号及功能说明

符号	名称及用途	符号	名称及用途
M1	主轴电动机	SQ6	进给变速冲动行程开关
M2	进给电动机	SQ7	主轴变速冲动行程开关
M3	冷却泵电动机	SA1	圆形工作台转换开关
KM3	主轴电动机启、停控制接触器	SA3	冷却泵转换开关
KM2	反接制动接触器	SA4	照明灯开关
KM4、KM5	进给电动机正反转控制接触器	SA5	主轴换向开关
KM6	快速进给接触器	QS	电源隔离开关
KM1	冷却泵控制接触器	SB1、SB2	分设在两处的主轴启动按钮
KS	速度继电器	SB3、SB4	分设在两处的主轴停止按钮
YA	快速电磁铁线圈	SB5、SB6	工作台快速进给按钮
R	限流电阻	FR1	主轴电动机热继电器
SQ1	工作台向右进给行程开关	FR2	进给电动机热继电器
SQ2	工作台向左进给行程开关	FR3	冷却泵热继电器
SQ3	工作台向前、向下进给行程开关	TC	变压器
SQ4	工作台向后、向上进给行程开关	FU1 ~ FU4	短路保护

【任务实施】

一、主电路分析

铣床共有三台电动机拖动：M1 为主轴电动机，由接触器 KM3、KM2 控制启动和制动；M2 为进给电动机，其正反转由 KM4、KM5 控制；M3 为冷却泵电动机。要求主轴电动机 M1 启动后，进给电动机 M2 才能启动。

（1）主轴电动机 M1 由 KM3 控制启停；M1 正转与反转是通过组合开关 SA5 手动切换的。KM2 的主触点串联两相电阻 R 与速度继电器 KS 配合实现 M1 的停车反接制动。

（2）工作台进给电动机 M2 由接触器 KM4、KM5 的主触点实现加工中的正反向进给控制，并由接触器 KM6 的主触点控制快速进给电磁铁 YA（YA 接通为快速移动，断开为慢速自动进给)。

(3)冷却泵电动机 M3 由接触器 KM1 控制,单向运转。M1、M2、M3 均为直接启动。

二、控制电路分析

(一)控制电路电源

控制电路电压为 127 V,由控制变压器 TC 供给。

(二)主轴电动机 M1 的控制电路分析

1. 主轴电动机的启动控制

主轴电动机可看成空载启动,故可直接启动。启动前,由组合开关 SA5 选定电动机的转向。在非变速状态时,因同主轴变速手柄相关联的主轴变速冲动行程开关 SQ7 不受压(即 SQ71 断开,SQ72 闭合),故当按下启动按钮 SB1 或 SB2 时,可接通主轴电动机启停控制接触器 KM3 的线圈电路并自锁,其主触点闭合,主轴电动机按给定方向启动旋转。加工结束,需停止时,按下停止按钮 SB3 或 SB4,则 KM3 的线圈断电,主轴电动机停转。SB1 ~ SB4 分别位于两个操作板上,从而实现主轴电动机的两地操作控制。

2. 主轴电动机的制动控制

为使主轴能迅速停住,采用速度继电器 KS 实现反接制动。制动时,按停止按钮 SB3 或 SB4,使接触器 KM3 断电(这时因速度继电器 KS 仍高速转动,其常开触点 KS1 或 KS2 仍处于闭合)、接触器 KM2 通电并自锁,使电动机 M1 串入电阻 R 实现反接制动。当电动机速度趋近于零时,速度继电器 KS 常开触点 KS1 或 KS2 复位,接触器 KM2 断电,最终使 M1 停转,反接制动结束。

3. 主轴电动机的变速冲动控制

主轴变速是通过改变齿轮的传动比进行的,由一个变速手柄和一个变速盘来实现,有 18 级不同转速(30 ~1 500 r/min)。为使变速时齿轮组能很好地重新啮合,设置变速冲动装置。主轴变速既可在主轴不动时进行,也可在主轴旋转时进行。主轴电动机的变速冲动控制示意图如图 2-14 所示。

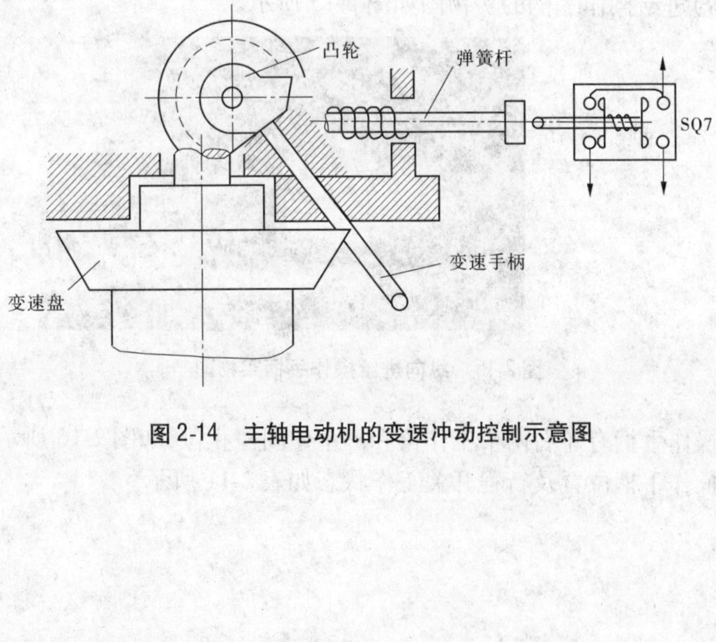

图 2-14　主轴电动机的变速冲动控制示意图

1)主轴处于停止状态时的变速冲动控制

需变速时,先将变速手柄下压(促使传动齿轮组脱离啮合),然后向外拉动手柄。当手柄由第一道槽拔出进入第二道槽的过程中,会使 SQ7 动作一下接着恢复,则 M1 会反转一下(促使齿轮松动),转动蘑菇形变速手轮,调到所需转速位置。最后将主轴变速手柄向内推,手柄由第二道槽拔出进入第一道槽的过程中,又会使 SQ7 动作一下接着恢复,则 M1 又会反转一下,促使传动齿轮组良好啮合。

2)主轴处于旋转状态时的变速冲动控制

变速时,先将变速手柄下压(促使传动齿轮组脱离啮合),然后向外拉动手柄。当手柄由第一道槽拔出而尚未落到第二道槽内时,冲动行程开关 SQ7 被顶动,接触器 KM3 断电,电动机 M1 失电;同时 KM2 得电,M1 反接制动,转速迅速降低,以保证变速过程的顺利进行。这时可转动蘑菇形变速手轮,调到所需转速。再将手柄继续外拉落到第二道槽时,SQ7 因不再受压而复位。最后将手柄由第二道槽拔出退回第一道槽的过程中,则会使 SQ7 动作一下接着恢复,因此 M1 会反转一下,以促使传动齿轮组良好啮合。变速完成后,需重新按下 SB1 或 SB2 启动电动机 M1,主轴将在新的转速下旋转。

(三)进给电动机 M2 的控制电路分析

进给电动机 M2 的控制电路分为两部分:第一部分为顺序控制部分,即只有当主轴电动机 M1 启动后且接触器 KM3 的辅助动合触点(13 区)闭合时,控制进给电动机的接触器 KM4 与 KM5 的线圈才可能通电工作。第二部分为工作台各进给运动之间的联锁控制部分,不但需实现水平工作台各运动之间的联锁,而且需实现水平工作台与圆形工作台之间的联锁。

1. 水平工作台纵向(左右)进给运动控制

水平工作台纵向进给需由纵向操作手柄与行程开关 SQ1 和 SQ2 的相互配合来实现。此时控制工作台横向和垂直运行的十字手柄应放在“中间”停止位置(SQ32、SQ42 闭合,SQ31、SQ41 断开);而圆形工作台转换开关应放在“断开”位置(SA11、SA13 闭合,SA12 断开)。

纵向(左右)进给操作手柄的实物图如图 2-15 所示。

图 2-15　纵向进给操作手柄实物图

纵向进给操作手柄有左右两个工作位和一个中间停止位,如图 2-16 所示。

纵向进给操作手柄位置及行程开关工作状态如表 2-11 所示。

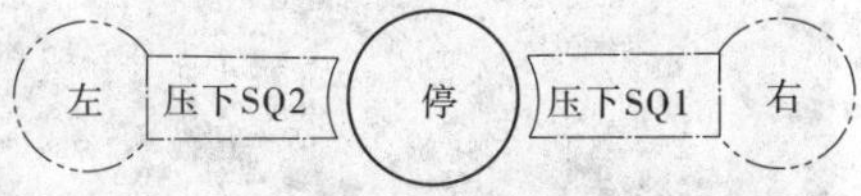

图 2-16　纵向进给操作手柄动作关系对照简图

表 2-11　工作台纵向进给时行程开关 SQ1、SQ2 的工作状态

触点	工作台纵向进给操作手柄位置		
	向左进给	停止(中间)	向右进给
SQ11	-	-	+
SQ12	+	+	-
SQ21	+	-	-
SQ22	-	+	+

注:“+”表示闭合,“-”表示断开。下同。

若要水平工作台向右进给,则需将纵向手柄扳向右:

纵向手柄扳在右位 → 合上纵向进给机械离合器

纵向手柄扳在右位 → 压下SQ1(SQ11闭合,SQ12断开) → KM4线圈得电 → KM4主触点闭合 → 电动机M2正转 → 工作台右移

KM4 的电流通路:电路由 KM3 辅助动合触点开始,工作电流经 SQ62→SQ42→SQ32→SA11→SQ11→KM4 线圈→KM5 常闭触点。

若操作者同时将控制工作台横向和垂直运行的十字手柄扳在某个工作位置,则行程开关 SQ42 和 SQ32 中必有一个断开,从上述 KM4 的电流通路可知,KM4 线圈是不可能得电的。这样,就通过电气方式实现了水平工作台左右移动与前后、上下移动之间的联锁。

当将纵向手柄扳到中间位置时,纵向进给机械离合器脱开,并且行程开关 SQ1 不受压,工作台则会停止向右移动。

在水平工作台的左右两端安装有限位撞块。当水平工作台不慎向右运行到达终点位置时,撞块会撞击纵向手柄,使其回到中间位置,用机械方式使 SQ1 复位,KM4 线圈断电,实现工作台向右终点自动停车。

水平工作台向左移动电路的工作原理与向右相似。

2. 水平工作台横向和垂直进给运动控制

水平工作台横向和垂直进给运动时,工作台进给运动的选择和联锁是通过十字手柄与行程开关 SQ3、SQ4 的相互配合来实现的。此时,纵向手柄应放在“中间”位置(SQ12、SQ22 闭合,SQ11、SQ21 断开),并且圆形工作台转换开关放在“断开”位置(SA11、SA13 闭合,SA12 断开)。十字手柄的实物图如图 2-17 所示。

十字手柄有上、下、前、后四个工作位置和一个不工作位置,如图 2-18 所示。

水平工作台横向及垂直进给时,行程开关 SQ3 和 SQ4 工作状态如表 2-12 所示。

图 2-17　十字手柄实物图

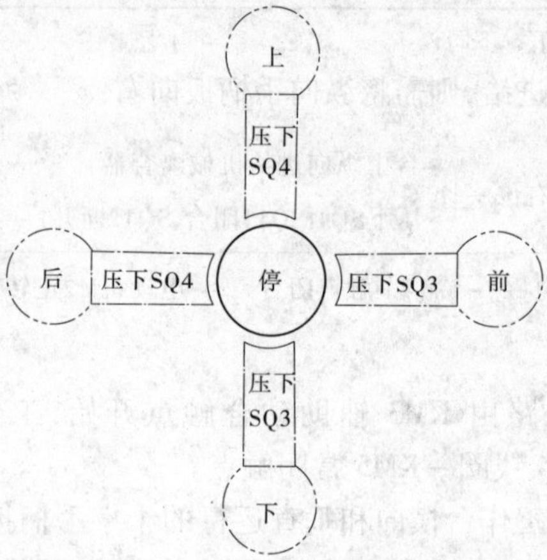

图 2-18　十字手柄动作关系对照简图

表 2-12　工作台横向及垂直进给时行程开关 SQ3、SQ4 的工作状态

触点	十字手柄位置		
	向前 向下	停止 （中间）	向后 向上
SQ31	+	－	－
SQ32	－	+	+
SQ41	－	－	+
SQ42	+	+	－

（1）若要工作台向上进给，则应将十字手柄扳到“上”的位置：

十字手柄扳在上方 → 合上垂直进给机械离合器
十字手柄扳在上方 → 压下SQ4(SQ41闭合,SQ42断开) → KM5线圈得电 → KM5主触点闭合 → 电动机M2反转 → 工作台上移

KM5 的电流通路:控制电路由接触器 KM3 的辅助动合触点开始,工作电流经 SA13→SQ22→SQ12→SA11→SQ41→KM5 线圈→KM4 常闭触点。

若操作者同时将纵向手柄扳在工作位置,则行程开关 SQ22 和 SQ12 中必有一个断开,从上述 KM5 的电流通路可知,KM5 线圈根本不可能得电。这样,就通过电气方式实现了水平工作台前后、上下移动与左右移动之间的联锁。

十字手柄扳到中间位置时,横向与垂直方向的机械离合器脱开,行程开关 SQ3 与 SQ4 均不受压,因此进给电动机停转,工作台停止移动。

另外,也设置了上下限位保护用终端挡块。当水平工作台不慎向上运行到达终点位置时,撞块会撞击十字手柄,使其回到中间位置,用机械方式使 SQ4 复位,KM5 线圈断电,实现工作台向上终点自动停车。

在工作台移动到极限位置时,撞击十字手柄,使其回到中间位置,切断电路,使工作台在进给终点停车。

水平工作台向下移动电路的工作原理与向上相似。

(2)若要水平工作台向前进给,则只需将十字手柄扳到“前”的位置,使得 SQ3 受压,接触器 KM4 线圈得电,从而使 M2 正转,实现水平工作台向前进给。

水平工作台向后进给,可通过将十字手柄扳在“后”的位置实现。

3. 水平工作台快速移动控制

上面介绍的六个方向的进给都有慢速自动进给和快速进给两种移动方式。

1)主轴工作时的快速移动控制

当主轴电动机 M1 和进给电动机 M2 都在工作时,若需要水平工作台快速移动,可按下面操作步骤进行:

按下 SB5(或 SB6)→KM6 线圈得电→KM6 主触点闭合→电磁铁 YA 得电→接上快速离合器→水平工作台快速向操作手柄预选的方向移动。

松开 SB5(或 SB6)→快速移动停止→工作台将按原方向继续慢速进给。

2)主轴不工作时的快速移动控制

将主轴电动机 M1 的换向开关 SA5 扳在“停止”位置→按下主轴启动按钮 SB1(或 SB2)→KM3 自锁触点接通→扳动所选方向的进给手柄使 KM4(或 KM5)线圈得电进给→按下快速按钮 SB5(或 SB6)→KM6 线圈得电,水平工作台将按预选方向快速移动。

4. 水平工作台进给变速冲动控制

与主轴变速冲动类似,为了使水平工作台变速时齿轮易于啮合,控制电路中也设置了工作台瞬时冲动控制环节。在进给变速冲动时,要求水平工作台停止移动。因此,纵向手柄和十字手柄均应置于“中间”位置,圆形工作台转换开关 SA1 应置于“断开”位置。

进给变速冲动操作过程如图 2-19 所示:先外拉进给变速手柄(SQ6 被压下),选择需要转速,再将进给变速手柄推回原始位置(SQ6 恢复)。其目的是使电动机 M2 瞬时点动一下,齿轮系统产生一次抖动,便于齿轮顺利啮合。

KM4 的电流通路:SA13→SQ22→SQ12→SQ32→SQ42→SQ61→KM4 线圈→KM5 联锁触点。

可见,若纵向手柄和十字手柄中只要有一个不在中间停止位置,此电流通路便被切

图 2-19　水平工作台进给变速冲动操作图

断。需要注意的是：由于进给电动机 M2 没有制动措施，因此必须等 M2 完全停止转动时才能转动手轮去改变齿轮传动比，否则可能会损坏齿轮。

5. 圆形工作台进给运动控制

在使用圆形工作台时，水平工作台纵向手柄及十字手柄都应置于中间停止位置；而圆形工作台转换开关 SA1 则应置于“接通”位置。圆形工作台转换开关 SA1 的工作状态如表 2-13 所示。

表 2-13　圆形工作台转换开关 SA1 的工作状态

触点	圆形工作台转换开关 SA1	
	接通	断开
SA11	−	+
SA12	+	−
SA13	−	+

圆形工作台进给运动的控制过程如下：

按下SB1(或SB2) → KM3线圈得电 → 主轴电动机M1转动；KM4线圈得电 → KM4主触点闭合 → 进给电动机M2正转 → 圆形工作台回转

KM4 的电流通路：SQ62→SQ42→SQ32→SQ12→SQ22→SA12→KM4 线圈→KM5 联锁触点。

可见，此时进给电动机 M2 转动并带动圆形工作台单向旋转。由于圆形工作台的控制电路中串联了 SQ1 ~ SQ4 的常闭触点，所以扳动任一方向的进给手柄都将使圆形工作台停止转动。这样实现了圆形工作台转动与水平工作台 3 个方向移动之间的联锁保护。

(四)冷却泵电动机 M3 的控制电路分析

由转换开关 SA3 控制接触器 KM1 去实现对冷却泵电动机 M3 的启动和停止。

(五)辅助电路及保护环节

1. 照明电路

机床的局部照明由变压器 TC 供给 36 V 安全电压,由转换开关 SA4 控制照明灯 EL。

2. 过载保护

M1、M2、M3 为连续工作制,由 FR1、FR2、FR3 实现过载保护。当主轴电动机 M1 过载时,FR1 动作,其常闭触点断开,切除整个控制电路电源。当进给电动机 M2 过载时,FR2 动作,其常闭触点断开,切除自身的控制电源。当冷却泵电动机 M3 过载时,FR3 动作,其常闭触点断开,切除 M2、M3 的控制电源。

3. 短路保护

由 FU1、FU2 实现主电路的短路保护,FU3 实现控制电路的短路保护,FU4 实现照明电路的短路保护。

另外,还有工作台终端极限保护和各种运动之间的联锁保护,前已详述。

三、X62W 型卧式普通铣床电气控制线路故障检修

(一)检修所需工具和设备

1. 工具

试电笔、电工刀、尖嘴钳、斜口钳、剥线钳、螺钉旋具、活扳手等。

2. 仪表

万用表、兆欧表、钳形电流表。

3. 机床

X62W 型卧式普通铣床或 X62W 型卧式普通铣床模拟电气控制台。

(二)常见故障检修

X62W 型铣床常见电气故障的检修见表 2-14。

表 2-14　X62W 型铣床常见电气故障的检修

故障现象	故障原因	处理方法
接触器 KM3 可以吸合,但主轴电动机 M1 不能启动	接触器 KM3 可以吸合,说明故障原因在主电路中。可能是主电路电源缺相,或主电路中 FU1、KM3 主触点、SA5 触点、FR1 热元件有任一个接触不良,或主回路有断路	可采用电压测量法,用万用表依次测量主电路故障点的电压
水平工作台在各个方向都不能进给	可能是进给电动机的公共电路上有断路,或接触器 KM3 的辅助动合触点接触不良,或热继电器 FR2 动作后没有复位	根据具体情况采取相应措施修复
水平工作台能够左、右和前、下运动,但不能后、上运动	由于工作台能够左、右运动,所以 SQ1、SQ2 没有故障;由于工作台能够前、下运动,所以 SQ3 没有故障。故可能是行程开关 SQ4 的动合触点接触不良	检测行程开关 SQ4 的动合触点的接触状况,根据情况修复,必要时可更换

续表 2-14

故障现象	故障原因	处理方法
其他进给都正常,但圆形工作台不动作	其他进给都正常,说明 SQ62、SQ42、SQ32、SQ12、SQ22 触点及连线正常,KM4 线圈电路正常,故障范围在 SA12 触点及连线上	根据具体情况采取相应措施修复
水平工作台能够正常进给,但不能快速移动	可能是 SB5 或 SB6、KM6 触点接触不良或线路上有断路,也可能是 YA 线圈损坏	根据具体情况采取相应措施修复

四、项目考核

X62W 型铣床常见故障检修考核要求及评分标准见表 2-15。

表 2-15　X62W 型铣床常见故障检修考核要求及评分标准

序号	考核内容	考核要求	评分标准	配分	扣分	得分
1	按下 SB1 时 KM3 动作,但主轴电动机不能启动	分析故障范围,编写检修流程,排除故障	(1)不能找出原因,扣 10 分 (2)编写流程不正确,扣 5 分 (3)不能排除故障,扣 5 分	20 分		
2	水平工作台在各个方向都不能进给	分析故障范围,编写检修流程,排除故障	(1)不能找出原因,扣 10 分 (2)编写流程不正确,扣 5 分 (3)不能排除故障,扣 5 分	20 分		
3	水平工作台能够左、右和前、下运动,但不能后、上运动	分析故障范围,编写检修流程,排除故障	(1)不能找出原因,扣 10 分 (2)编写流程不正确,扣 5 分 (3)不能排除故障,扣 5 分	20 分		
4	其他进给都正常,但圆形工作台不动作	分析故障范围,编写检修流程,排除故障	(1)不能找出原因,扣 10 分 (2)编写流程不正确,扣 5 分 (3)不能排除故障,扣 5 分	20 分		
5	水平工作台能够正常进给,但不能快速移动	分析故障范围,编写检修流程,排除故障	(1)不能找出原因,扣 10 分 (2)编写流程不正确,扣 5 分 (3)不能排除故障,扣 5 分	20 分		
6	安全文明生产	按生产规程操作	违反安全文明生产规程,扣 10 ~ 30分			
7	定额工时	10 h	每超 5 min(不足 5 min 以 5 min 计),扣 5 分			
起始时间			合　计	100 分		
结束时间			教师签字:		年　月　日	

【思考与练习】

1. 选择题

(1)X62W 型铣床的操作方法是(   )。

A. 全用按钮　　B. 全用手柄　　C. 既有按钮又有手柄

(2)主轴电动机要求正反转,不用接触器控制而用组合开关控制,是因为(   )。

A. 节省电器　　B. 正反转不频繁　　C. 操作方便

(3)工作台没有采取制动措施,是因为(   )。

A. 惯性小　　B. 速度不高且用丝杠传动　　C. 有机械制动

(4)若主轴未启动,工作台(   )。

A. 不能有任何进给　　B. 可以进给　　C. 可以快速进给

2. 简答题

(1)X62W 型铣床的工作台可以在哪些方向上进给?

(2)X62W 型铣床电气控制线路中为什么要设置变速冲动?

任务五　20/5 t 桥式起重机控制线路分析与故障排除

【学习内容】

20/5 t 桥式起重机电气控制线路检修方法。

【学习目标】

1. 知识目标

了解 20/5 t 桥式起重机的主要运动形式,掌握 20/5 t 桥式起重机控制线路的工作原理、故障的分析方法及故障的检测流程。

2. 能力目标

能对 20/5 t 桥式起重机电气控制线路进行安装、调试和检修。

【任务导入】

生产过程中,经常需要将物体由一处转移到另一处。若物体很轻,我们可以靠人工进行搬运或挪动;若物体很重,我们靠人工去搬运时就会效率不高,甚至无法实施。这样,我们就需要一种机械设备去代替人工,用来起吊和放下重物并使重物在短距离内水平移动。起重机即是这样一种能满足上述需求的机械设备。

【相关知识】

起重机可分为桥式、塔式、门式、旋转式和缆索式等。不同形式的起重机分别应用在不同场合,如车站货场使用的是门式起重机,建筑工地使用的是塔式起重机,码头、港口使用的是旋转式起重机，生产车间常用的是桥式起重机。

桥式起重机又称为天车、行车。常见的桥式起重机有 5 t、10 t 单钩及 15/3 t、20/5 t 双钩等。20/5 t 桥式起重机是一种双梁式的，广泛用于车间内重物的起吊搬运，其结构如图 2-20 所示。

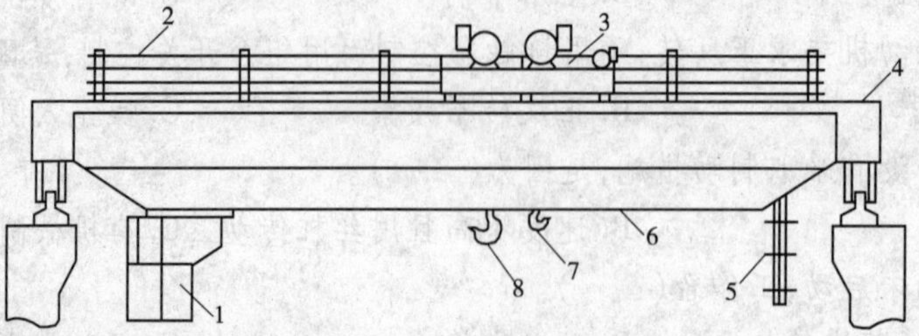

1—驾驶室；2—小车导电滑线；3—小车；4—端梁；5—主滑线；6—主梁；7—副钩；8—主钩

图 2-20　20/5 t 桥式起重机外形图

一、20/5 t 桥式起重机基本结构及运动形式

起重机虽然种类很多，但在结构上看，都具有提升机构和运行机构。以桥式起重机为例，主要由桥架（大车）、小车及提升机构三部分组成。桥式起重机的主要运动有大车的纵向运动、小车的横向运动及主钩、副钩的升降运动。大车的轨道敷设在车间两侧的立柱上，大车可以在轨道上沿车间纵向移动；大车上有小车轨道供小车横向移动；提升机构安装在小车上作上下运动。根据工作需要，可安装不同的取物装置，如吊钩、夹钳、抓斗、起重电磁铁等。有的起重机根据需要，可以安装两个提升机构，分为主钩和副钩，主钩用来提升重物，副钩除可提升轻物外，可用来协同主钩倾斜和翻倒工件，但不允许两钩同时提升两个物件。每个吊钩在单独工作时均只能起吊重量不超过额定重量的重物，当两个吊钩同时工作时，物件重量不允许超过主钩起重量。

二、20/5 t 桥式起重机的型号含义

其型号含义如下：

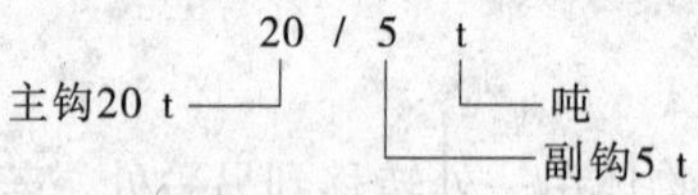

三、20/5 t 桥式起重机主要技术参数

桥式起重机的主要技术参数有额定起重量、跨度、提升高度、工作速度和工作类型。

（一）额定起重量

额定起重量是指起重机允许吊起的物品连同吊具重量的总和，以吨为单位。我国生产的桥式起重机起重量有 5 t，10 t，15/3 t，20/5 t，30/5 t，50/10 t，75/20 t，150/30 t，250/

30 t 等。其中,分子为主钩的起重量,分母为副钩的起重量。

(二)跨度

跨度是指起重机主梁两端车轮中心线间的距离,即大车轨道中心线间的距离。

(三)提升高度

吊具的上极限位置与下极限位置之间的距离即为提升高度,以米为单位。

(四)工作速度

工作速度包括起升速度及大、小车的运行速度。

起升速度是指吊物或取物装置在稳定运动状态下,额定载荷时的垂直位移速度。中小型起重机的起升速度一般为 8 ~ 20 m/min。

大、小车的运行速度为拖动电动机额定转速下运行的速度。小车运行速度一般为 40 ~ 60 m/min,大车运行速度一般为 100 ~ 135 m/min。

(五)工作类型

起重机按其载重量可分为三级:小型(2 ~ 10 t),中型(10 ~ 50 t),重型(50 t 以上)。按其负载率和繁忙程度可分为:

(1)轻级:工作速度较低,使用次数也不多,满载机会比较少,负载持续率约为 15%。如主电室和维修车间用的起重机。

(2)中级:经常在不同负载条件下以中等速度工作,使用不太频繁,负载持续率约为 25%。如一般机械加工和装配车间用的起重机。

(3)重级:经常处于额定负载下工作,使用频繁,负载持续率为 40% 以上。如冶金和铸造车间用的起重机。

(4)特重级:基本上处于额定负载下工作,使用更为频繁,环境温度高。如保证冶金车间工艺过程进行的起重机,属于特重级。

四、桥式起重机的供电、电气控制的特点和要求

(一)桥式起重机的供电

三相电源从沿着平行于大车轨道方向敷设在车间厂房一侧的三根主滑触线上通过滑动集电刷引入,小车上电气设备的供电以及电气设备之间的连接通过在桥架一侧装设的 21 根小车导电滑线并经滑动集电刷引入。滑触线通常采用角钢、圆钢、V 形钢或工字钢等刚性导体制成。

21 根小车导电滑线的分配如下:

(1)主钩部分 10 根。其中:3 根用于连接主钩电动机 M5 的定子绕组(5U、5V、5W)接线端;3 根用于连接转子绕组与转子外接电阻器 5R;主钩电磁抱闸制动器 YB5、YB6 接交流电磁控制柜用 2 根,主钩上升位置开关 SQ5 接交流电磁控制柜与主令控制器用 2 根。

(2)副钩部分用 6 根。其中:3 根用于连接副钩电动机 M1 的转子绕组与转子外接电阻器 1R,2 根用于连接定子绕组(1U、1W)接线端与凸轮控制器 AC1,另 1 根将副钩上升位置开关 SQ6 接在交流保护柜上。

(3)小车部分用 5 根。其中:3 根用于连接小车电动机 M2 的转子绕组与转子外接电

阻器 2R，2 根用于连接 M2 定子绕组（2U、2W）接线端与凸轮控制器 AC2。

（二）起重用电动机的特点

桥式起重机工作环境恶劣，工作性质为短时重复工作制，拖动电动机经常处于启动、制动、调速和反转状态，负载很不规律，经常承受大的过载和机械冲击，要求有一定的调速范围。为此，专门设计制造了 YZR 系列起重及冶金用的三相感应电动机。

（1）电动机按断续工作设计制造，其代号为 S3。在断续工作状态下，用负载持续率 FC% 来表示：

$$FC\% = 负载持续时间/周期时间 \times 100\%$$

一个周期通常为 10 min，标准的负载持续率有 15%、25%、40%、60% 等几种。

（2）有较大的启动转矩和最大转矩，可适应重载下的启动、制动和反转。

（3）电动机转子制成细长型，转动惯量小，减小了启动、制动时的能量损耗。

（4）制成封闭式，有较强的机械结构，有较大的气隙，以适应较多的灰尘和较大机械冲击的工作环境。

（5）具有较高的耐热绝缘等级，允许温升较高。

（三）提升机构与移动机构对电力拖动自动控制的要求

为提高起重机生产效率和生产安全，对起重机提升机构电力拖动的控制提出如下要求：

1. 具有合理的升降速度

空载最快，轻载稍慢，额定负载时最慢。

2. 具有一定的调速范围

普通起重机的调速范围一般为 3∶1，要求较高时为（5～10）∶1。

3. 提升第一挡作为预备级

消除传动间隙，拉紧钢丝绳，避免过大的机械冲击。该级启动转矩一般限制在额定转矩的一半以下。

4. 具有多种运行状态

下放重物时，依据负载的大小，拖动电动机可运行在下放电动状态（轻载下放）、倒拉反接制动状态（重载下放）和再生发电制动状态，以满足对不同负载不同下降速度的要求。

5. 必须采取制动措施

为保证安全可靠地工作，必须使用机械抱闸制动实现机械制动，或同时使用电气制动，以减少抱闸磨损。

大车和小车的运行机构对电力拖动自动控制的要求比较简单，要求有一定的调速范围，分几挡进行控制。为实现准确停车，采用机械制动。

五、20/5 t 桥式起重机电路工作原理

20/5 t 桥式起重机控制线路原理图如图 2-21 所示。

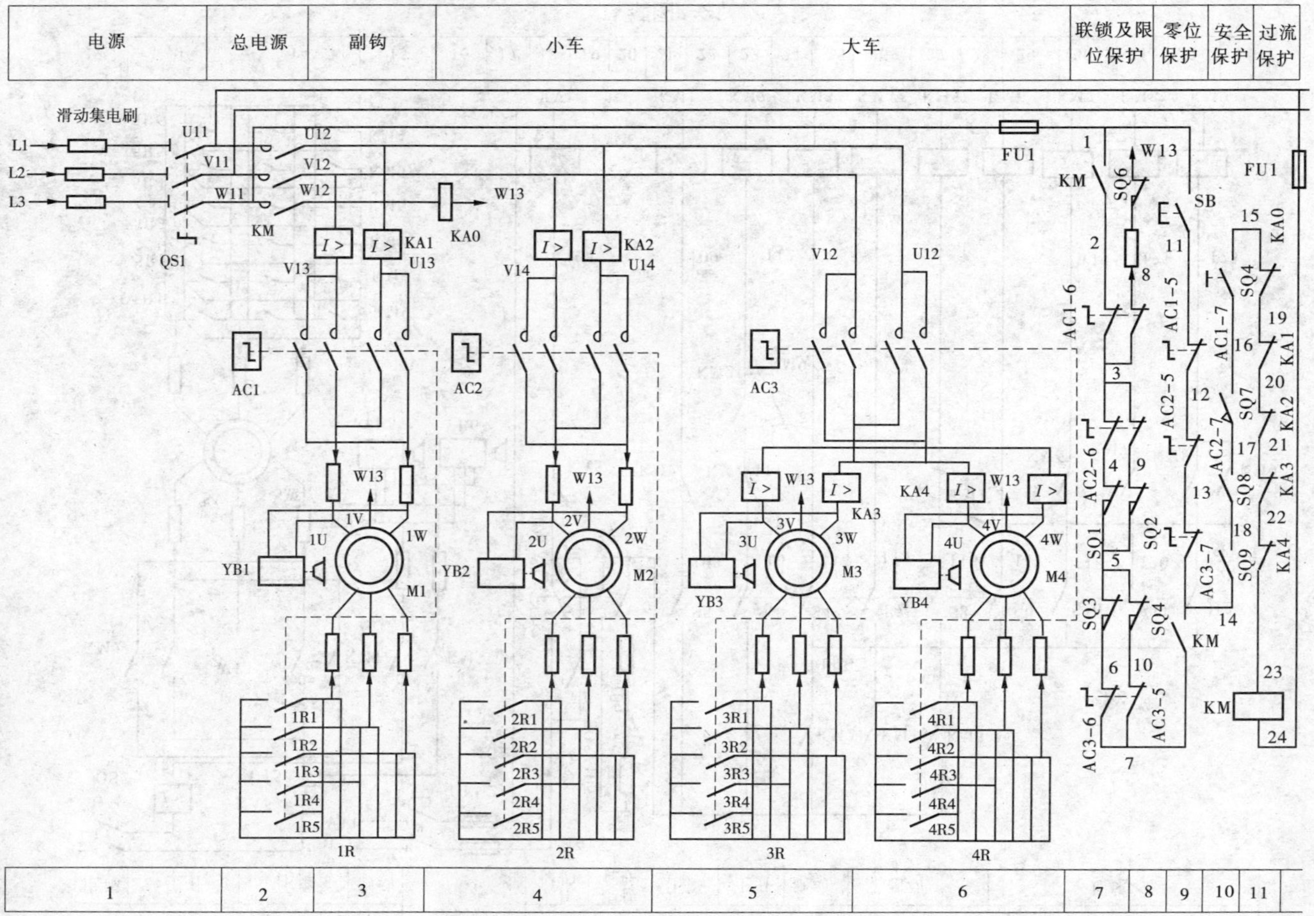

图2-21　20/5 t 起重机的电路原理图

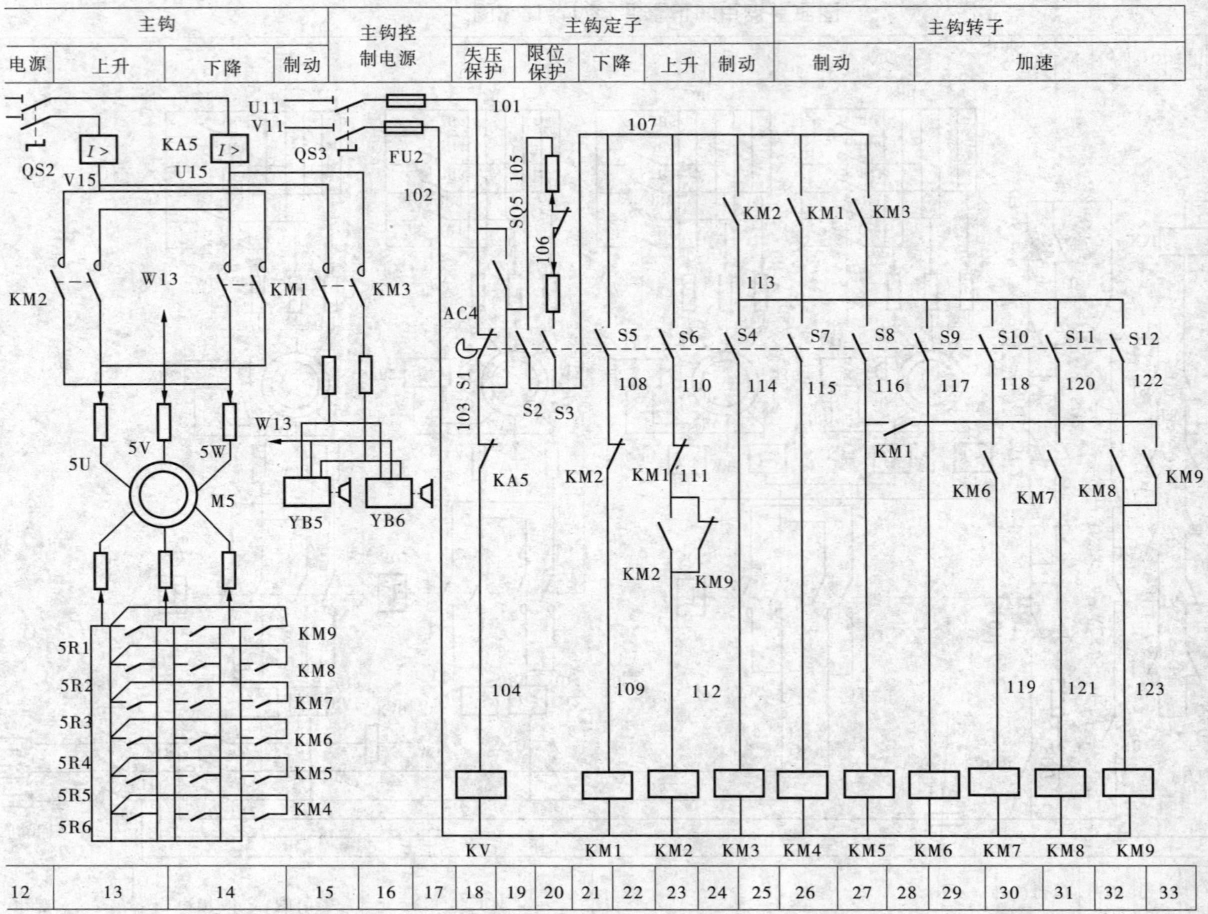

主钩
电源
上升
下降
制动
主钩控制电源
主钩定子
失压保护
限位保护
下降
上升
制动
主钩转子
制动
加速
QS2
V15
KA5
U15
U11
V11
QS3
FU2
101
102
107
105
SQ5
106
KM2
W13
KM1
KM3
KM2
KM1
KM3
113
AC4
S1
103
S2
S3
S5
S6
S4
S7
S8
S9
S10
S11
S12
108
110
114
115
116
117
118
120
122
KM1
KA5
KM2
KM1
111
KM2
KM9
KM6
KM7
KM8
KM9
5U
5V
5W
M5
W13
YB5
YB6
5R1
5R2
5R3
5R4
5R5
5R6
KM9
KM8
KM7
KM6
KM5
KM4
104
109
112
119
121
123
KV
KM1
KM2
KM3
KM4
KM5
KM6
KM7
KM8
KM9
12
13
14
15
16
17
18
19
20
21
22
23
24
25
26
27
28
29
30
31
32
33

续图2-21

(一)20/5 t 桥式起重机元器件明细表

20/5 t 桥式起重机元器件明细表如表 2-16 所示。

表 2-16　20/5 t 桥式起重机元器件明细表

代号	名称	型号	规格	数量
QS1	电源总开关	HD－9－400/3		1
QS2	主钩电源开关	HD11－20G/2		1
QS3	主钩控制电源开关	DZ5－50		1
QS4	紧急开关	A－3151		1
SB	启动按钮	LA19－11		1
KM	主交流接触器	CJ20－300/3	300 A,线圈电压 380 V	1
KA0	总过电流继电器	JL4－150/1		1
KA1	副钩过电流继电器	JL4－40		1
KA2～KA4	大车、小车过电流继电器	JL4－15		1
KA5	主钩过电流继电器	JL4－150		1
KM1、KM2	主钩正反转交流接触器	CJ20－250/3	250 A,线圈电压 380 V	2
KM3	主钩抱闸接触器	CJ20－45/3	45 A,线圈电压 380 V	1
KM4、KM5	反接电阻切除接触器	CJ20－75/3	75 A,线圈电压 380 V	2
KM6～KM9	调速电阻切除接触器	CJ20－75/3	75 A,线圈电压 380 V	4
KV	欠电压继电器	JT4－10P		1
FU1	电源控制电路熔断器	RL1－15/5	15 A,熔体 5 A	2
FU2	主钩控制电路熔断器	RL1－15/10	15 A,熔体 10 A	2
SQ1～SQ4	大车、小车限位位置开关	LK4－11		4
SQ5	主钩上升限位位置开关	LK4－31		1
SQ6	副钩上升限位位置开关	LK4－31		1
SQ7	舱门安全开关	LX2－11H		1
SQ8、SQ9	横梁栏杆门安全开关	LX2－11H		2
M1	副钩电动机	YZR－200L－8	15 kW	1
M2	小车电动机	YZR－132MB－6	3.7 kW	1

续表 2-16

代号	名称	型号	规格	数量
M3、M4	大车电动机	YZR－160MB－6	7.5 kW	2
M5	主钩电动机	YZR－315M－10	75 kW	1
AC1	副钩凸轮控制器	KTJI－50/1		1
AC2	小车凸轮控制器	KTJI－50/1		1
AC3	大车凸轮控制器	KTJI－50/5		1
AC4	主钩主令控制器	LK1－12/90		1
YB1	副钩电磁抱闸制动器	MZD1－300	单相 AC380 V	1
YB2	小车电磁抱闸制动器	MZD1－100	单相 AC380 V	1
YB3、YB4	大车电磁抱闸制动器	MZD1－200	单相 AC380 V	2
YB5、YB6	主钩电磁抱闸制动器	MZS1－45H	单相 AC380 V	2
1R	副钩电阻器	2K1－41－8/2		1
2R	小车电阻器	2K1－12－6/1		1
3R、4R	大车电阻器	4K1－22－6/1		2
5R	主钩电阻器	4P5－63－10/9		1

（二）20/5 t 桥式起重机电气设备及保护装置

桥式起重机大车的桥架跨度较大，两侧装置两个主动轮，分别由两台同型号、同规格的电动机 M3 和 M4 驱动，两台电动机的定子并联在同一电源上，由凸轮控制器 AC3 控制，沿大车轨道纵向两个方向同速运动。位置开关 SQ3 和 SQ4 作为大车前后两个方向的终端限位保护，安装在大车端梁的两侧。YB3 和 YB4 分别为大车两台电动机的电磁抱闸制动器，当电动机通电时，电磁抱闸制动器的线圈也得电，使闸瓦与闸轮分开，电动机可以自由旋转；当电动机断电时，电磁抱闸制动器也失电，闸瓦抱住闸轮使电动机被制动停转。

小车移动机构由电动机 M2 驱动，由凸轮控制器 AC2 控制，沿固定在桥架上的小车轨道横向两个方向运动。YB2 为小车电磁抱闸制动器，位置开关 SQ1、SQ2 为小车终端限位提供保护，安装在小车轨道的两端。

副钩升降由电动机 M1 驱动，由凸轮控制器 AC1 控制。YB1 为副钩电磁抱闸制动器，位置开关 SQ6 为副钩提供上升限位保护。

主钩升降由电动机 M5 驱动，主令控制器 AC4 配合交流电磁控制柜（PQR）完成对主钩电动机 M5 的控制。YB5、YB6 为主钩三相电磁抱闸制动器，位置开关 SQ5 为主钩提供上升限位保护。

起重机的保护环节由交流保护控制柜(GQR)和交流电磁控制柜(PQR)来实现,各控制电路用熔断器 FU1、FU2 作为短路保护。总电源及各台电动机分别采用过电流继电器 KA0、KA1、KA2、KA3、KA4、KA5 实现过载和过流保护,过电流继电器的整定值一般整定在被保护电动机额定电流的 2.25 ~2.5 倍。总电流过载保护的过电流继电器 KA0 串接在公用线的 W12 相中,它的线圈将流过所有电动机定子电流的总和,它的整定值一般整定为全部电动机额定电流总和的 1.5 倍。

为了保障维修人员的安全,在驾驶室舱门盖上装有安全开关 SQ7;在横梁两侧栏杆门上分别装有安全开关 SQ8、SQ9。为了在发生紧急情况时操作人员能立即切断电源,防止事故扩大,在保护控制柜中还装有一只单刀单掷的紧急开关 QS4。上述各开关在电路中均使用常开触点,与副钩、小车、大车的过电流继电器及总过电流继电器的常闭触点相串联,这样当驾驶室舱门或横梁栏杆门开启时,主接触器 KM 线圈不能得电运行,或在运行中也会断电释放,使起重机的全部电动机都不能启动运转,保证了人身安全。

电源总开关 QS1、熔断器 FU1 与 FU2、主接触器 KM、紧急开关 QS4 以及过电流继电器 KA0 ~ KA5 都安装在保护控制柜中。保护控制柜、凸轮控制器及主令控制器均安装在驾驶室内,以便于司机操作。交流电磁控制柜、绕线式异步电动机转子串联的电阻箱安装在大车桥架上。起重机的接地保护接于大车轨道上。

(三)主接触器 KM 的控制电路

在启动接触器 KM 之前,应将副钩、小车、大车凸轮控制器的手柄均置于"0"位,零位联锁触点 AC1 -7、AC2 -7、AC3 -7(9 区)处于闭合状态;关好驾驶舱门盖(SQ7 闭合)及横梁栏杆门(SQ8、SQ9 闭合),合上紧急开关 QS4。在各过电流继电器没有保护动作(KA0 ~ KA4 常闭触点处于闭合状态)的情况下,按下启动按钮 SB,接触器 KM 线圈得电,主触点(2 区)闭合,两副常开辅助触点(7 区、9 区)闭合自锁。KM 线圈得电路径如下:

FU1 → 1 → SB → 11 → AC1-7 → 12 → AC2-7 → 13 → AC3-7 → 14 →
SQ9 → 18 → SQ8 → 17 → SQ7 → 16 → QS4 → 15 → KA0 → 19 →
KA1 → 20 → KA2 → 21 → KA3 → 22 → KA4 → 23 → KM → 24 → FU1

KM 线圈闭合自锁路径如下:

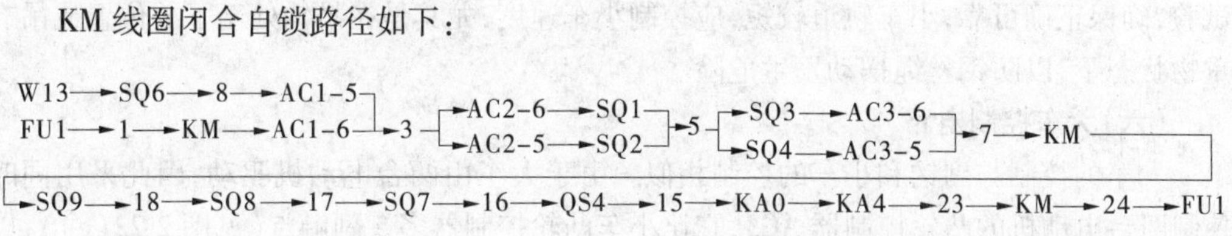

KM 吸合后,将两相电源(U12、V12)引入各凸轮控制器,另一相电源(W12)经总过电流继电器 KA0 后(编号变为 W13)直接引入各电动机定子接线端。此时由于各凸轮控制器手柄均在"0"位,电动机不会运转。

（四）副钩控制电路

副钩凸轮控制器 AC1 共有 11 个位置，中间位置是零位，左、右两边各有 5 个位置，用来控制电动机 M1 在不同转速下的正反转（即控制副钩的升降），见图 2-22（a）。AC1 共用了 12 副触点，其中 4 对常开主触点控制 M1 定子绕组的电源，并换接电源相序以实现 M1 的正反转；5 对常开辅助触点控制 M1 转子电阻 1R 的切换；3 对常闭辅助触点作为联锁触点，其中 AC1－5 和 AC1－6 为 M1 的正反转联锁触点，AC1－7 为零位联锁触点。

1. 副钩上升

在主接触器 KM 线圈获电吸合的情况下，转动凸轮控制器 AC1 的手轮至向上“1”挡，AC1 的主触点 V13－1W 和 U13－1U 闭合，触点 AC1－5 闭合，AC1－6 和 AC1－7 断开，电动机 M1 接通三相电源正转，同时电磁抱闸制动器线圈 YB1 获电，闸瓦与闸轮分开，M1 转子回路串接全部外接电阻器 1R 启动，M1 以最低转速、较大的启动力矩带动副钩上升。

转动 AC1 手轮，依次换到向上的“2”～“5”挡位时，AC1 的 5 对常开辅助触点（2 区）依次闭合，短接电阻 1R5～1R1，电动机 M1 的提升转速逐渐升高，直到预定转速。

由于 AC1 拨至向上挡位时 AC1－6 触点为断开，故 KM 线圈自锁回路电源通路只能通过串入副钩上升限位开关 SQ6（8 区）支路。当副钩上升到调整的限位位置时，SQ6 被挡铁分断，KM 线圈失电，切断 M1 电源；同时 YB1 失电，电磁抱闸制动器在反作用弹簧的作用下对电动机 M1 进行制动，实现终端限位保护。

2. 副钩下降

凸轮控制器 AC1 的手轮转至向下挡位时，触头 V13－1U 和 U13－1W 闭合，改变接入电动机 M1 电源的相序，M1 反转，带动副钩下降。依次转动手轮，AC1 的 5 对常开辅助触点（2 区）依次闭合，短接电阻 1R5～1R1，电动机 M1 的下降转速逐渐升高，直到预定转速。

将手轮依次回拨时，电动机转子回路串入的电阻增加，转速逐渐下降。将手轮转至“0”位时，AC1 的主触头切断电动机 M1 电源，同时电磁抱闸制动器 YB1 也断电，M1 被迅速制动停转。注意，终端限位位置应手动调整和试验，避免发生顶撞事故。

（五）小车控制电路

小车的控制与副钩的控制相似，转动凸轮控制器 AC2 的手轮，可控制小车在小车轨道上左右运行。注意，小车的左右两端装有终端限位保护，限位位置、方向应手动调整和试验，确保正确可靠；小车轨道较短，应控制小车速度，尤其是在吊钩处于下放位置或吊有重物状态下，以防钢丝绳摆动发生危险。

（六）大车控制电路

大车的控制与副钩和小车的控制相似。由于大车由两台电动机驱动，因此采用同时控制两台电动机的凸轮控制器 AC3，它比小车凸轮控制器多 5 副触点（见图 2-22（c）），以供短接第二台大车电动机的转子外接电阻。大车两台电动机的定子绕组是并联的，用 AC3 的 4 副触点进行控制。注意，两台大车电磁抱闸制动器的抱闸力度应调成一致，短接的电阻也应保持一致，同时要确保两台大车运行速度、运行方向一致。大修、更换电动机或凸轮控制器后，应先调试好两台电动机转向，再将电动机与离合器相连，避免产生相反的扭力矩而发生危险。

（七）主钩控制电路

主钩电动机是桥式起重机容量最大的一台电动机，一般采用主令控制器配合电磁控制柜进行控制，即用主令控制器控制接触器，再由接触器控制电动机。主令控制器类似凸轮控制器，不过它的触点小，操作较灵活，可操作频率高，其触点分合表如图 2-22（d）所示。为提高主钩电动机运行的稳定性，在切除转子外接电阻时，采取三相平衡切除，使三相转子电流平衡。

AC1

	向下						向上				
	5	4	3	2	1	0	1	2	3	4	5
V13 －1W							×	×	×	×	×
V13 －1U	×	×	×	×	×						
U13 －1U							×	×	×	×	×
U13 －1W	×	×	×	×	×						
1R5	×	×	×	×				×	×	×	×
1R4	×	×	×						×	×	×
1R3	×	×								×	×
1R2	×										×
1R1	×										×
AC1 －5						×	×	×	×	×	×
AC1 －6	×	×	×	×	×	×					
AC1 －7					×						

（a）

AC2

	向左						向右				
	5	4	3	2	1	0	1	2	3	4	5
V14 －2W							×	×	×	×	×
V14 －2U	×	×	×	×	×						
U14 －2U							×	×	×	×	×
U14 －2W	×	×	×	×	×						
2R5	×	×	×	×				×	×	×	×
2R4	×	×	×						×	×	×
2R3	×	×								×	×
2R2	×										×
2R1	×										×
AC2 －5						×	×	×	×	×	×
AC2 －6	×	×	×	×	×	×					
AC2 －7					×						

（b）

AC3

	向后						向前				
	5	4	3	2	1	0	1	2	3	4	5
V12 －3W，4U							×	×	×	×	×
V12 －3U，4W	×	×	×	×	×						
U12 －3U，4W							×	×	×	×	×
U12 －3W，4U	×	×	×	×	×						
3R5	×	×	×	×				×	×	×	×
3R4	×	×	×						×	×	×
3R3	×	×								×	×
3R2	×										×
3R1	×										×
4R5	×	×	×	×				×	×	×	×
4R4	×	×	×						×	×	×
4R3	×	×								×	×
4R2	×										×
4R1	×										×
AC3 －5						×	×	×	×	×	×
AC3 －6	×	×	×	×	×	×					
AC3 －7					×						

（c）

AC4

		下降							上升					
		强力			制动									
		5	4	3	2	1	J	0	1	2	3	4	5	6
	S1							×						
	S2	×	×	×										
	S3				×	×	×		×	×	×	×	×	×
KM3	S4	×	×	×	×	×			×	×	×	×	×	×
KM1	S5	×	×	×										
KM2	S6				×	×	×		×	×	×	×	×	×
KM4	S7	×	×	×		×	×		×	×	×	×	×	×
KM5	S8	×	×	×			×			×	×	×	×	×
KM6	S9	×	×								×	×	×	×
KM7	S10	×										×	×	×
KM8	S11	×											×	×
KM9	S12	×	0	0										×

（d）

×—触点闭合；　　0—触点转向“0”位时闭合

图 2-22　AC1 ~ AC4 触点分合表

1. 主钩启动准备

合上电源开关 QS1（1 区）、QS2（12 区）、QS3（16 区），接通主钩主电路和控制电路电源，将主令控制器 AC4 手柄置于零位，触点 S1（18 区）处于闭合状态，欠电压继电器 KV 线圈（18 区）得电吸合，其常开触点（19 区）闭合自锁，为主钩电动机 M5 启动作好准备。注意，这里欠电压继电器 KV 可为电路提供失压与欠压保护，并为主令控制器提供零位保护。

2. 主钩上升

主钩上升与副钩凸轮控制器的上升动作基本相似，但它是由主令控制器 AC4 通过接触器控制的。控制流程如下：

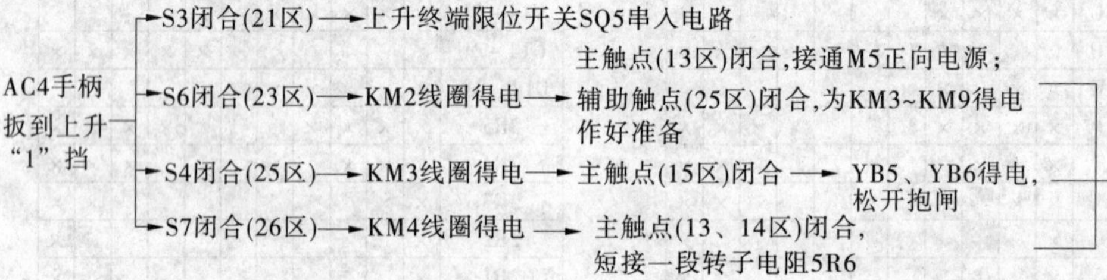

若将 AC4 手柄逐级扳向"2"、"3"、"4"、"5"、"6"挡，主令控制器的常开触点 S8、S9、S10、S11、S12 逐次闭合，依次使交流接触器 KM5 ~ KM9 线圈得电，接触器的主触点对称短接相应段的主钩电动机转子回路电阻 5R5 ~ 5R1，使主钩上升速度逐步增加。

3. 主钩下降

主钩下降有 6 挡位置。"J"、"1"、"2"挡为制动下降位置，防止在吊有重物下降时速度过快，这时电动机是处于倒拉反接制动运行状态；"3"、"4"、"5"挡为强力下降位置，主要用于轻负载时快速下降。主令控制器在下降位置时，6 个挡位的工作情况如下。

1）制动下降"J"挡

控制流程如下：

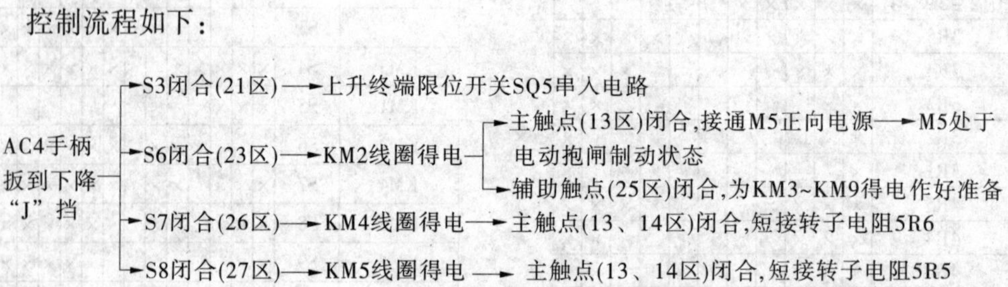

制动下降"J"挡是下降准备挡，虽然电动机 M5 加上正相序电压，由于电磁抱闸未打开，电动机不能启动旋转。注意，该挡停留时间不宜过长，以免电动机烧坏。

2）制动下降"1"挡

主令控制器 AC4 的手柄扳到制动下降"1"挡，触点 S3、S4、S6、S7 闭合，和主钩上升"1"挡触点闭合一样，此时电磁抱闸器松开，电动机可运转于正向电动状态（提升重物）或倒拉反接制动状态(低速下放重物)。当重物产生的负载倒拉力矩大于电动机产生的正向电磁转矩时,电动机 M5 运转在负载倒拉反接制动状态,低速下放重物;反之,则重物不但不能下降反而被提升,这时必须把 AC4 的手柄迅速扳到制动下降“2”挡。

接触器 KM3 通电吸合后,KM3 自锁触点(27 区)闭合自锁,以保证当主令控制器 AC4 从制动下降“2”挡向强力下降“3”挡转换时,KM3 线圈仍通电吸合,电磁抱闸制动器 YB5 和 YB6 仍保持得电状态,防止换挡时出现高速制动而产生强烈的机械冲击。

3)制动下降“2”挡

主令控制器触点 S3、S4、S6 闭合,触点 S7 分断,接触器 KM4 线圈断电释放,外接电阻器全部接入转子回路,使电动机产生的正向电磁转矩减小,重负载的下降速度比“1”挡时加快。

4)强力下降“3”挡

下降速度与负载质量有关,若负载较轻(空钩或轻载),电动机 M5 处于反转电动状态;若负载较重,下放重物的速度会很高,可能使电动机转速超过同步转速,电动机 M5 将进入再生发电制动状态。负载越重,下降速度越大,应注意操作安全。

控制流程如下:

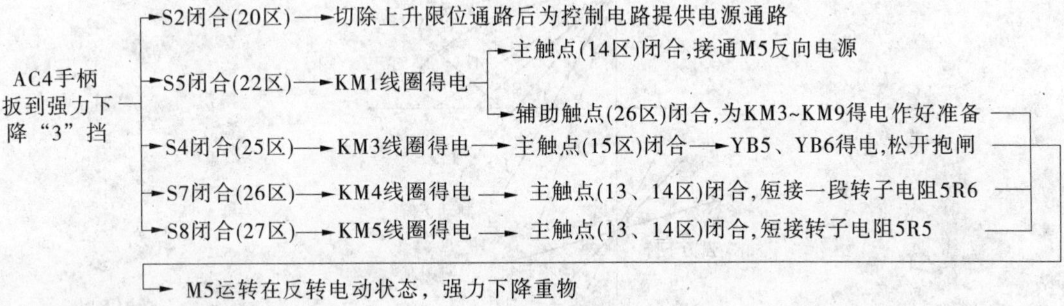

5)强力下降“4”挡

主令控制器 AC4 的触点在强力下降“3”挡闭合的基础上,触点 S9 又闭合,使接触器 KM6(29 区)线圈得电吸合,电动机转子回路电阻 5R4 被切除,电动机 M5 进一步加速反向旋转,下降速度加快。另外,KM6 辅助常开触点(30 区)闭合,为接触器 KM7 线圈得电作好准备。

6)强力下降“5”挡

主令控制器 ACA 的触点在强力下降“4”挡闭合的基础上,又增加了触点 S10、S11、S12 闭合,接触器 KM7 ~ KM9 线圈依次得电吸合,电动机转子回路电阻 5R3、5R2、5R1 将依次逐级切除,以避免过大的冲击电流,同时电动机 M5 旋转速度逐渐增加,待转子电阻全部切除后,电动机以最高转速运行,负载下降速度最快。

此挡若下降的负载很重,当实际下降速度超过电动机的同步转速时,电动机将会进入再生发电制动状态,电磁力矩变成制动力矩。由于转子回路未串联任何电阻,保证了负载的下降速度不致太快,且在同一负载下“5”挡的下降速度要比“4”挡和“3”挡的速度低。

再生发电制动后，如果需要降低下降速度，就需要把主令控制器手柄扳回到制动下降位置"1"挡或"2"挡，进行反接制动下降。这时必然要通过强力下降"4"挡和"3"挡，由于"4"挡、"3"挡转子回路串联的电阻增加，根据绕线式电动机的机械特性可知，正在高速下降的负载速度不但得不到控制，反而使下降速度增加，很可能造成恶性事故。为了避免在主令控制器转换过程中或操作人员不小心误把手柄停在了强力下降"3"挡或"4"挡，导致发生过高的下降速度，在接触器 KM9 电路中用辅助常开触点 KM9（33 区）自锁，同时在该支路中再串联一个常开辅助触点 KM1（28 区），这样可以保证主令控制器手柄由强力下降位置向制动下降位置转换时，接触器 KM9 线圈始终得电，切除所有转子回路电阻。另外，在主令控制器 AC4 触点分合表（图 2-22（d））中可以看到，强力下降位置"4"挡、"3"挡上有"0"的符号，表示手柄由强力下降"5"挡向制动下降"2"挡回转的过程中，触点 S12 会保持接通，只有手柄扳至制动下降位置后，接触器 KM9 线圈才断电。

以上联锁装置保证了在手柄由强力下降位置"5"向制动下降位置转换时，电动机转子回路电阻全部切除，下降速度不会进一步增高。

主钩电动机在不同挡位时的机械特性如图 2-23 所示。

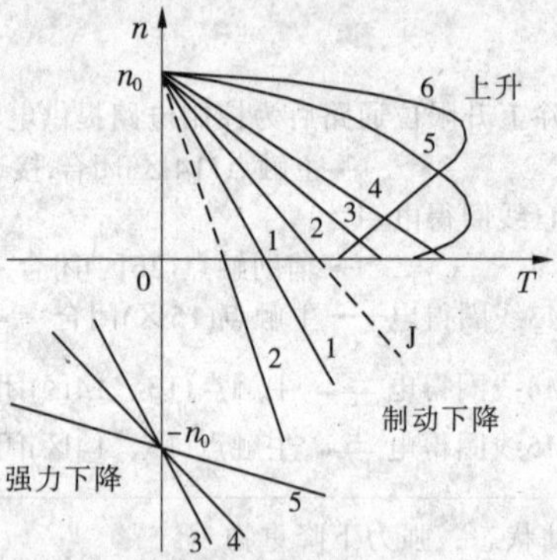

图 2-23　主钩电动机在不同挡位时的机械特性

串接在接触器 KM2 支路中的 KM2 常开触点（23 区）与 KM9 常闭触点（24 区）并联，主要作用是当接触器 KM1 线圈断电释放后，只有在 KM9 线圈断电释放的情况下，接触器 KM2 线圈才允许得电并自锁，保证了只有在转子电路中串接一定外接电阻的前提下，才能进行反接制动，以防止反接制动时造成直接启动而产生过大的冲击电流。

【任务实施】

一、技能训练

（一）训练目的

掌握 20/5 t 桥式起重机电气控制线路的故障分析与检修方法。

（二）训练器材

1. 工具

试电笔、电工刀、尖嘴钳、斜口钳、剥线钳、螺钉旋具、活扳手等。

2. 仪表

万用表、兆欧表、钳形电流表。

3. 设备

20/5 t 桥式起重机或桥式起重机模拟电气控制台。

(三)训练内容

对典型故障分析中涉及的故障现象设置合理故障点，试车检测并排除；针对以下故障点分析故障现象，合理设置故障点并试车检测，编写检修流程，按照规范检修步骤排除故障。

(1)KM 自锁触点上 14 号线断开。

(2)KM 自锁触点上 2 号线断开。

(3)7 区端子排上 6 号线断开。

(4)11 区 KA0 常闭触点上 15 号线断开。

(5)18 区欠电压继电器 KV 线圈的进线断开。

(6)19 区欠电压继电器 KV 自锁触点的进线断开。

(7)23 区上升交流接触器 KM2 线圈的进线断开。

(8)凸轮控制器手柄不在零位。

(四)训练注意事项

桥式起重机的结构复杂，工作环境比较恶劣，同时工作频繁，副钩、小车、大车电气连接通过导电滑线连接，故障率较高，必须坚持经常性地维护保养和检修。检修和维护属于高空作业，要非常注意人身安全。在熟悉元器件位置、布线走向，掌握电路工作原理的基础上，观看教师示范检修，由教师设置故障点，从故障现象进行分析，逐步掌握正确的检修步骤和检修方法。

二、考核评分标准

在上述训练内容中，每次每人设置故障一个，分析和排除故障时间 30 min。评分标准见表 2-17。

表 2-17　20/5 t 桥式起重机电气故障排除考核评分标准

项目内容	配分	评分标准	扣分
故障分析	30 分	(1)不能根据设置的故障说出故障现象，扣 10 ~ 15 分	
		(2)不能根据试车的状况说出故障现象，每个故障扣 5 分	
		(3)标不出故障线段或错标在故障回路以外，每个故障扣 5 分	
排除故障	70 分	(1)停电不验电，扣 5 分	
		(2)测量仪表使用不正确，每次扣 5 分	
		(3)排除故障方法、步骤不正确，扣 10 分	
		(4)损坏元器件，扣 10 分	
		(5)查出但不能排除故障，每个扣 20 分	

续表 2-17

项目内容	配分	评分标准		扣分
排除故障	70 分	(6)不能查出故障,每个扣 35 分		
		(7)扩大故障范围或产生新的故障,每个扣 40 分		
安全文明生产	违反安全文明生产规程,未清理场地,扣 10 ~ 70 分			
定额工时 30 min	不允许超时检查故障,但在修复故障时每超时 1 min 扣 1 分			
备注	除定额工时外,各项内容的最高扣分不得超过配分数		合计	
开始时间		结束时间		实际时间

【知识拓展】

20/5 t 桥式起重机典型故障分析

(一)合上电源总开关 QS1 并按下启动按钮 SB 后,主接触器 KM 不能吸合

故障的原因可能是:线路无电压;熔断器 FU1 熔断;紧急开关 QS4 或安全门开关 SQ7、SQ8、SQ9 未合上;主接触器 KM 线圈断路;有凸轮控制器手柄没在零位,或凸轮控制器零位触点 AC1 - 7、AC2 - 7、AC3 - 7 分断;过电流继电器 KA0 ~ KA4 动作后未复位。

检测步骤流程如图 2-24 所示。

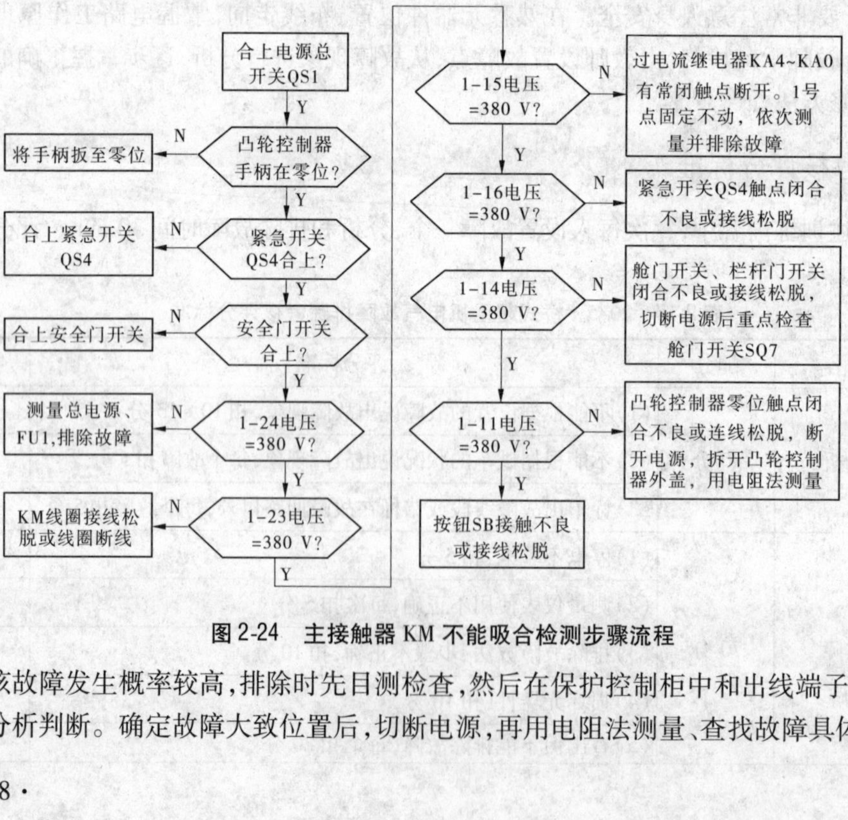

图 2-24 主接触器 KM 不能吸合检测步骤流程

该故障发生概率较高,排除时先目测检查,然后在保护控制柜中和出线端子上进行测量并分析判断。确定故障大致位置后,切断电源,再用电阻法测量、查找故障具体部位。

（二）按下启动按钮后，交流接触器 KM 不能自锁

在 7 ~ 9 区中的 1 ~ 14 号线之间出现断点，且多出现在 7 ~ 14 号之间的 KM 自锁触点上，断开总电源，用电阻法测量。

（三）副钩能下降但不能上升

检测判断流程如图 2-25 所示。

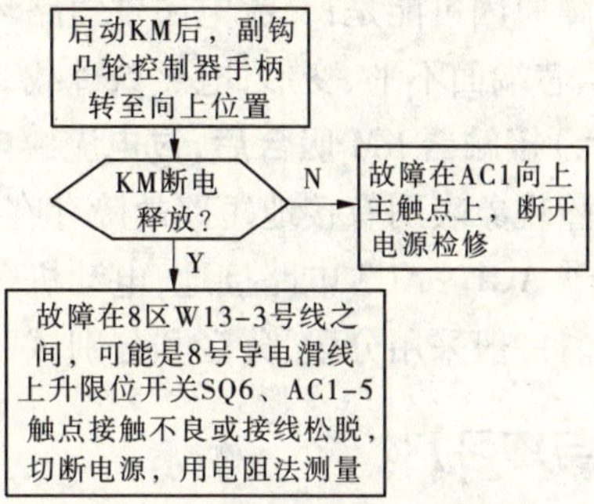

图 2-25　副钩能下降但不能上升检测判断流程

对于小车、大车向一个方向工作正常，而向另一个方向不能工作的故障，判断方法类似。在检修试车时不能朝一个运行方向试车行程太大，以免又产生终端限位故障。

（四）主钩不能上升也不能下降

故障原因有多方面，可从主钩电动机运转状态、电磁抱闸接触器吸合声音、继电器动作状态来判断故障。交流电磁保护柜装于桥架上，观察交流电磁保护柜中继电器动作状况，测量需与吊车司机配合进行，应注意高空操作安全。应尽量在驾驶室端子排上进行测量，并判断故障大致位置。主要检测步骤流程如图 2-26所示。

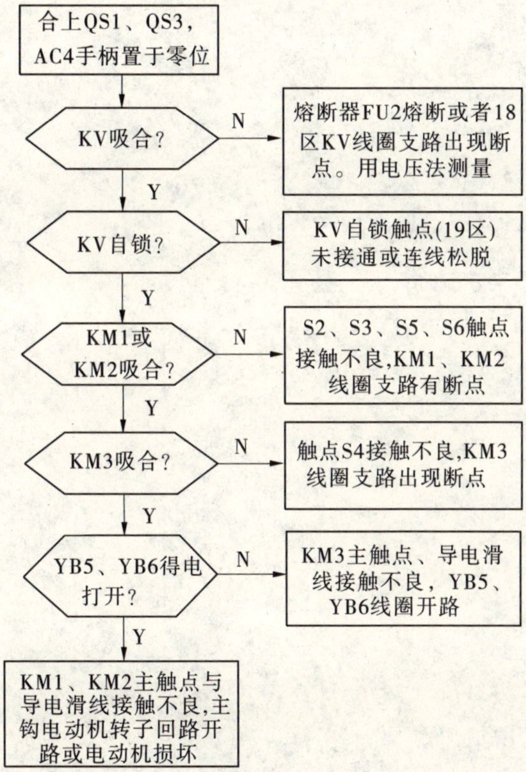

图 2-26　主钩不能上升也不能下降检测判断流程

(五)制动抱闸器噪声大

主钩电磁抱闸制动器的线圈有三角形连接和星形连接两种,更换时不能接错,线圈头尾错误、接法错误可能使线圈过热烧毁或造成因吸力不足致使制动器不能打开的故障。

故障原因可能是:交流电磁铁短路环开路;动、静铁芯端面有油污,铁芯松动或有卡滞现象,铁芯端面不平、变形;电磁铁过载。

(六)接触器 KM 吸合后,过电流继电器 KA0 ~ KA4 立即动作

故障现象表明有接地短路故障存在,引起过电流继电器动作。故障可能的原因有:凸轮控制器 AC1 ~ AC3 电路接地;电动机 M1 ~ M4 绕组接地;电磁抱闸制动器 YB1 ~ YB4 线圈接地。一般采用分段、分区和分别试验的方法,查找出故障具体点。

【思考与练习】

1. 桥式起重机在启动前各控制手柄为什么都要置于零位?

2. 简述在主钩控制电路中接触器 KM9 的自锁触点与 KM1 的辅助常开触点串联使用的原因。

3. 简述接触器 KM2 线圈支路(23 区)中,KM2 的常开触点与 KM9 的辅助常闭触点并联的作用。

模块三　初识可编程控制器

【学习内容】

本模块主要讲述可编程控制器(PLC)的结构组成、工作原理、基本指令,启动—自锁—停止电路的程序设计方法,三菱编程软件 GX Developer 的使用方法。

【学习目标】

1. 知识目标

(1)熟悉三菱 FX_{2N} 系列 PLC 的组成及工作原理;

(2)掌握三菱 FX_{2N} 系列 PLC 的基本编程指令,会用指令表、梯形图和顺序功能图编写程序;

(3)熟悉 PLC 硬件接线图的绘制;

(4)熟练运用软件 GX Developer 进行 PLC 程序的调试及监控。

2. 能力目标

(1)能看懂简单的梯形图;

(2)正确使用 PLC 基本指令进行编程操作;

(3)按照编程规则正确编写简单的控制程序;

(4)掌握启动—自锁—停止电路的程序设计方法;

(5)正确使用三菱编程软件 GX Developer;

(6)能使用软件 GX Developer 进行简单编程。

任务一　节日彩灯亮暗控制

【学习内容】

可编程控制器的基本组成。

【学习目标】

1. 知识目标

熟悉三菱系列 PLC 的组成。

2. 能力目标

(1)能看懂简单的梯形图;

(2)能正确进行 PLC 的 I/O 接线。

可编程控制器——Programmable Logic Controller 简称 PLC,是 20 世纪 60 年代以来发展极为迅速、应用极为广泛的工业控制装置,是现代工业自动化的三大支柱之首。当今 PLC 汲取了微电子技术和计算机技术的最新成果,从单机自动化到整条生产线的自动化乃至整个工厂的生产自动化,从柔性制造系统、工业机器人到大型分散控制系统,PLC 均承担着重要角色。PLC 通过软件来改变控制过程,具有编程简单、功能齐全、使用方便、稳定可靠、维护方便、体积较小等优点,因此被广泛应用于制造业、矿业、冶金等各个领域。

可编程控制器(PLC)制造厂家较多,目前市场上品种、规格繁多,各厂家均独具特色,但一般来说,PLC 控制系统包括两部分,一部分是硬件系统,另一部分是软件系统。PLC 的硬件系统主要由微处理器(CPU)、存储器、I/O 单元、电源单元和编程器等五大部分组成。软件系统主要是编制的各种程序。PLC 的工作方式均采用“循环扫描,周而复始”。其工作过程实质上就是 CPU 扫描程序的执行过程。

【任务导入】

彩灯的亮暗变化,给人们的节日带来无穷的乐趣！现有一盏彩灯,须通过 PLC 来实现它的亮暗控制。控制电路如图 3-1 所示。

控制要求:①按下按钮 SB,彩灯 HL 亮;②松开按钮 SB,彩灯 HL 灭。

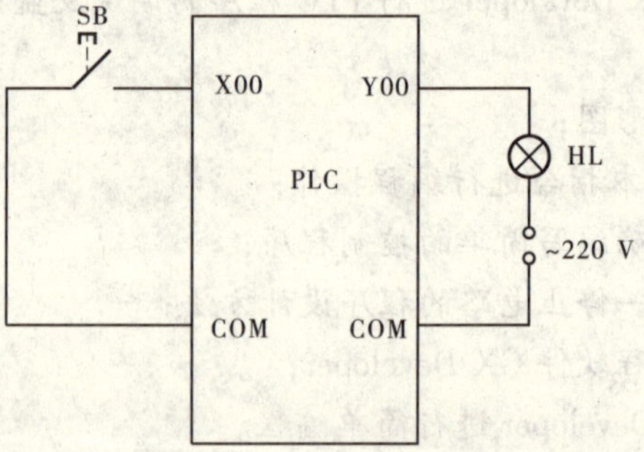

图 3-1　彩灯控制电路

PLC 是什么？其结构如何？如何用 PLC 实现本任务呢？希望通过本任务的完成能解决这些问题。

【相关知识】

一、可编程控制器的外形

可编程控制器的外形见图 3-2。

二、传统的继电接触控制系统与 PLC 控制系统的对比

可编程控制器(PLC)是计算机家族中的一员,是专为在工业环境应用而设计的。它采用一类可编程的存储器,将编写的程序存储其中,执行逻辑运算、顺序控制、定时、计数与算术操作等面向用户的指令,并通过数字或模拟输入/输出控制各种类型的机械或生产过程。

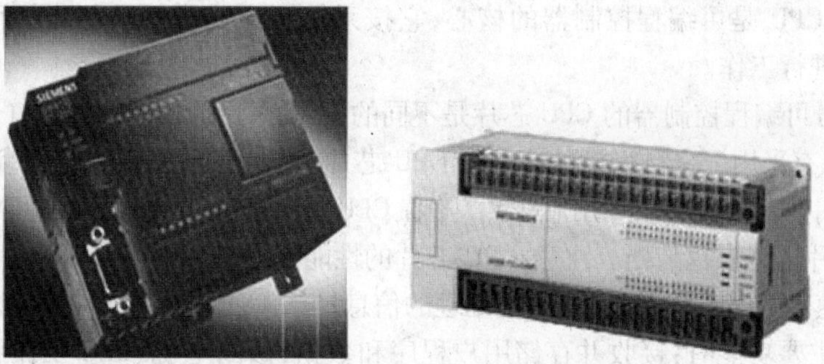

西门子 S7–200 系列 PLC　　　　三菱 FX_{2N} 系列 PLC

图 3-2　可编程控制器的外形

传统的继电接触控制系统通常由输入设备、控制线路和输出设备三大部分组成，它是一种由许多“硬”的元器件连接起来组成的控制系统。传统的继电接触控制系统如图 3-3 所示。

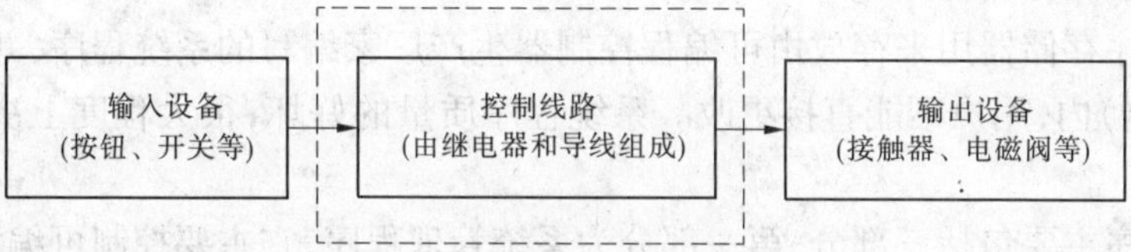

图 3-3　继电接触控制系统

PLC 控制系统是从继电接触控制系统和计算机控制系统发展而来的。PLC 的输入/输出部分与继电接触控制系统大致相同，但其控制部分用微处理器和存储器取代了传统的继电器控制线路，其控制作用是通过用户软件来实现的。PLC 的基本结构如图 3-4 所示。

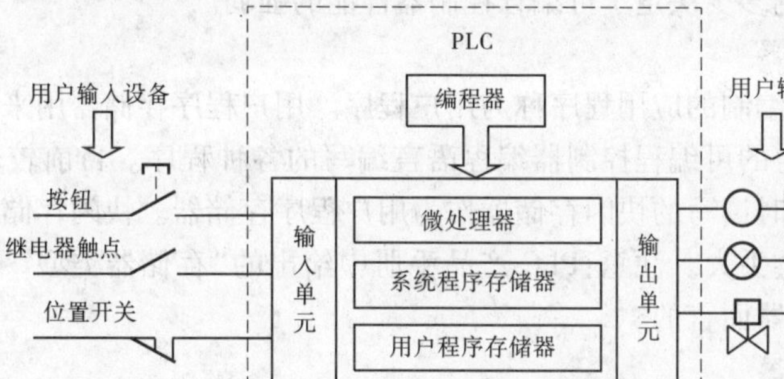

图 3-4　PLC 的基本结构

三、PLC 的基本组成

PLC 主要由微处理器(CPU)、存储器、输入/输出(I/O)单元、编程器和电源等部分组成。

(一) 微处理器(CPU)

CPU 一般由控制器、运算器和寄存器组成，这些电路都集成在一个芯片上。与一般计算机一样,CPU 是可编程控制器的核心,它按系统程序赋予的功能指挥可编程控制器有条不紊地进行工作。

不同型号可编程控制器的 CPU 芯片是不同的,有的采用通用 CPU 芯片(如 8051、8086、80826 等),也有采用厂家自行设计的专用 CPU 芯片(如西门子公司的 S7－200 系列可编程控制器均采用其自行研制的专用芯片)。随着 CPU 芯片技术的不断发展,可编程控制器所用的 CPU 芯片也越来越高档。注意:CPU 芯片的性能优劣关系到可编程控制器处理控制信号的能力与速度。CPU 位数越高,系统处理的信息量越大,运算速度也越快。

CPU 的主要功能有:接收并存储用户程序和数据;诊断电源、PLC 工作状态及编程的语法错误;接收输入信号,送入数据寄存器并保存;运行时顺序读取、解释、执行用户程序,完成用户程序的各种操作;将用户程序的执行结果送至输出端。

(二)存储器

可编程控制器的存储器可以分为系统程序存储器、用户程序存储器及工作数据存储器等三种。

1. 系统程序存储器

系统程序存储器用来存放由可编程控制器生产厂家编写的系统程序,并固化在 ROM(只读存储器)内,用户不能直接更改。系统程序质量的好坏,很大程度上决定了 PLC 的性能。

系统程序主要包括三部分:第一部分为系统管理程序,它主要控制可编程控制器的运行,使整个可编程控制器按部就班地工作;第二部分为用户指令解释程序,通过用户指令解释程序,将可编程控制器的编程语言变为机器语言指令,再由 CPU 执行这些指令;第三部分为标准程序模块与系统调用程序,它包括许多不同功能的子程序及其调用管理程序,如完成输入、输出及特殊运算等的子程序,可编程控制器的具体工作都是由这部分程序来完成的,这部分程序的多少决定了可编程控制器性能的强弱。

2. 用户程序存储器

根据控制要求而编制的应用程序称为用户程序。用户程序存储器用来存放用户针对具体控制任务,用规定的可编程控制器编程语言编写的各种程序。目前较先进的可编程控制器采用的是可随时读写的快闪存储器作为用户程序存储器。快闪存储器不需后备电池,掉电时数据也不会丢失。注意:PLC 产品手册中给出的“存储器类型”和“程序容量”是针对用户程序存储器而言的。

3. 工作数据存储器

工作数据存储器用来存储工作数据,即用户程序中使用的 ON/OFF 状态、数值数据等。在工作数据区中开辟有元件映像寄存器和数据表。其中元件映像寄存器用来存储开关量、输出状态以及定时器、计数器、辅助继电器等内部器件的 ON/OFF 状态;数据表用来存放各种数据,它存储用户程序执行时的某些可变参数值及 A/D 转换得到的数字量和数学运算的结果等。

(三)输入/输出(I/O)单元

输入/输出接口是 PLC 与外界连接的接口,是 CPU 与现场 I/O 装置或其他外部设备之间的连接部件。三菱 FX 系列 PLC 型 PLC 外部 I/O 端口如图 3-5 所示。

输入接口用来接收和采集两种类型的输入信号。一类是由按钮、选择开关、行程开关、继电器触点、接近开关、光电开关、数字拨码开关等提供的开关量输入信号;另一类是由电位器、测速发电机和各种变送器等提供的模拟量输入信号。

输出接口用来连接被控对象中各种执行元件,如接触器、电磁阀、指示灯、调节阀(模拟量)、调速装置(模拟量)等。

注意:I/O 的能力可按用户的需要进行扩展和组合。

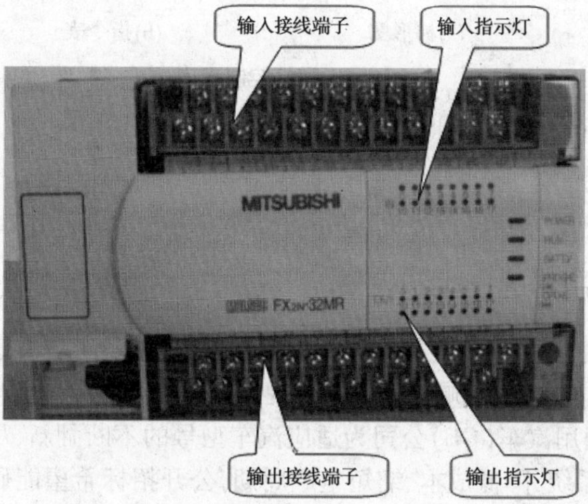

图 3-5　三菱 FX_{2N} 系列 PLC 外部 I/O 端口

(四)编程器

编程器有简易编程器和智能图形编程器两种,主要用于编程,对系统作一些设定,监控 PLC 及 PLC 所控制的系统的工作状况。编程器是 PLC 开发应用、监测运行、检查维护不可缺少的器件。三菱 FX 系列 PLC 简易编程器如图 3-6 所示。

注意:编程器不直接加入现场控制运行,一台编程器可开发、监护许多台 PLC 的工作。

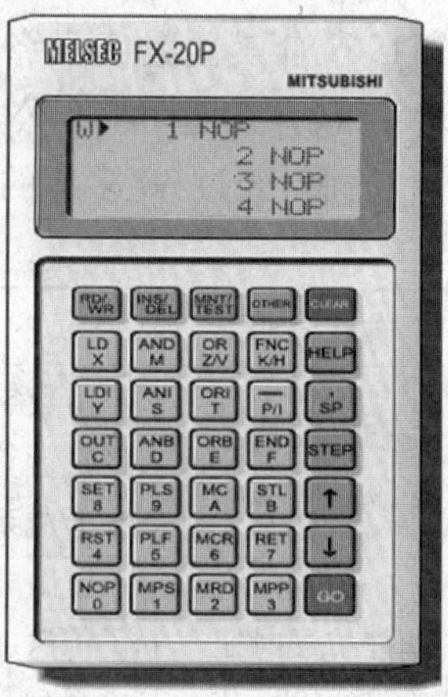

图 3-6　三菱 FX 系列 PLC 编程器

(五)电源

电源部件用来将外部供电电源转换成供 PLC 的 CPU、存储器、I/O 接口等电子电路工作所需要的直流电源,使 PLC 能正常工作。

PLC 的电源部件有很好的稳压措施,因此对外部电源的要求不高。直流 24 V 供电的机型,允许电压为 16 ~ 32 V;交流 220 V 供电的机型,允许电压为 85 ~ 264 V,频率为 47 ~ 53 Hz。一般情况下,PLC 还为用户提供 24 V 直流电源作为输入电源或负载电源。

注意:为防止因外部电源发生故障,造成 PLC 内部重要数据丢失,一般备有后备电源。

【任务实施】

根据图 3-1 彩灯亮暗控制硬件电路图所编制的 PLC 控制程序如图 3-7 所示。

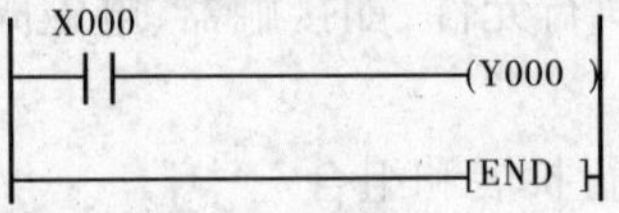

(a)梯形图

```
LD   X000
OUT  Y000
END
```

(b)指令表

图 3-7　彩灯控制程序

注意:有关程序的相关知识将在后续课程中学习。

【知识拓展】

一、可编程控制器的产生和发展

20 世纪 60 年代,在世界工业技术改革浪潮的冲击下,各工业发达国家都在寻找一种比继电器更可靠、功能更齐全、响应速度更快捷的新型工业控制装置。

1968 年,美国通用汽车(GE)公司为适应汽车型号的不断翻新,尽量避免重建流水线和更换继电器控制系统、降低成本、缩短生产周期,公开招标希望能研制出一种新型工业控制器,并对该控制器的研发提出了“使用、编程方便,可在现场修改和调试程序,维护方便,可靠性高,体积小,易于扩充”等要求。

1969 年美国数字设备(DEC)公司根据招标要求,研制出了第一台可编程控制器 PDP－14,并在通用汽车公司的自动装配生产线上试用,获得成功,从而开创了工业控制的新局面。经过 30 多年的发展,其产品性能日臻完善。PLC 的发展过程如表 3-1 所示。

表 3-1　PLC 的发展过程

发展时期	特点	典型产品举例
初创时期 (1969～1977 年)	由数字集成电路构成,功能简单,仅具备逻辑运算和计时、计数功能。机种单一,没有形成系列	DEC 公司的 PDP－14、日本富士电机公司的 USC－4000 等
功能扩展时期 (1977～1982 年)	以微处理器为核心,功能不断完善,增加了传送、比较和模拟量运算等功能。初步形成系列,可靠性进一步提高,存储器采用 EPROM	德国西门子公司的 SYMATIC S3 系列和 S4 系列、日本富士电机公司的 SC 系列等
联机通信时期 (1982～1990 年)	能够与计算机联机通信,出现了分布式控制,增加了多种特殊功能,如浮点数运算、平方、三角函数、脉宽调制等	德国西门子公司的 SYMATIC S5 系列、日本三菱公司的 MEL-PLAC－50、日本富士电机公司的 MICREEX 等
网络化时期 (1990 年至今)	通信协议走向标准化,实现了和计算机网络互联,出现了工业控制网。可以用高级语言编程	德国西门子公司的 S7 系列、日本三菱公司的 A 系列等

从 PLC 的发展趋势看，PLC 控制技术将成为今后工业自动化的主要手段。在未来的工业生产中，PLC 技术、机器人技术、CAD/CAM 技术和数控技术将成为实现工业生产自动化的四大支柱技术。

二、可编程控制器的应用领域

PLC 已广泛应用于工业生产的各个领域。从行业看，冶金、机械、化工、轻工、食品、建材等，几乎没有不用到它的。不仅工业生产用它，一些非工业过程，如楼宇自动化、电梯控制、农业的大棚环境参数调控、水利灌溉等也用它。PLC 应用领域主要分为如下几类：

(1)取代传统的继电器电路，实现逻辑控制、顺序控制，既可用于单台设备的控制，也可用于多机群控及自动化流水线，如注塑机、印刷机、组合机床、电镀流水线等。

(2)工业过程控制。在工业生产过程当中，存在一些如温度、压力、流量、液位和速度等连续变化的量，PLC 采用相应的 A/D 和 D/A 转换模块，以及各种各样的控制算法程序来处理，完成闭环控制。

(3)运动控制。PLC 可以用于圆周运动或直线运动的控制。一般使用专用的运动控制模块，如可驱动步进电动机或伺服电动机的单轴或多轴位置控制模块，广泛用于各种机械、机床、机器人、电梯等场合。

(4)数据处理。PLC 具有数学运算、数据传送、数据转换、排序、查表、位操作等功能，可以完成数据的采集、分析及处理。数据处理一般用于如造纸、冶金、食品工业中的一些大型控制系统。

(5)通信及联网。PLC 通信含 PLC 间的通信及 PLC 与其他智能设备间的通信。随着工厂自动化网络的发展，现在的 PLC 都具有通信接口，通信非常方便。

【思考与练习】

1. 什么是可编程控制器？它的组成部分有哪些？
2. PLC 的 CPU 有哪些功能？
3. 简述 PLC 的发展历程。
4. 简述 PLC 的应用领域。

任务二　抢答器的控制

【学习内容】

可编程控制器的输入、输出接口。

【学习目标】

1. 知识目标

(1)掌握三菱 PLC 接口的输出方式；

(2)熟悉三菱 PLC 接线图的绘制。

2. 能力目标

(1)能根据负载类型选择不同输出形式的 PLC;

(2)能用软件 GX Developer 进行简单编程。

【任务导入】

在各种知识竞赛中,经常用到抢答器。现有四人抢答器,通过 PLC 来实现控制,如图 3-8所示。图中,输入 X01 ~ X04 与 4 个抢答按钮相连,对应 4 个输出 Y01 ~ Y04 继电器。只有最早按下按钮的人才有输出,后续者无论是否有输入均不会有输出。当组织人按复位按钮后,输入 X00 接通,抢答器复位,进入下一轮竞赛。

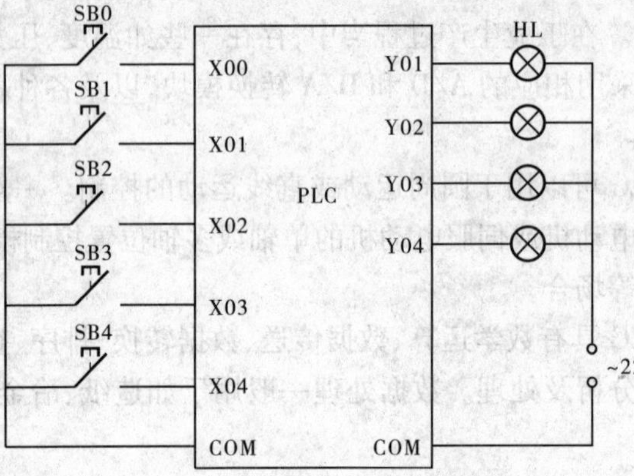

图 3-8　四人抢答器控制电路图

本任务涉及多个输入、输出,在 PLC 硬件上如何连接?如何理解 PLC 的输入/输出?通过本任务的学习来解决这些问题。

【相关知识】

在 PLC 系统中,外部设备信号均是通过输入/输出端口与 PLC 进行数据传送的。所以,无论是硬件电路设计还是软件电路设计,都要清楚地了解 PLC 的端口结构及使用注意事项,这样才能保证系统的正确运行。

输入/输出接口就是将 PLC 与现场各种输入/输出(I/O)设备连接起来的部件。PLC 应用于工业现场,要求其输入能将现场的输入信号转换成微处理器能接收的信号,且最大程度地排除干扰信号,提高可靠性;输出能将微处理器送出的弱电信号放大成强电信号,以驱动各种负载。因此,PLC 采用了专门设计的输入/输出端口电路。

输入/输出接口的任务是将被控对象或被控生产过程的各种变量进行采集并送入 CPU 处理,同时控制器又通过 I/O 接口将控制器运算处理产生的控制信号输出送到被控设备或生产现场,驱动各种执行机构动作,实现实时控制,如图 3-9 所示。

一、输入接口

输入接口电路是 PLC 与控制现场的接口界面的输入通道。输入接口可以用来接收和采集两种类型的输入信号：一种是由按钮开关、选择开关、行程开关等提供的开关量输入信号；另一种是由传感器、电位器、热电偶等提供的连续变化的模拟信号，如图 3-10 所示。注意：采用光电耦合电路与现场输入信号相连接的目的是防止现场的强电干扰进入可编程控制器。

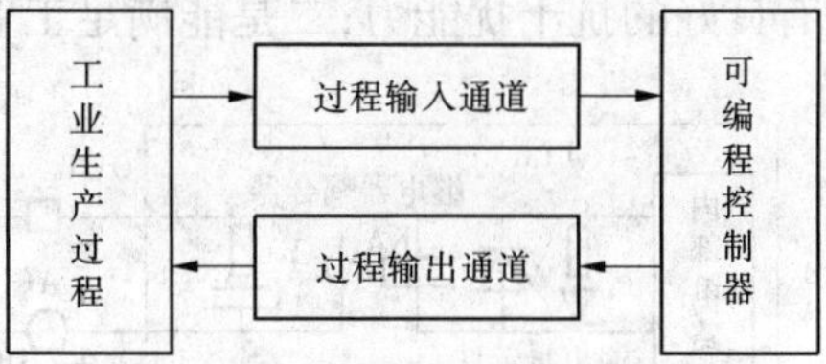

图 3-9 可编程控制器系统构成

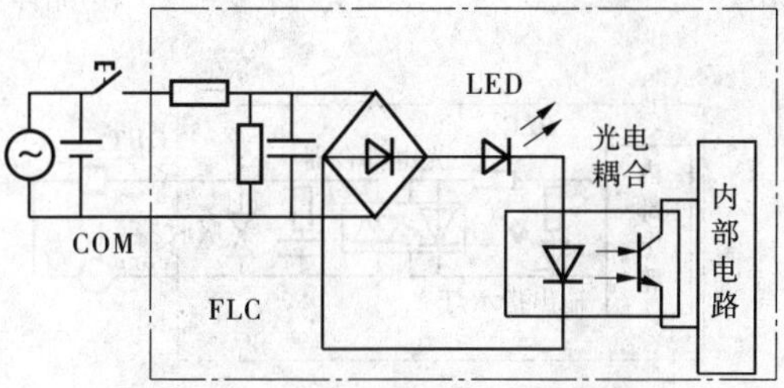

图 3-10 输入接口结构原理图

输入接口常见有 3 种形式，如图 3-11 所示。

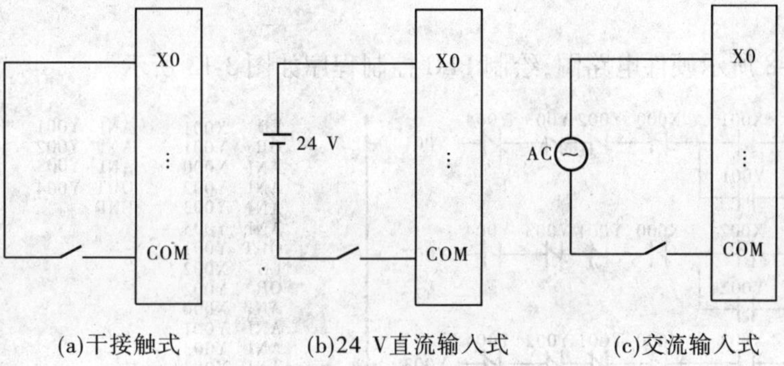

图 3-11 输入接口形式

二、输出接口

输出接口用来连接被控对象中各种执行元件，如接触器、电磁阀、指示灯、调节阀（模拟量）、调速装置（模拟量）等。

输出接口有多种输出方式，如图 3-12 所示。

（1）继电器输出：接触电阻小，抗冲击能力强，但响应速度慢，一般为毫秒级，可驱动交/直流负载，常用于低速大功率负载。

（2）晶体管输出：响应速度快，一般为纳秒级，无机械触点，可频繁操作，寿命长，可以驱动直流负载。

（3）晶闸管输出：响应速度比较快，一般为微秒级，无机械触点，可频繁操作，寿命长，可以驱动交/直流负载。

由于可编程控制器在工业生产现场工作，对输入/输出接口有两个主要的要求：一是有良好的抗干扰能力;二是能满足工业现场各类信号的匹配要求。

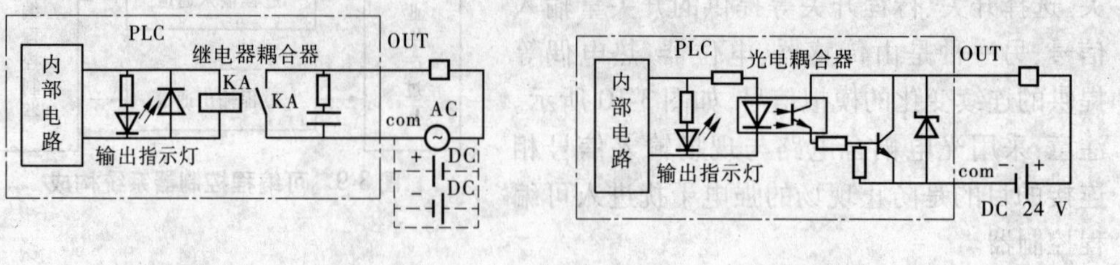

(a)继电器输出　　(b)晶体管输出

(c)晶闸管输出

图 3-12　输出接口的输出方式

【任务实施】

根据图 3-8 所示硬件电路图,绘制 PLC 控制程序如图 3-13 所示。

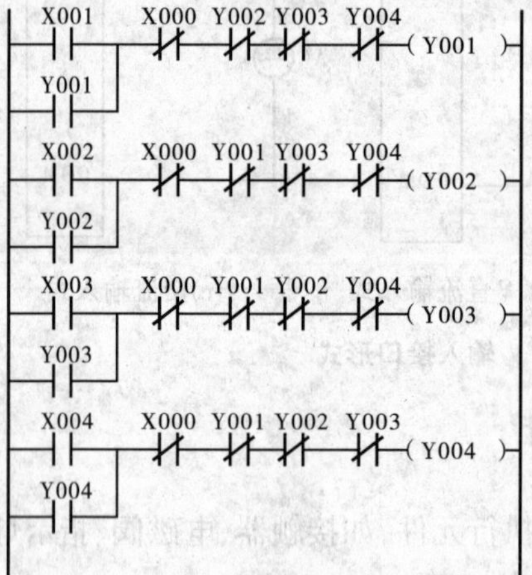

LD	X001	ANI	Y001
OR	Y001	ANI	Y002
ANI	X000	ANI	Y003
ANI	Y002	OUT	Y004
ANI	Y003	END	
ANI	Y004		
OUT	Y001		
LD	X002		
OR	Y002		
ANI	X000		
ANI	Y001		
ANI	Y003		
ANI	Y004		
OUT	Y002		
LD	X003		
OR	Y003		
ANI	X000		
ANI	Y001		
ANI	Y002		
ANI	Y004		
OUT	Y003		
LD	X004		
OR	Y004		
ANI	X000		

(a)梯形图　　(b)指令表

图 3-13　抢答器控制程序

【知识拓展】

PLC 的分类

PLC 是科学技术发展和现代化大生产需要的产物,在不同环境中应用的类型不同。一般来说,可以从 3 个方面对 PLC 进行分类,见表 3-2 所示。

表 3-2　PLC 的分类

分类原则	PLC 种类	特点	相关产品举例
按 PLC 的控制规模分类	微型 PLC	I/O 点数一般在 64 点以下。其特点是体积小巧、结构紧凑、以开关量控制为主,有的产品具有少量模拟量信号处理能力	OMRON 公司的 CPM1A 系列 PLC、德国西门子公司的 LOGO 系列 PLC
	小型 PLC	I/O 点数一般在 256 点以下。除开关量 I/O 外,一般都有模拟量控制功能和高速控制功能。有的产品还有多种特殊功能模板或智能模块,有较强的通信能力	日本三菱公司的 FX 系列 PLC、OMRON 公司的 C60P 系列 PLC、西门子公司的 S7 - 200 PLC
	中型 PLC	I/O 点数一般在 1 024 点以下。指令系统更丰富,内存容量更大,一般都有可供选择的系列化的特殊功能模板,具有较强的通信联网能力	OMRON 公司的 C200H PLC、西门子公司的 S7 - 300 PLC
	大型 PLC	I/O 点数一般在 1 024 点以上。软、硬件功能极强,运算和控制功能丰富,具有多种自诊断功能。通信联网功能强,有各种通信联网的模块,可以构成三级通信网,实现工厂生产管理自动化	OMRON 公司的 C1000H PLC、西门子公司的 S7 - 400 PLC
	超大型 PLC	I/O 点数一般可达万点,甚至几万点,功能更加强大	美国 GE 公司的 90 - 70 PLC、西门子公司的 SS - 115U - CPU945 PLC
按 PLC 的控制功能分类	低档机	具有基本的控制功能和一般的运算能力,工作速度比较低,能带的输入和输出模块的数量比较少,输入和输出模块的种类也比较少。这类 PLC 只适合于小规模的简单控制,在联网中一般适合作从站使用	OMRON 公司的 C60P 系列 PLC
	中档机	控制能力和运算能力都较强,工作速度比较快,能带的输入和输出模块的数量较多,输入和输出模块的种类也比较多,可完成中等规模的控制任务。联网中可作主站或从站	西门子公司的 S7 - 300 PLC
	高档机	控制能力和运算能力强大,工作速度快,能带的输入和输出模块的数量很多,输入和输出模块的种类也很全面,可完成大规模的控制任务。联网中可作主站	西门子公司的 S7 - 400 PLC、美国 GE 公司的 90 - 70 PLC
按 PLC 的结构分类	整体式结构	把电源、CPU、内存、I/O 单元都集成在一个小箱体内。一个主机箱体就是一台完整的 PLC	西门子公司的 LOGO 系列 PLC
	组合式(模块式)结构	CPU、I/O 单元、电源单元以及各种功能单元自成一体,称为模块或模板。各种模块可根据需要搭配组合,灵活性强	西门子公司的 S - 200、S - 300、S - 400 系列 PLC

【思考与练习】

1. PLC 的输入/输出接口有哪些作用?
2. 输入接口常见有几种形式?
3. 输出接口有哪几种输出方式?
4. 简述 PLC 的分类。

任务三　自动门控制

【学习内容】

PLC 的工作过程、PLC 的技术指标。

【学习目标】

1. 知识目标

(1)理解 PLC 的扫描工作原理;

(2)熟悉 PLC 的技术指标。

2. 能力目标

能区别 PLC 与其他控制方式的不同之处。

【任务导入】

用 PLC 控制某一车库大门自动打开和关闭,以便让一个接近大门的物体(如车辆)进入或离开车库。

控制要求:采用一台 PLC,把一个超声开关和一个光电开关作为输入设备将信号送入 PLC。PLC 输出信号控制门电动机旋转,如图 3-14 所示。

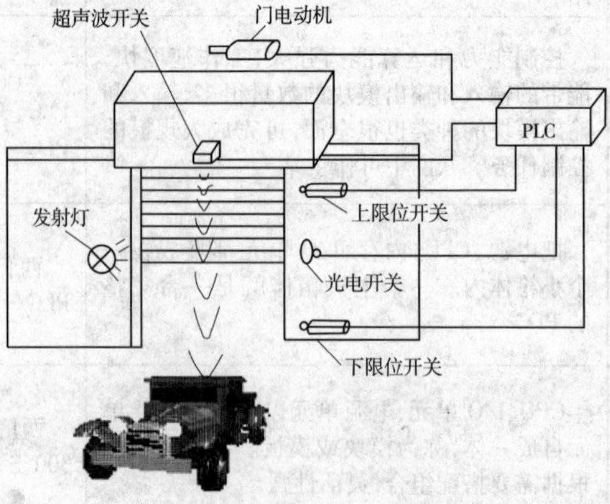

图 3-14　PLC 在自动开关门中的应用

从图 3-14 可知,PLC 有多种不同类型的输入控制,那 PLC 是如何工作的呢？通过本任务的学习来解决这个问题。

【相关知识】

PLC 运行时,CPU 是不能同时去执行多个操作的,只能按分时操作原理运行,即每一时刻执行一个操作,完成一个动作,随着时间的自然延伸,一个动作接着一个动作地顺序执行下去。这种分时操作的过程称为 CPU 的扫描工作方式。在 PLC 中,用户程序按先后顺序存放在存储器中,如图 3-15 所示。

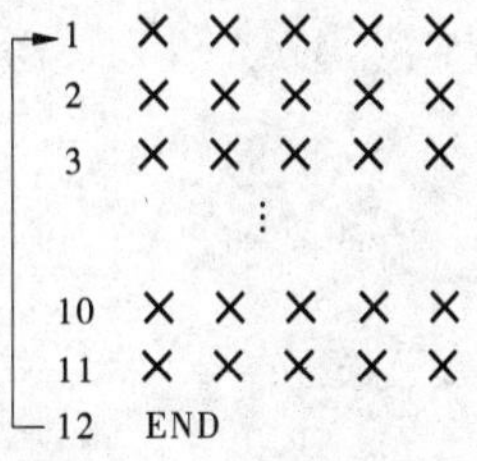

图 3-15　CPU 执行程序示意图

CPU 从第一条指令开始执行程序,直到遇到结束符号后又返回第一条。如此周而复始不断循环。整个扫描过程中,PLC 除执行用户程序外,还要完成其他工作。图 3-16 所示为 PLC 工作过程框图。

由图 3-16 的 PLC 工作过程框图可以看出,PLC 的工作过程可以分为以下几个阶段。

1. 初始化

可编程控制器每次在电源接通时,将进行初始化工作,主要包括 I/O 寄存器和内部继电器清零,定时器复位等,初始化完成后则进入周期扫描工作方式。

2. 公共操作

公共操作主要包括以下方面:

(1)输入/输出部分检查。

(2)清监视器。主机的监视器实质上是一个定时器,PLC 在每次扫描结束后使其复位。当 PLC 在 RUN 或 MONITOR 方式下工作时,此定时器检查 CPU 的执行时间,当执行时间超过监视器设定时间时,表示 CPU 有故障。若发现故障,除通过指示灯显示出故障外,还自动判断故障性质。一般性故障,只报警不停机,等待处理;对于严重故障,则停止用户程序的运行,关闭 PLC 的一切输出信号及切断相关的输出联系。

(3)检查硬件和用户程序存储器。

3. 执行程序过程

PLC 执行程序的过程分三个阶段,即输入采样(输入处理)阶段、程序执行阶段、输出刷新(输出处理)阶段,如图 3-17 所示。

1)输入处理阶段

在这一阶段,PLC 以扫描工作方式按顺序将所有输入端的输入状态采样并存入输入映像寄存器中。在本工作周期内,这个采样结果的内容不会改变,而且这个采样结果将在 PLC 执行程序时被使用。注意,输入状态表(输入映像寄存器)采样时刷新。

2)程序执行阶段

在这一阶段,PLC 按顺序进行扫描,即从上到下、从左到右地扫描每条指令,并分别从输入映像寄存器和输出映像寄存器中获得所需的数据进行运算、处理,再将程序执行的结果写入寄存执行结果的输出映像寄存器中保存。但这个结果在全部程序未执行完毕之前不会送到输出端口上。注意:输出状态表(输出映像寄存器)随时刷新(中间值和最终结果)。

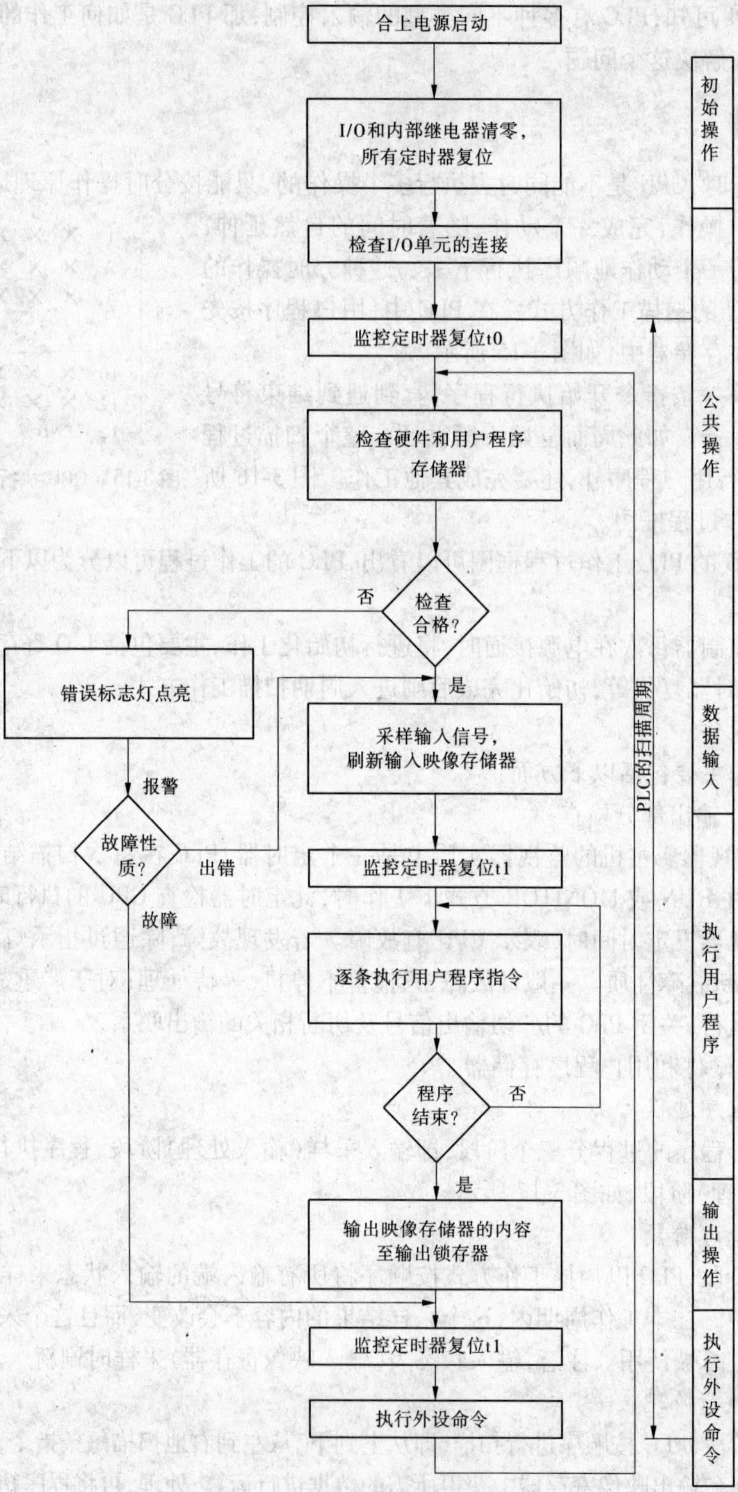

图 3-16　PLC 工作过程框图

3）输出处理阶段

在所有用户程序执行完后，PLC 将输出映像寄存器中的内容送入输出锁存器中，通过一定方式输出，驱动外部负载。注意：执行用户程序的结果送到输出寄存器，并不立即向 PLC 的外部输出。输出端子的接通或断开由输出锁存器决定。

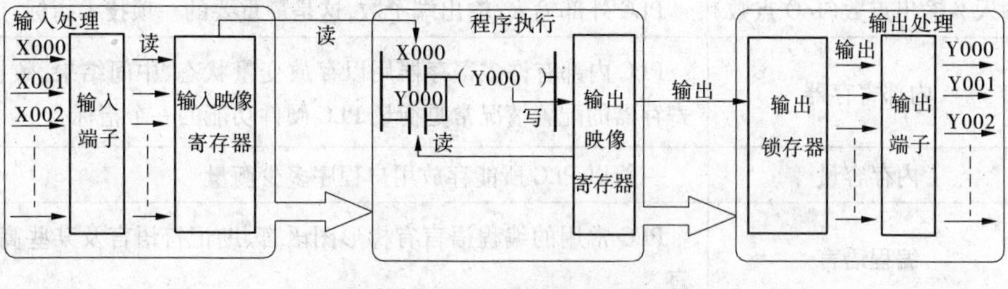

图 3-17　PLC 执行程序的过程

【任务实施】

根据图 3-14 画出 PLC 控制接线图及程序如图 3-18 所示。

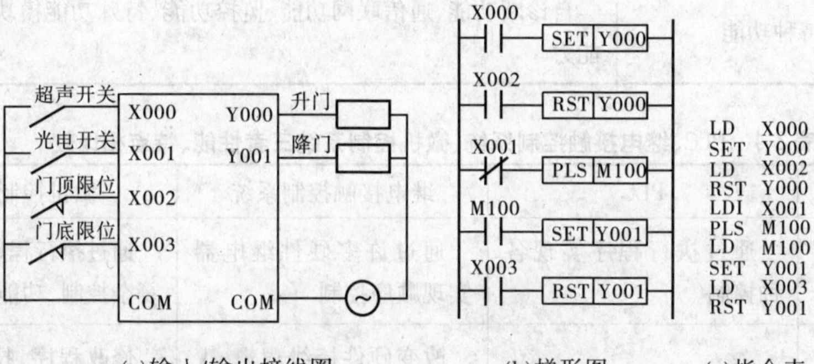

图 3-18　PLC 在自动开关门中的应用

当超声开关检测到门前有车辆时，X000 动合触点闭合，升门信号 Y000 被置位，升门动作开始；当升门到位时门顶限位开关动作，X002 动合触点闭合，升门信号 Y000 被复位，升门动作完成；当车辆进入到接触大门遮断光电开关的光束时，光电开关 X001 动作，其动断触点断开，车辆继续行进驶入大门后，接收器重新接收到光束，其动断触点 X001 恢复原始状态闭合，此时这一由断到通的信号驱动 PLS 指令使 M100 产生一脉冲信号，M100 动合触点闭合，降门信号 Y001 被置位，降门动作开始；当降门到位时门底限位开关动作，X003 动合触点闭合，降门信号 Y001 被复位，降门动作完成。

【知识拓展】

PLC 的技术指标

PLC 的技术指标包括硬件指标和软件指标，如表 3-3 所示。通过对 PLC 的技术指标体系的了解，可根据具体控制工程的要求，在众多 PLC 中选取合适的 PLC。

PLC、继电接触控制系统、微机控制系统的比较见表3-4。

表3-3　PLC的技术指标

硬件指标	工作环境	一般都能在下列环境条件下工作：温度0～55 ℃，湿度小于85%（无凝露）
硬件指标	输入／输出点数（I/O点数）	PLC外部输入/输出端子数，这是最重要的一项技术指标
硬件指标	内部寄存器	PLC内部有许多寄存器用以存放变量状态、中间结果、数据等。寄存器的配置情况常是衡量PLC硬件功能的一个指标
硬件指标	内存容量	一般以PLC所能存放用户程序多少衡量
软件指标	编程语言	PLC常用的编程语言有梯形图语言、助记符语言及某些高级语言
软件指标	指令条数	这是衡量PLC软件功能强弱的主要指标。PLC具有的指令种类越多，其软件功能越强
软件指标	扫描速度	一般以执行1 000步指令所需时间来衡量，单位为ms/千步
软件指标	特种功能	自诊断功能、通信联网功能、监控功能、特殊功能模块、远程I/O能力

表3-4　PLC、继电接触控制系统、微机控制系统三者性能、特点相比较

项目	PLC	继电接触控制系统	微机控制系统
功能	通过执行程序实现各种控制	通过许多硬件继电器实现顺序控制	通过执行程序实现各种复杂控制，功能最强
修改控制内容	修改程序较简单容易	改变硬件接线逻辑，工作量大	修改程序，技术难度较大
可靠性	平均无故障工作时间长	受机械触点寿命限制	一般比PLC差
工作方式	顺序扫描	顺序控制	中断控制
连接方式	直接与生产设备连接	直接与生产设备连接	要设计专门的接口
环境适应性	适应一般工业生产现场环境	环境差会影响可靠性和寿命	环境要求高
抗干扰性	较好	能抗一般电磁干扰	需专门设计抗干扰措施
可维护性	较好	维修费时	技术难度较高
系统开发	设计容易、安装简单、调试周期短	工作量大、调试周期长	设计复杂、调试技术难度较大
响应速度	较快（10^{-3}s数量级）	一般（10^{-2}s数量级）	很快（10^{-6}s数量级）

【思考与练习】

1. PLC 采用哪种工作方式?
2. 简述 PLC 的工作过程。
3. PLC 的技术指标有哪些?
4. PLC 与继电接触控制系统、微机控制系统比较有哪些优点?

任务四　PLC 编程语言

【学习内容】

PLC 的编程语言。

【学习目标】

1. 知识目标

(1)掌握三菱 PLC 的梯形图特点;

(2)熟悉指令表的基本格式。

2. 能力目标

(1)能正确绘制简单梯形图;

(2)能用软件 GX Developer 实现梯形图与指令表的转换。

【任务导入】

用 PLC 实现对一台三相异步电动机的启动—自锁—停止控制,控制电路如图 3-19 所示。

控制要求:

(1)按下启动按钮后,电动机能启动运行并实现自锁;

(2)按下停止按钮后,电动机能迅速停止运行;

(3)控制电路应具有过载和短路保护。

【相关知识】

PLC 是专为工业自动化控制而开发、研制的自动控制装置,与计算机编程语言有很大不同,PLC 编程语言直接面对生产一线的电气技术人员及操作维修人员,面向用户,因此简单易懂,易于掌握。PLC 编程语言有梯形图、指令表、功能模块图、顺序功能流程图及结构化文本等几种,如图 3-20 所示。

1. 梯形图语言

梯形图语言是在继电器控制原理图的基础上产生的一种直观、形象的图形逻辑编程语言。它延用继电器的触点、线圈、串并联等术语和图形符号,同时也增加了一些继电器控制系统中没有的特殊符号,以便扩充 PLC 的控制功能。

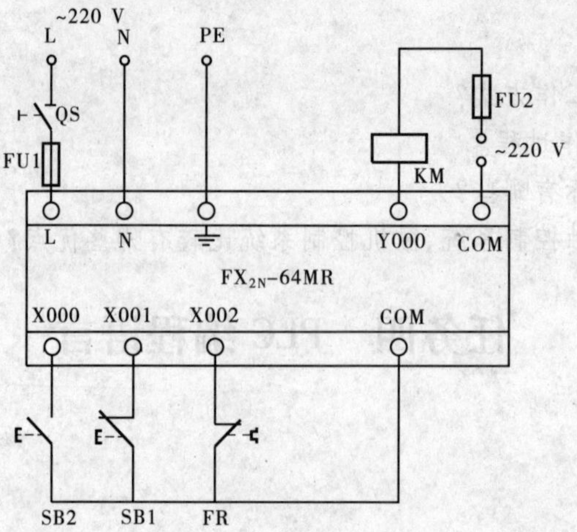

图 3-19 用 PLC 实现电动机的自锁控制

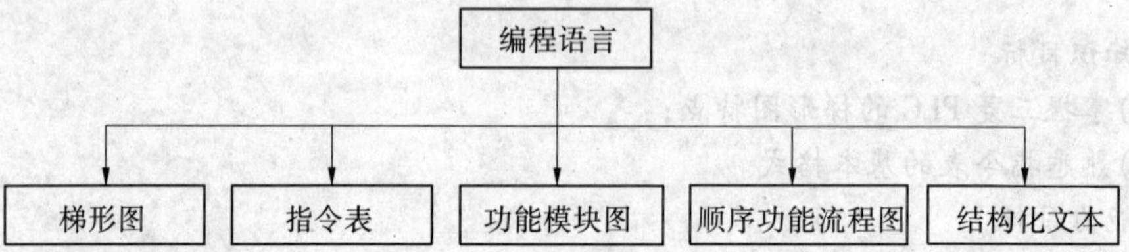

图 3-20 PLC 编程语言

梯形图语言比较形象、直观，对于熟悉继电器表达方式的电气技术人员来说，不需要学习更深的计算机知识，极易被接受，因此在 PLC 编程语言中应用最多。图 3-21 所示是采用接触器控制的电动机启停控制线路。图 3-22 所示是采用 PLC 控制时的梯形图。可以看出两者之间的对应关系。注意：图 3-21 所示的电动机启停控制线路中，各个元件和触点都是真实存在的，每一个线圈一般只能带几对触点。而图 3-22 中，所有的触点线圈等都是软元件，没有实物与之对应，PLC 运行时只是执行相应的程序。因此，理论上梯形图中的线圈可以带无数多个常开触点和常闭触点。

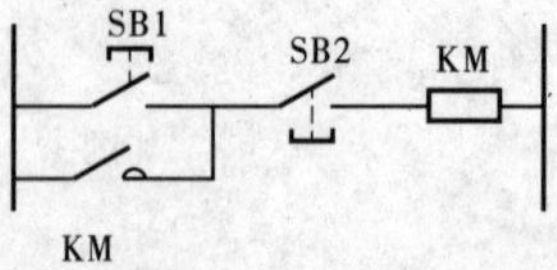

图 3-21 电动机启停控制线路

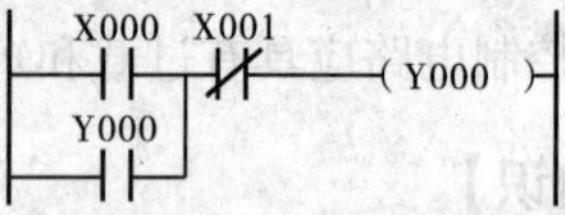

图 3-22 梯形图语言

2. 指令表语言

指令表语言就是助记符语言，它常用一些助记符来表示 PLC 的某种操作，有的厂家将指令称为语句，两条或两条以上的指令的集合叫做指令表，也称语句表。不同型号 PLC 助记符的形式不同。

图 3-22 所示梯形图对应的指令表语言如下：

步序	助记符	器件编号
0	LD	X000
1	OR	Y000
2	ANI	X001
3	OUT	Y000
4	END	

通常情况下,用户利用梯形图进行编程,然后将所编程序通过编程软件或人工的方法转换成语句表输入到 PLC。不同厂家生产的 PLC 所使用的助记符各不相同,因此,同一梯形图写成的指令表就不相同。在将梯形图转换为指令表时,必须先弄清 PLC 的型号及内部各器件编号、使用范围和每一条助记符的使用方法。

3. 功能模块图语言

功能模块图编程语言实际上是用由逻辑功能符号组成的功能块来表达命令的图形语言,与数字电路中逻辑图一样,它极易表现条件与结果之间的逻辑功能。如图 3-23 所示为某一控制系统的功能模块图语言。

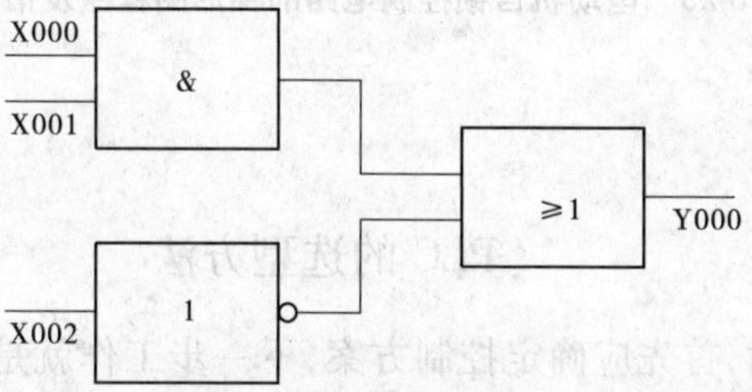

图 3-23 功能模块图语言

由图 3-23 可见,这种编程方法是根据信息流将各种功能块加以组合,是一种逐步发展起来的新式编程语言,正在受到各种可编程控制器厂家的重视。

4. 顺序功能流程图语言

顺序功能流程图常用来编制顺序控制类程序。它包含步、动作、转换三个要素。顺序功能编程法可将一个复杂的控制过程分解为一些小的顺序控制要求,并连接组合成整体的控制程序。顺序功能流程图法体现了一种编程思想,在程序的编制中具有很重要的意义。如图 3-24 所示为某一控制系统顺序功能流程图语言。

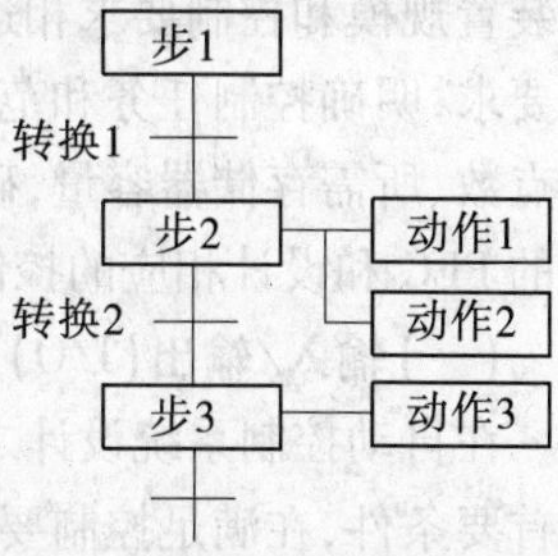

图 3-24 顺序功能流程图语言

顺序功能流程图编程语言的特点:以功能为主线,按照功能流程的顺序分配,条理清楚,便于对用户程序的理解;避免梯形图或其他语言不能顺序动作的缺陷,同时也避免了用梯形图语言对顺序动作编程时,机械互锁造成用户程序结构复杂、难以理解的缺陷;用户程序扫描时间也大大缩短。

5. 结构化文本语言

随着可编程控制器的飞速发展,如果许多高级功能还是用梯形图来表示,会很不方便。为了增强可编程控制器的数字运算、数据处理、图表显示、报表打印等功能,方便用户的使用,许多大中型可编程控制器都配备了 PASCAL、BASIC、C 等高级编程语言。这种编程方式叫做结构化文本。

结构化文本编程语言的特点:采用高级语言进行编程,可以完成较复杂的控制运算;需要有一定的计算机高级语言知识和编程技巧,对工程设计人员要求较高;直观性和操作性较差。

【任务实施】

根据图 3-19 所示的 PLC 控制接线图设计的梯形图及编写的指令表如图 3-25 所示。

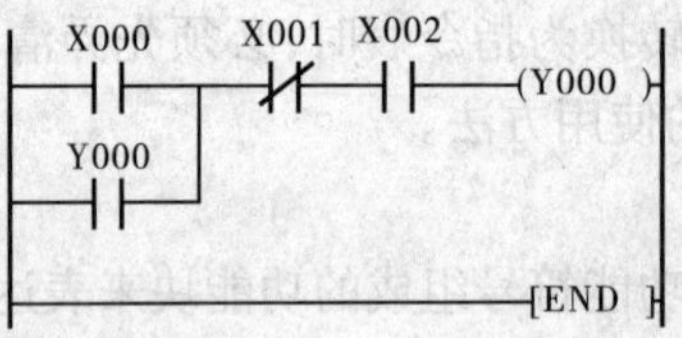

(a)梯形图

LD	X000	母线连接常开触点X000
OR	Y000	并联继电器常开触点Y000
ANI	X001	串联常闭触点X001
AND	X002	串联常开触点X002
OUT	Y000	驱动输出线圈Y000
END		程序结束

(b)指令表

图 3-25　电动机自锁控制电路的梯形图程序及指令表

【知识拓展】

PLC 的选型方法

在 PLC 系统设计时,首先应确定控制方案,下一步工作就是 PLC 工程设计选型。工艺流程的特点和应用要求是设计选型的主要依据。

按照易于与工业控制系统形成一个整体,易于扩充其功能的原则选型。所选用 PLC 应是在相关工业领域有投运业绩、成熟可靠的系统,PLC 的系统硬件、软件配置及功能应与装置规模和控制要求相适应。工程设计选型和估算时,应详细分析工艺过程的特点、控制要求,明确控制任务和范围,确定所需的操作和动作,然后根据控制要求,估算输入/输出点数、所需存储器容量,确定 PLC 的功能、外部设备特性等,最后选择有较高性能价格比的 PLC 和设计相应的控制系统。

(一)输入/输出(I/O)点数的估算

在自动控制系统设计之初,就应该对控制点数有一个准确的统计,这往往是选择 PLC 的首要条件,在满足控制要求的前提下力争所选的 I/O 点数最少。考虑到以下几方面的因素,PLC 的 I/O 点数还应留有一定的备用量(10% ~15%):

(1)可以弥补设计过程中遗漏的点;

(2)能够保证在运行过程中个别点有故障时,可以有替代点;

(3)将来可以升级时扩展 I/O 点。

(二)存储器容量的估算

存储器容量是可编程控制器本身能提供的硬件存储单元大小,程序容量是存储器中用户应用程序使用的存储单元的大小,因此程序容量小于存储器容量。设计阶段,由于用户应用程序还未编制,因此程序容量在设计阶段是未知的,需在程序调试之后才知道。为了设计选型时能对程序容量有一定估算，通常采用存储器容量的估算来替代。

存储器容量的估算没有固定的公式，许多文献资料中给出了不同公式，大体上都是按数字量 I/O 点数的 10 ~ 15 倍，加上模拟量 I/O 点数的 100 倍，以此数为内存的总字数(16 位为一个字)，另外再按此数的 25% 考虑余量。

(三)功能的选择

该选择包括运算功能、控制功能、通信功能、编程功能、诊断功能和处理速度等特性的选择。

1. 运算功能

简单 PLC 的运算功能包括逻辑运算、计时和计数等；普通 PLC 的运算功能还包括数据移位、比较等；较复杂的运算功能有代数运算、数据传送等；大型 PLC 中还有模拟量的 PID 运算和其他高级运算功能。随着开放系统的出现，目前在 PLC 中都已具有通信功能，有些产品具有与下位机通信的功能，有些产品具有与同位机或上位机通信的功能，有些产品还具有与工厂或企业网进行数据通信的功能。设计选型时应从实际应用的要求出发，合理选用所需的运算功能。大多数应用场合，只需要逻辑运算、计时和计数功能；有些应用需要数据传送和比较；当用于模拟量检测和控制时，才使用代数运算、数值转换和 PID 运算等；要显示数据时需要译码和编码等运算。

2. 控制功能

控制功能包括 PID 控制运算、前馈补偿控制运算、比值控制运算等，应根据控制要求确定。PLC 主要用于顺序逻辑控制，因此大多数场合常采用单回路或多回路控制器解决模拟量的控制，有时也采用专用的智能输入/输出单元完成所需的控制功能，提高 PLC 的处理速度和节省存储器容量。例如，采用 PID 控制单元、高速计数器、带速度补偿的模拟单元、ASCII 码转换单元等。

3. 通信功能

大中型 PLC 系统应支持多种现场总线和标准通信协议(如 TCP/IP)，需要时应能与工厂管理网(TCP/IP)相连接。通信协议应符合 ISO/IEEE 通信标准，应是开放的通信网络。

PLC 系统的通信接口应包括串行和并行通信接口(RS2232C/422A/423/485)、RIO 通信接口、工业以太网接口、常用 DCS 接口等；大中型 PLC 通信总线(含接口设备和电缆)应按1∶1冗余配置，通信总线应符合国际标准，通信距离应满足装置实际要求。

PLC 系统的通信网络中，上级的网络通信速率应大于 1 Mbps，通信负荷不大于 60%。PLC 系统的通信网络主要形式有下列几种：①PC(个人计算机)为主站，多台同型号 PLC 为从站，组成简易 PLC 网络；②1 台 PLC 为主站，其他同型号 PLC 为从站，构成主从式 PLC 网络；③PLC 网络通过特定网络接口连接到大型 DCS 中作为 DCS 的子网；④专用 PLC 网络(各厂商的专用 PLC 通信网络)。

为减轻 CPU 通信任务，根据网络组成的实际需要，应选择具有不同通信功能(如点对点、现场总线、工业以太网)的通信处理器。

4. 编程功能

(1)离线编程方式：PLC 和编程器共用一个 CPU，编程器在编程模式时，CPU 只为编程器提供服务，不对现场设备进行控制。完成编程后，编程器切换到运行模式，CPU 对现场设备进行控制，不能进行编程。离线编程方式可降低系统成本，但使用和调试不方便。

（2）在线编程方式：PLC 主机和编程器有各自的 CPU，主机 CPU 负责现场控制，并在一个扫描周期内与编程器进行数据交换，编程器把在线编制的程序或数据发送到主机，下一扫描周期，主机就根据新收到的程序运行。这种方式成本较高，但系统调试和操作方便，在大中型 PLC 中常采用。

五种标准化编程语言：顺序功能图（SFC）、梯形图（LD）、功能模块图（FBD）三种图形化语言和指令表（IL）、结构化文本（ST）两种文本语言。选用的编程语言应遵守其标准（IEC1131－3），同时，还应支持多种语言编程形式，如 C、BASIC 等，以满足特殊控制场合的控制要求。

5. 诊断功能

PLC 的诊断功能包括硬件和软件的诊断。硬件诊断通过硬件的逻辑判断确定硬件的故障位置，软件诊断分内诊断和外诊断。通过软件对 PLC 内部的性能和功能进行诊断是内诊断，通过软件对 PLC 的 CPU 与外部输入/输出等部件的信息交换功能进行诊断是外诊断。

PLC 的诊断功能的强弱，直接影响对操作和维护人员技术能力的要求，并影响平均维修时间。

6. 处理速度

PLC 采用扫描方式工作。从实时性要求来看，处理速度应越快越好，如果信号持续时间小于扫描时间，则 PLC 将扫描不到该信号，造成信号数据的丢失。

处理速度与用户程序的长度、CPU 处理速度、软件质量等有关。目前，PLC 接点的响应快、速度高，每条二进制指令执行时间为 0.2～0.4 μs，因此能适应控制要求高、响应要求快的应用需要。扫描周期（处理器扫描周期）应满足：小型 PLC 的扫描时间不大于 0.5 ms/K；大中型 PLC 的扫描时间不大于 0.2 ms/K。

（四）机型的选择

1. PLC 的类型

PLC 按结构分为整体式和组合式两类，按应用环境分为现场安装和控制室安装两类；按 CPU 字长分为 1 位、4 位、8 位、16 位、32 位、64 位等。从应用角度出发，通常可按控制功能或输入/输出点数选型。

整体式 PLC 的 I/O 点数固定，因此用户选择的余地较小，用于小型控制系统；组合式 PLC 提供多种 I/O 卡件或插卡，因此用户可较合理地选择和配置控制系统的 I/O 点数，功能扩展方便灵活，一般用于大中型控制系统。

2. 输入/输出模块的选择

输入/输出模块的选择应考虑与应用要求的统一。例如对输入模块，应考虑信号电平、信号传输距离、信号隔离、信号供电方式等应用要求。对输出模块，应考虑选用的输出模块类型，通常继电器输出模块具有价格低、使用电压范围广、寿命短、响应时间较长等特点；可控硅输出模块适用于开关频繁、电感性、低功率因数负荷场合，但价格较贵，过载能力较差。输出模块还有直流输出、交流输出和模拟量输出等，与应用要求应一致。

可根据应用要求，合理选用智能型输入/输出模块，以便提高控制水平和降低应用成本。

考虑是否需要扩展机架或远程I/O机架等。

3. 电源的选择

PLC的供电电源，除引进设备的同时引进PLC，应根据PLC说明书要求设计和选用外，一般应设计选用AC220 V电源，与国内电网电压一致。重要的应用场合，应采用不间断电源或稳压电源供电。

如果PLC本身带有可使用电源，应核对提供的电流是否满足应用要求，否则应设计外接供电电源。为防止外部高压电源因误操作而引入PLC，对输入和输出信号的隔离是必要的，有时也可采用简单的二极管或熔丝管隔离。

4. 存储器的选择

由于计算机集成芯片技术的发展，存储器的价格已下降，因此为保证应用项目的正常投运，一般要求PLC的存储器容量，按256个I/O点数至少选8 K存储器选择。需要复杂控制功能时，应选择容量更大、档次更高的存储器。

5. 经济性的考虑

选择PLC时，应考虑性能价格比。考虑经济性时，应同时考虑应用的可扩展性、可操作性、投入产出比等因素，进行比较和兼顾，最终选出较满意的产品。

输入/输出点数对价格有直接影响。每增加一块输入/输出卡件就需增加一定的费用。当点数增加到某一数值后，相应的存储器容量、机架、母板等也要相应增加，因此点数的增加对CPU选用、存储器容量、控制功能范围等选择都有影响。在估算和选用时应充分考虑，使整个控制系统有较合理的性能价格比。

【思考与练习】

1. PLC的常见编程语言有哪些？
2. 为什么PLC中各元件的触点在理论上可以使用无穷多次？
3. 简述PLC的选型方法。

任务五　三相异步电动机的点动控制

【学习内容】

三菱PLC的基本指令。

【学习目标】

1. 知识目标

(1)掌握输入、输出指令的用法；

(2)熟悉点动的PLC控制线路。

2. 能力目标

(1)熟悉使用输入、输出、结束指令;

(2)根据接线图可靠地进行 PLC 布线。

【任务导入】

如图 3-26 所示为三相异步电动机的点动控制线路,即用按钮和接触器等来控制电动机单方向运转的最简单的正转控制线路,现用 PLC 进行控制。

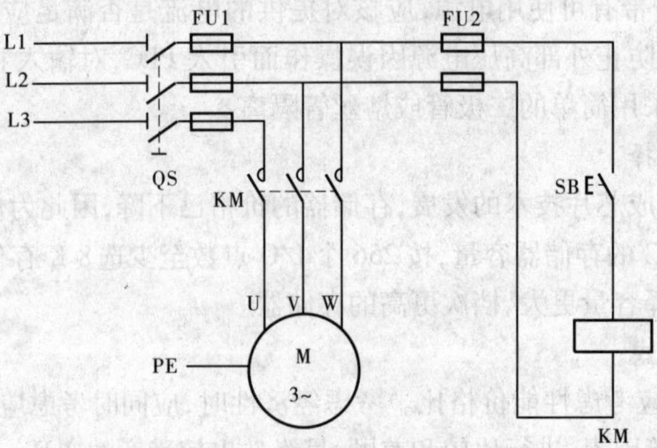

图 3-26 点动控制线路

点动控制是指按下按钮,电动机就得电运转;松开按钮,电动机就失电停转。这种控制方法常用于电葫芦的起重电动机控制和车床托板箱快速移动电动机控制。

在点动控制线路中,主电路由开关 QS、熔断器 FU1、接触器主触点及电动机组成;控制电路由熔断器 FU2、启动按钮 SB、接触器 KM 线圈组成。PLC 代替继电器控制电路进行控制,主电路部分保留不变。

在控制电路中,启动按钮属于控制信号,应作为 PLC 的输入量分配接线端子;而接触器线圈属于被控对象,应作为 PLC 的输出量分配接线端子。对于 PLC 的输出端子来说,允许额定电压为 220 V,因此需要将原线路图中接触器的线圈电压由 380 V 改为 220 V,以适应 PLC 的输出端子需要。

利用三菱 FX_{2N}系列 PLC 来完成本任务。

【相关知识】

一、三菱 FX_{2N}系列 PLC 简介

(一)FX_{2N}系列 PLC 硬件认识与使用

FX 系列 PLC 有单元式、模块式和叠装式三种结构形式,常用的为前两种。FX_{2N}系列为小型 PLC,采用单元式结构形式,其外形如图 3-27 所示。

FX_{2N} - 64MR PLC 面板由三部分组成,即外部接线端子(输入/输出接线端子)部分、指示部分和接口部分,各部分的组成及功能如下。

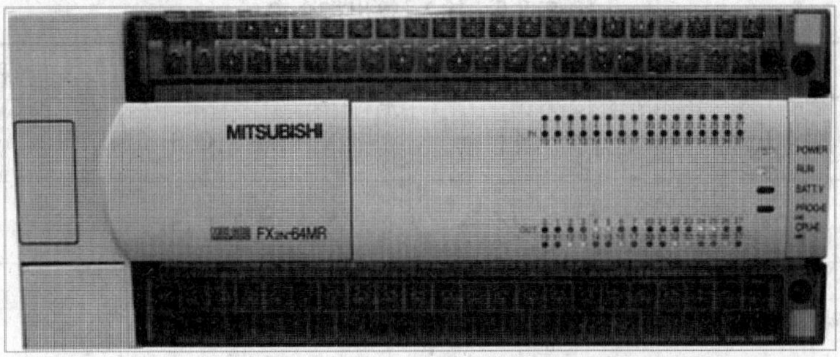

图 3-27　FX_{2N} 系列 PLC 外形图

1. 外部接线端子

外部接线端子包括 PLC 电源(L、N)、接地、输入用直流电源(24V +、COM)、输入端子(X)、输出端子(Y)等。

2. 指示部分

指示部分包括各输入/输出点的状态指示、电源指示(POWER)、PLC 运行状态指示(RUN)、用户程序存储器后备电池指示(BATT)和程序错误或 CPU 错误指示(PROG - E、CPU - E)等,用于反映 I/O 点和 PLC 的状态。

3. 接口部分

FX_{2N} 系列 PLC 有多个接口,打开接口盖或面板可观察到。主要包括编程器接口、存储器接口、扩展接口等。在面板上设置了一个 PLC 运行模式转换开关 SW1,它有 RUN 和 STOP 两个位置,RUN 使 PLC 处于运行状态(RUN 指示灯亮);STOP 使 PLC 处于停止运行状态(RUN 指示灯灭)。当 PLC 处于 STOP 状态时,可进行用户程序的录入、编辑和修改。接口的作用是完成基本单元同编程器、外部存储器和扩展单元的连接,在 PLC 技术应用中会经常用到。

(二) I/O 点的类别、编号及使用

I/O 端子是 PLC 的重要外部部件,是 PLC 与外部设备连接的通道,其数量、类别也是 PLC 的主要技术指标之一。一般 FX_{2N} 系列 PLC 的输入端子(X)和输出端子(Y)分别位于 PLC 的两侧。

FX_{2N} 系列 PLC 的 I/O 点数量、类别随型号不同而不同,但 I/O 点数量比例及编号规则完全相同。一般输入点与输出点的数量之比为 1∶1,即输入点数等于输出点数。FX_{2N} 系列 PLC 的 I/O 点编号采用八进制,即 00 ~ 07、10 ~ 17、20 ~ 27、…。输入点前面加"X",输出点前面加"Y",如 X10、Y20 等。扩展单元和 I/O 扩展模块的 I/O 点编号应紧接基本单元的 I/O 编号之后,依次分配编号。

二、基本指令简介

(一) LD、LDI、OUT 指令

(1) 指令格式及梯形图表示方法见表 3-5。

表 3-5　输入、输出指令表

助记符	功能	梯形图图示	操作元件	程序步
LD	取常开触点	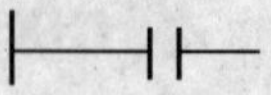	X,Y,M,T,C,S	1
LDI	取常闭触点	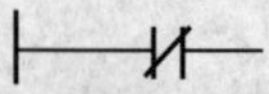	X,Y,M,T,C,S	1
OUT	输出到线圈	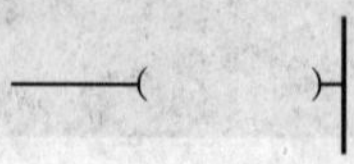	Y,M,T,C,S	1

(2)使用说明如下:

①LD 和 LDI 指令一方面可用于和梯形图的左母线相连,作为一个逻辑行开始;另一方面可与 ANB、ORB 指令配合使用,作为分支电路的起点。

②OUT 指令用于把运算结果输出到线圈。注意:没有输入线圈。

③在定时器 T、计数器 C 的输出指令后,必须设定常数 K 的值。在编程时它要占一个步序。

注意:因为 PLC 是以扫描方式执行程序的,当并联双线圈(同一个线圈)输出时,只有后面的驱动有效。

(二)程序结束指令(END)

指令格式及梯形图表示方法见表 3-6。

表 3-6　结束指令表

助记符	功能	梯形图图示	操作元件	程序步
END	程序结束	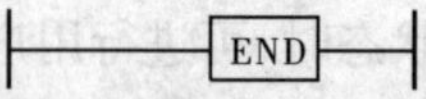	无	1

在程序结束处写上 END 指令,PLC 只执行第一步至 END 之间的程序,并立即输出处理。若不写 END 指令,PLC 将从用户存储器的第一步执行到最后一步,因此使用 END 指令可缩短扫描周期。另外。在调试程序时,可以将 END 指令插在各程序段之后,分段检查各程序段的动作,确认无误后,再依次删去插入的 END 指令。

【任务实施】

1. I/O 点分配

根据任务分析,对输入量、输出量进行分配,见表 3-7。

表 3-7　I/O 分配表

输入量(IN)			输出量(OUT)		
元件代号	功能	输入点	元件代号	功能	输出点
SB	启动按钮	X000	KM	接触器线圈	Y000

2. 绘制 PLC 硬件接线图

根据图 3-26 所示的控制线路图及 I/O 分配表，绘制 PLC 硬件接线图，如图 3-28 所示，以保证硬件接线操作正确。

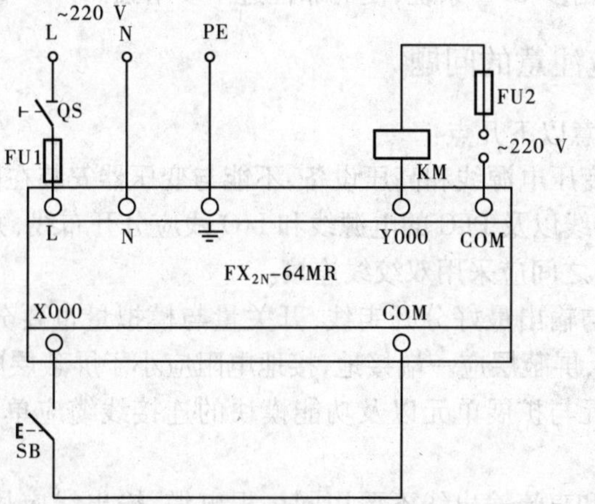

图 3-28　PLC 硬件接线图

3. 设计梯形图程序及指令表

梯形图程序及指令表如图 3-29 所示。

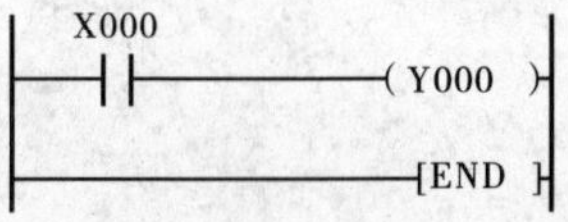

(a)梯形图

0	LD	X000	母线连接常开触点X000
1	OUT	Y000	驱动输出线圈Y000
2	END		程序结束

(b)指令表

图 3-29　梯形图程序及指令表

【知识拓展】

一、提高 PLC 可靠性的措施

PLC 的使用寿命一般在 40 000 ~ 50 000 h 以上，西门子、ABB、松下等公司生产的微小型 PLC 可达 10 万 h 以上，而且均有完善的自诊断功能，判断故障迅速，便于维护。为提高 PLC 可靠性常采取以下措施：

(1)各输入电路均采用 RC 滤波器，其滤波时间常数一般为 10 ~ 20 ms。

(2)I/O 接口电路均采用光电隔离措施，使外电路信号与 PLC 内部电路之间电气隔离。

(3)各模块均采用屏蔽措施，以防止电磁干扰。

(4)对采用的元器件有严格的筛选措施。

(5)采用性能优良的开关电源。

(6)良好的自诊断功能，一旦 PLC 内部出现什么异常，其立即报警，严重者立即停止运行。

(7)大型 PLC 采用多 CPU 系统，使可靠性进一步增强。

二、PLC 布线应注意的问题

PLC 布线时应注意以下几点：

(1)PLC 应远离变压电源线和高压设备，不能与变压器安装在同一个控制柜内。

(2)动力线、控制线以及 PLC 的电源线和 I/O 线应分开布线，并保持一定距离。隔离变压器与 PLC 和 I/O 之间应采用双绞线连接。

(3)PLC 的输入与输出最好分开走线，开关量与模拟量也要分开敷设。模拟量信号的传送应采用屏蔽线，屏蔽层应一端接地，接地电阻应小于屏蔽层电阻的 1/10。

(4)PLC 基本单元与扩展单元以及功能模块的连接线缆应单独敷设，以防止外界信号的干扰。

(5)交流输出线和直流输出线不要用同一根电缆，输出线应尽量远离高压线和动力线，避免并行敷设。

【思考与练习】

1. FX_{2N}系列 PLC 面板由几部分组成？各部分的作用是什么？

2. 简述 FX_{2N}系列 PLC 的功能指标。

3. LD 与 LDI 指令有何区别？

4. 如何提高 PLC 的可靠性？

任务六　三相异步电动机的单向运转控制

【学习内容】

三菱 PLC 的基本指令。

【学习目标】

1. 知识目标

(1)掌握串联、并联、块指令的用法；

(2)熟悉梯形图的编程要领及规则。

2. 能力目标

(1)正确理解串联、并联、块指令的含义；

(2)根据编程要领，简单优化梯形图。

【任务导入】

连续运转控制线路如图 3-30 所示，该线路可以控制电动机连续运转，并且具有短路、过载、欠压及失压保护功能。现用 PLC 代替继电器控制电路进行控制。

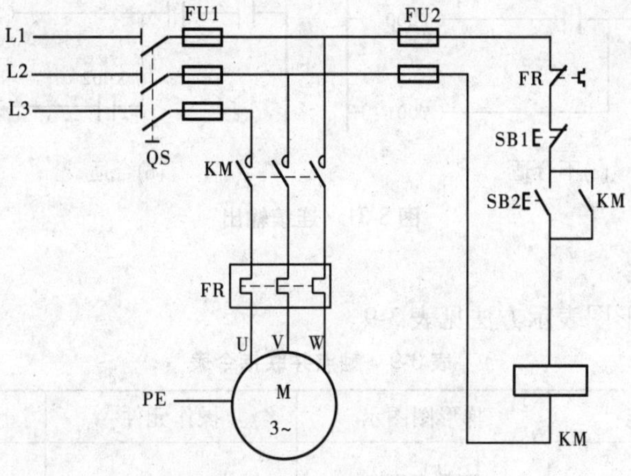

图 3-30　连续运转控制线路

从如图 3-30 所示的控制线路可见，由开关 QS、熔断器 FU1、接触器主触点、热继电器热元件及电动机组成主电路部分，而由热继电器常闭触点、停止按钮 SB1、启动按钮 SB2、接触器线圈及常开触点组成控制电路部分。

在控制电路中，热继电器常闭触点、停止按钮、启动按钮属于控制信号，应作为 PLC 的输入量分配接线端子；而接触器线圈属于被控对象，应作为 PLC 的输出量分配接线端子。对于 PLC 的输出端子来说，允许额定电压为 220 V，因此需要将原线路图中接触器的线圈电压由 380 V 改为 220 V，以适应 PLC 的输出端子需要。

利用三菱 FX_{2N} 系列 PLC 来完成本任务。

【相关知识】

1. 触点串联指令

指令格式及梯形图表示方法见表 3-8。

表 3-8　触点串联指令表

助记符	功能	梯形图图示	操作元件	程序步
AND	与指令	─┤├──┤├─	X,Y,M,T,C,S	1
ANI	与非指令	─┤├──┤/├─	X,Y,M,T,C,S	1

使用说明如下：

(1) AND、ANI 指令用于单个触点的串联，但串联接点的数量没有限制，这两个指令可多次重复使用。

(2) 在 OUT 指令后面，通过某一接点对其他线圈使用 OUT 指令，称为连续输出。

注意：不要将连续输出的顺序弄错，如图 3-31 所示。

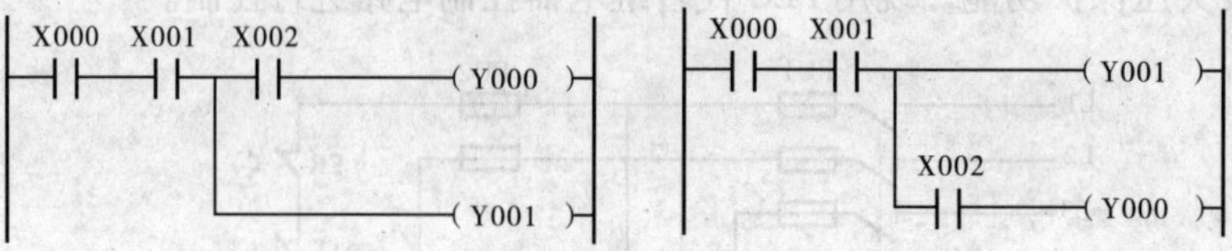

(a)不合适　　(b)合适

图 3-31　连续输出

2. 触点并联指令

指令格式及梯形图表示方法见表 3-9。

表 3-9　触点并联指令表

助记符	功能	梯形图图示	操作元件	程序步
OR	或指令	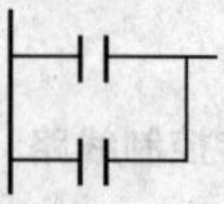	X,Y,M,T,C,S	1
ORI	或非指令	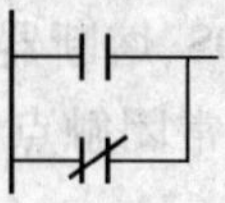	X,Y,M,T,C,S	1

使用说明如下：

(1)OR、ORI 指令用于单个触点并联,触点并联的数量不限。

(2)这两个指令可连续使用。

3. 电路块的并联、串联指令

指令格式及梯形图表示方法见表 3-10。

表 3-10　块指令表

助记符	功能	梯形图图示	操作元件	程序步
ORB	电路块并	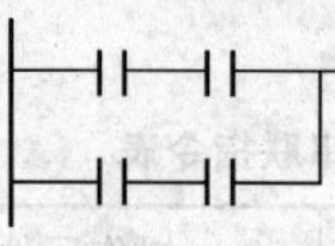	无	1
ANB	电路块串	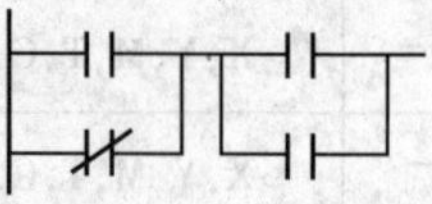	无	1

1)使用说明

(1)ORB、ANB 无操作元件。

(2)2 个以上的触点串联连接的电路称为串联电路块。

(3)将串联电路并联连接时,分支开始用 LD、LDI 指令,分支结束用 ORB 指令。

(4)ORB、ANB 指令是无操作元件的独立指令,它们只描述电路的串并联关系。

(5)有多个串联电路时,若对每个电路块使用 ORB 指令,则串联电路没有限制。

(6)若多个并联电路块按顺序和前面的电路串联连接时,则 ANB 指令的使用次数没有限制。

(7)使用 ORB、ANB 指令编程时,也可以采取 ORB、ANB 指令连续使用的方法;但只能连续使用不超过 8 次,建议不使用此法。

2)程序举例

程序如图 3-32 所示。

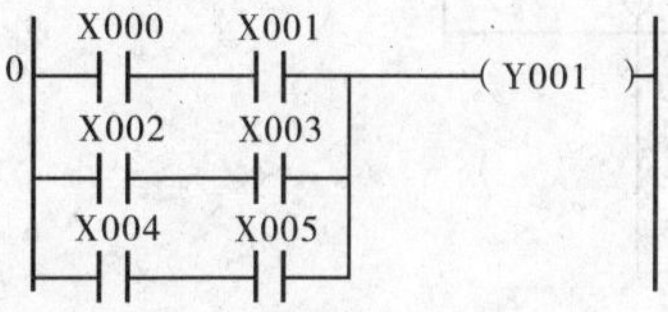

0	LD	X000	5	LD	X004
1	AND	X001	6	AND	X005
2	LD	X002	7	ORB	
3	AND	X003	8	OUT	Y001
4	ORB				

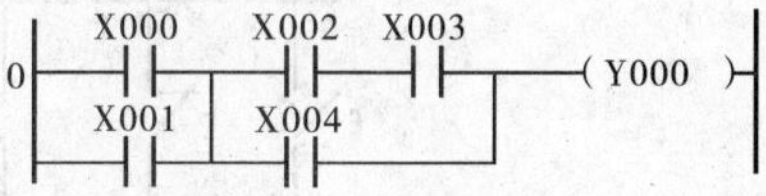

0	LD	X000
1	OR	X001
2	LD	X002
3	AND	X003
4	OR	X004
5	ANB	
6	OUT	Y000

图 3-32　ORB、ANB 指令应用

【任务实施】

1. I/O 点分配

根据任务分析,对输入量、输出量进行分配,见表 3-11。

表 3-11　I/O 分配表

输入量(IN)			输出量(OUT)		
元件代号	功能	输入点	元件代号	功能	输出点
SB2	启动按钮	X000	KM	接触器线圈	Y000
SB1	停止按钮	X001			
FR	热继电器常闭触点	X002			

2. 绘制 PLC 硬件接线图

根据图 3-30 所示的主回路及 I/O 分配表,绘制 PLC 硬件接线图,如图 3-33 所示,应保证硬件接线操作正确。

3. 设计梯形图程序及指令表

梯形图程序及指令表如图 3-34 所示。

【知识拓展】

PLC 的编程要领

(1)PLC 梯形图中的各编程元件的触点,可以反复使用,数量不限。

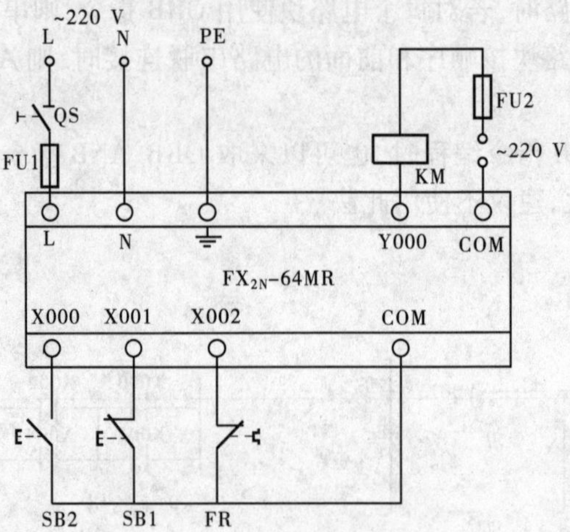

图 3-33　PLC 硬件接线图

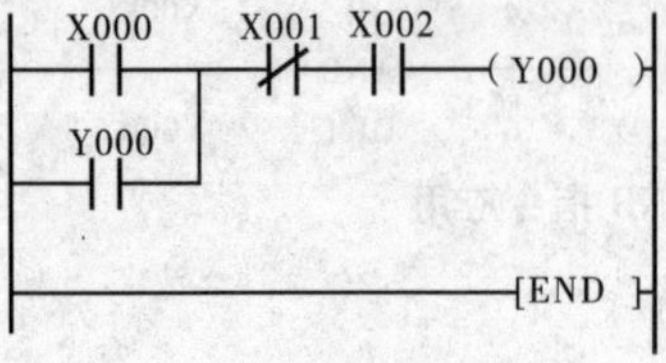

(a)梯形图

LD	X000	母线连接常开触点X000
OR	Y000	并联继电器常开触点Y000
ANI	X001	串联常闭触点X001
AND	X002	串联常开触点X002
OUT	Y000	驱动输出线圈Y000
END		程序结束

(b)指令表

图 3-34　梯形图程序及指令表

(2)梯形图中每一行都是从左母线开始,到右母线为止,触点在左,线圈在右,触点不能放在线圈右边,如图 3-35 所示。

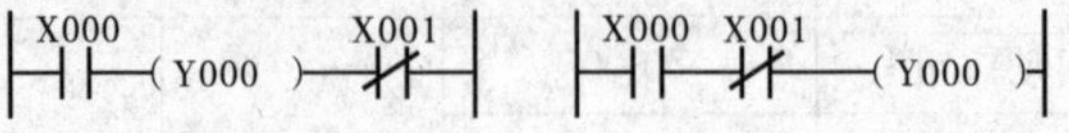

(a)不正确　　(b)正确

图 3-35　梯形图对比 1

(3)线圈一般不能直接与左母线相连,如图 3-36 所示。

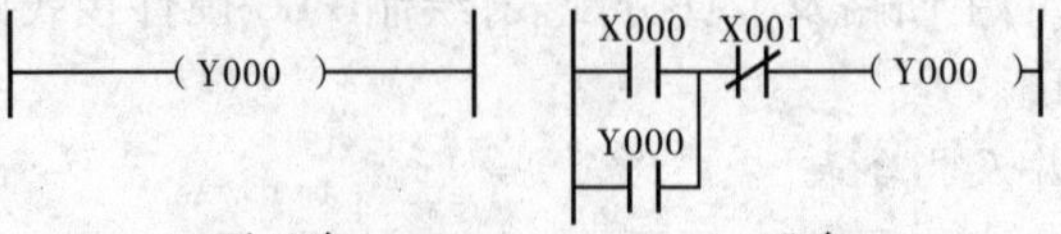

(a)不正确　　(b)正确

图 3-36　梯形图对比 2

(4)梯形图中若有多个线圈输出,这些线圈可并联输出,但不能串联输出,如图 3-37 所示。

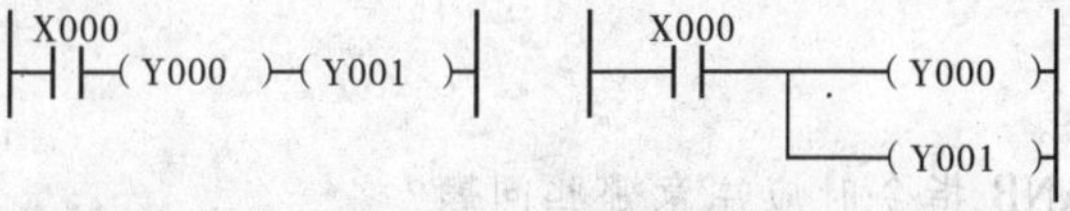

(a)不正确　　　　　　(b)正确

图 3-37　梯形图对比 3

(5)同一程序中不能出现“双线圈输出”。所谓双线圈输出,是指同一程序中同一编号的线圈使用两次。双线圈输出容易引起误操作,禁止使用,如图 3-38 所示。

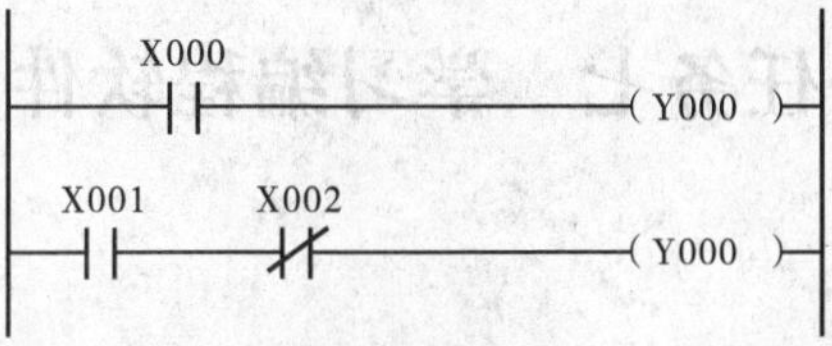

图 3-38　梯形图

(6)梯形图中触点连接不能出现桥式连接,如图 3-39 所示。

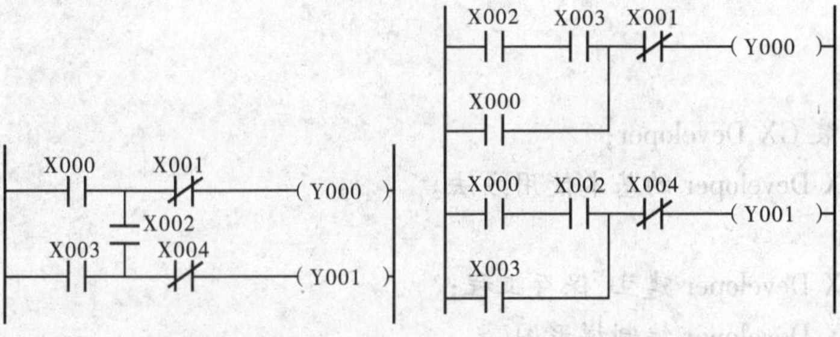

(a)不正确　　　　　　(b)正确

图 3-39　梯形图对比 4

(7)适当安排编程顺序,以减少程序步数。

①串联多的电路应尽量放在上部,如图 3-40 所示。

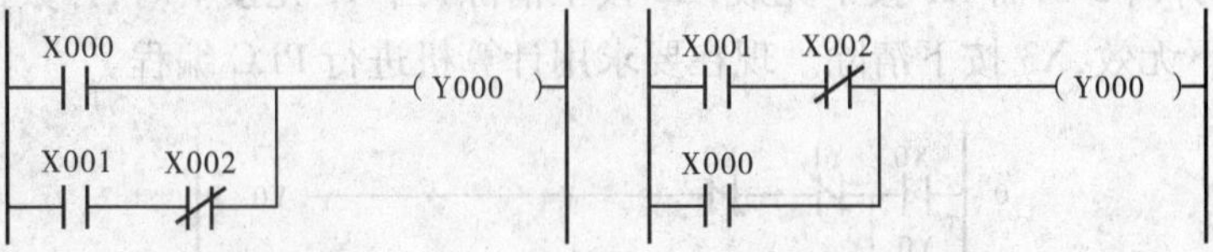

(a)不正确　　　　　　(b)正确

图 3-40　梯形图对比 5

②并联多的电路应靠近左母线,如图 3-41 所示。

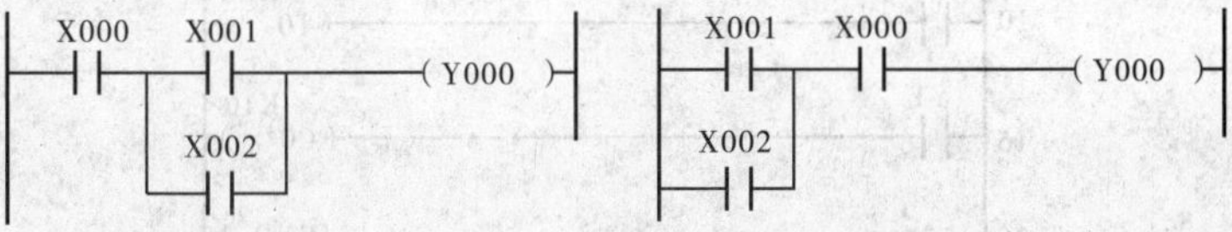

(a)不正确　　　　　　(b)正确

图 3-41　梯形图对比 6

【思考与练习】

1. 在使用 ORB、ANB 指令时应注意哪些问题?
2. 什么是连续输出?
3. 简述 PLC 的编程要领。
4. 同一程序为什么不能出现双线圈输出?

任务七　学习编程软件

【学习内容】

编程软件 GX Developer 的安装与使用。

【学习目标】

1. 知识目标
(1)正确安装 GX Developer;
(2)掌握 GX Developer 的基本使用方法。
2. 能力目标
(1)能用 GX Developer 建立、保存工程;
(2)能用 GX Developer 编制梯形图。

【任务导入】

如图 3-42 所示是一个用互锁电路控制计时器和计数器的梯形图。当 X0 按下时,计时器 T0 开始计时 5 s,而 X1 按下无效,X2 按下清除;当 X1 先按下时,计数器开始计数 10 次,而 X0 按下无效,X3 按下清除。现在要求用计算机进行 PLC 编程。

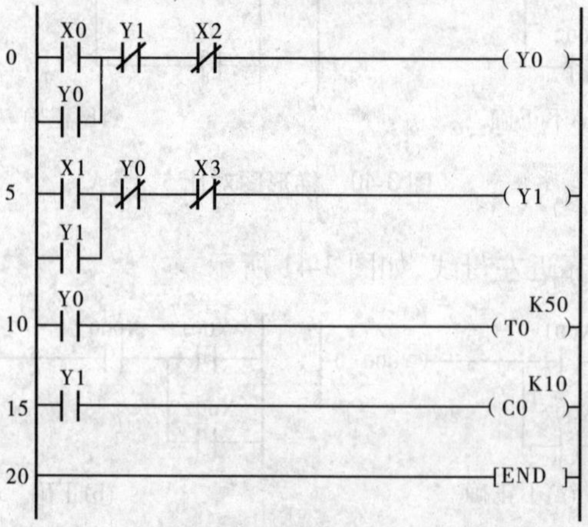

图 3-42　程序示例

【相关知识】

三菱 PLC 的程序输入是通过手持编程器(FX－20P－E 或 FX－10P－E)、专业编程器或者计算机完成的。手持编程器体积小、携带方便,在现场调试时更显其优越性,但在程序输入或阅读理解分析时,就比较烦琐。专业编程器功能强大,可视化程度高,使用也很方便,但其价格高、通用性差。近年来,计算机技术发展迅速,利用计算机进行 PLC 的编程、通信更具有优势。计算机除可进行 PLC 的编程外,还可作为一般计算机的用途,兼容性好,利用率高。因此,采用计算机进行 PLC 编程已成为一种趋势,几乎所有生产 PLC 的企业,都研究开发了 PLC 的编程软件和专用通信模块。

1. 安装编程软件环境

在安装 GX Developer 编程软件之前首先要安装编程软件环境。启动 Windows 系统,在 D 盘上找到 GX Developer 所在的目录,在目录里会看到 EnvMEL 文件夹,这就是软件安装环境文件包,如图 3-43、图 3-44 所示,打开 EnvMEL 文件包。

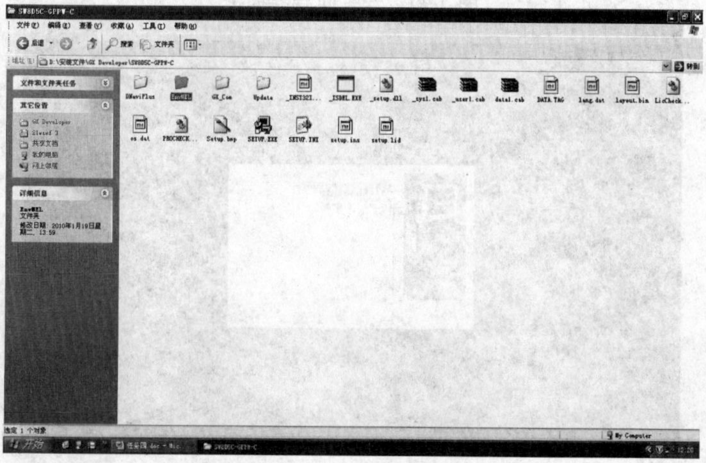

图 3-43　SW8D5C－GPPW－C 文件夹

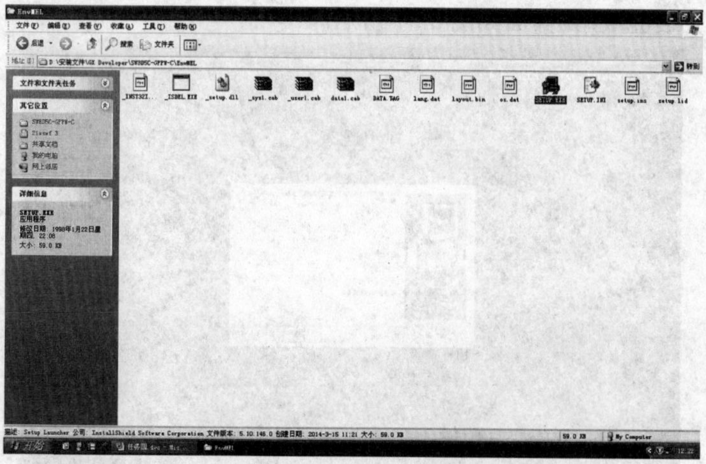

图 3-44　EnvMEL 文件夹

双击 SETUP 图标,进入安装向导界面,在出现的向导画面中单击“下一个(N)”按钮,如图 3-45、图 3-46 所示。

图 3-45　安装向导界面 1

图 3-46　安装向导界面 2

软件环境安装完成后,界面如图 3-47 所示。

图 3-47　安装结束界面

2. 安装 GX Developer 编程软件

找到软件所在的目录,如图 3-48 所示。

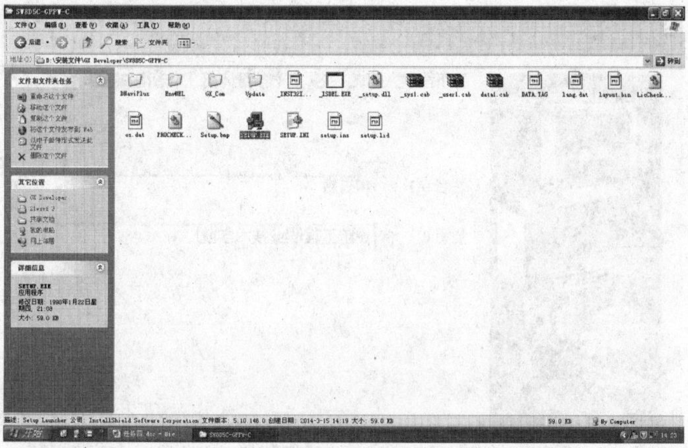

图 3-48　GX Developer 安装文件夹界面

双击 SETUP 图标,进入安装界面,会出现提示信息框,如图 3-49 所示。

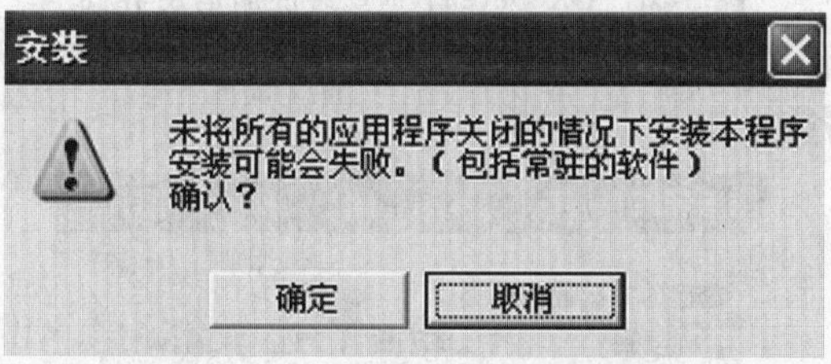

图 3-49　GX Developer 安装软件确认界面

在安装 GX Developer 编程软件的时候,最好把其他应用程序关掉,包括杀毒软件、防火墙、IE 和办公软件。因为这些软件可能会调用系统的其他文件,影响安装的正常进行。单击“确定”按钮后,如图 3-50 所示。

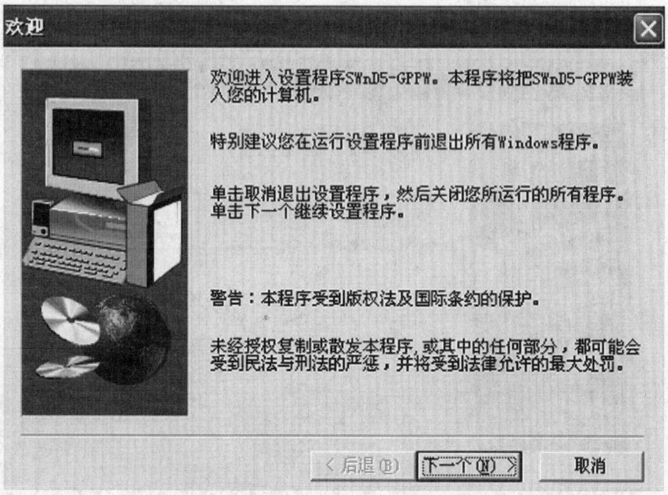

图 3-50　GX Developer 安装向导界面 1

单击“下一个(N)”按钮,会出现注册信息提示栏,在此填上自己的姓名与公司名,如图3-51所示。

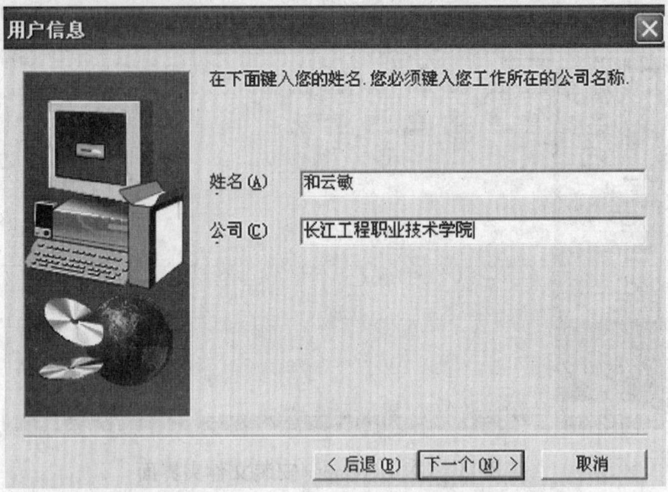

图3-51　GX Developer安装注册信息界面

注册信息确认提示界面,如图3-52所示。单击“是”按钮后,会出现“输入产品序列号”提示界面,如图3-53所示。

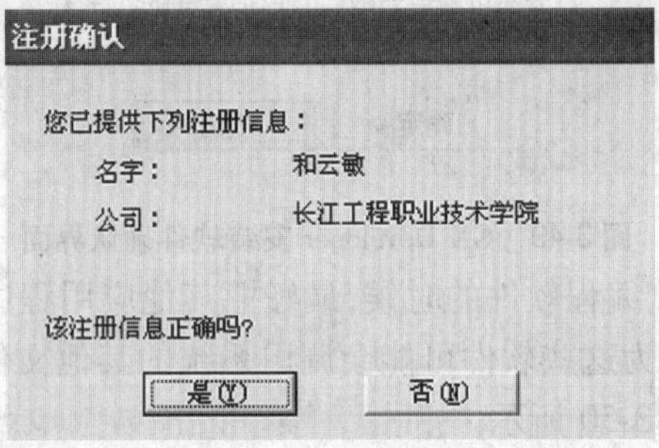

图3-52　GX Developer安装注册信息确认界面

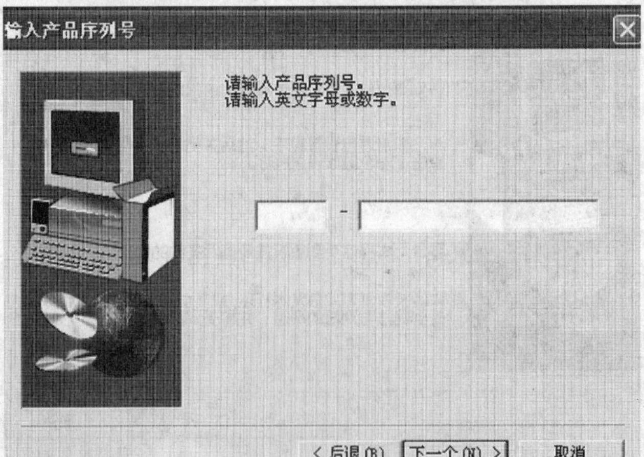

图3-53　GX Developer序列号输入界面

输入合法的序列号,确认没有错误后单击“下一个(N)”按钮继续安装。如果发现错了,需要更改请点击“后退(B)”按钮返回到上一步。

图3-54所示的GX Developer安装向导界面2会提示需要安装结构化文本(ST)语言编程功能,不用勾选此选项,保持默认即可。单击“下一个(N)”继续安装,如图3-55所示。

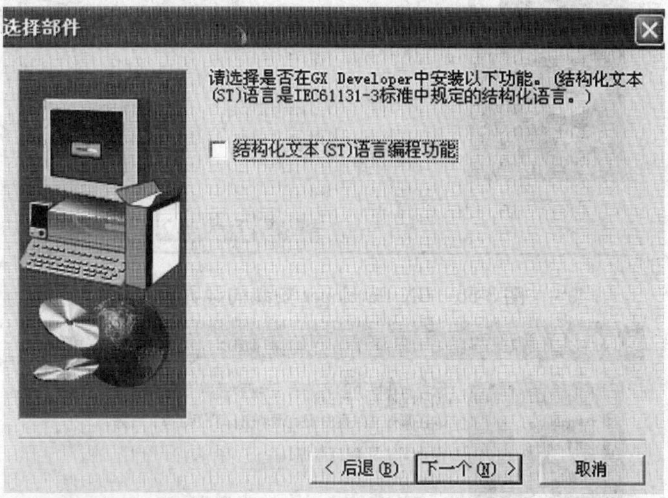

图3-54　GX Developer安装向导界面2

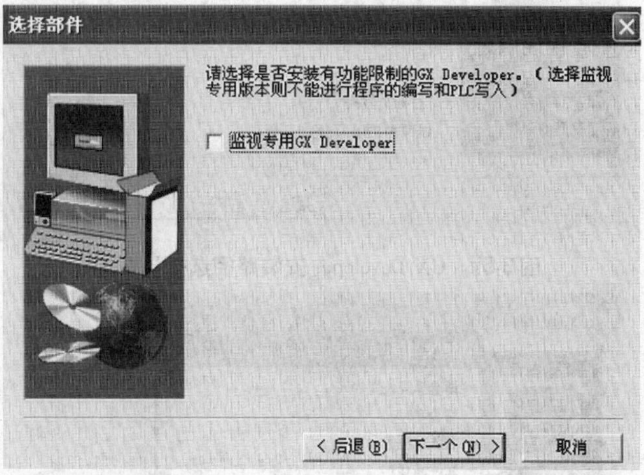

图3-55　GX Developer安装向导界面3

注意:这里不用勾选“监视专用GX Developer”复选框,否则软件只能监视,这个地方也是出现问题最多的地方。通常采用默认安装,单击“下一个(N)”,出现图3-56所示界面。

图3-56所示的选项均不勾选,单击“下一个(N)”按钮出现图3-57所示界面。

单击“浏览”,选择合适的安装路径,如图3-58所示。

单击“下一个(N)”按钮,进入安装程序界面,稍等片刻后,会提示产品安装完毕,如图3-59所示。

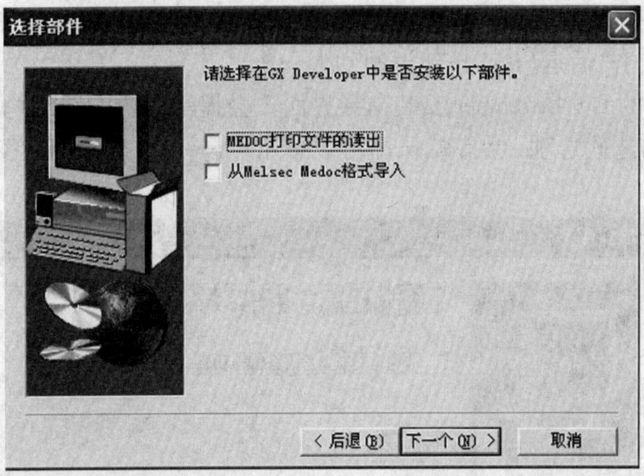

图 3-56　GX Developer 安装向导界面 4

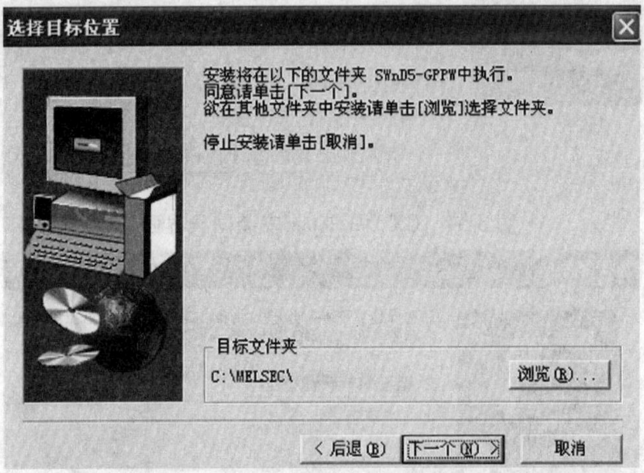

图 3-57　GX Developer 安装路径选择界面 1

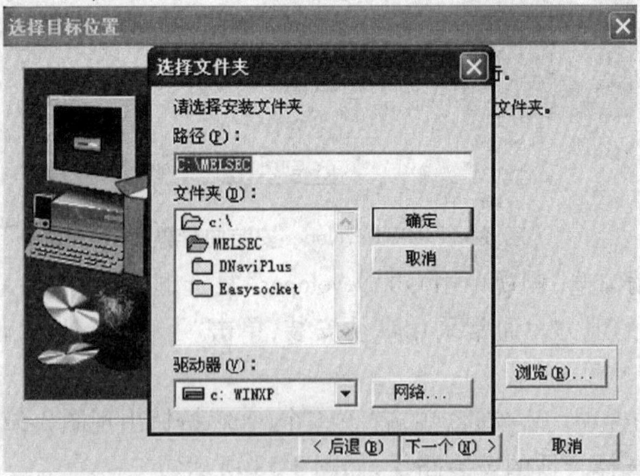

图 3-58　GX Developer 安装路径选择界面 2

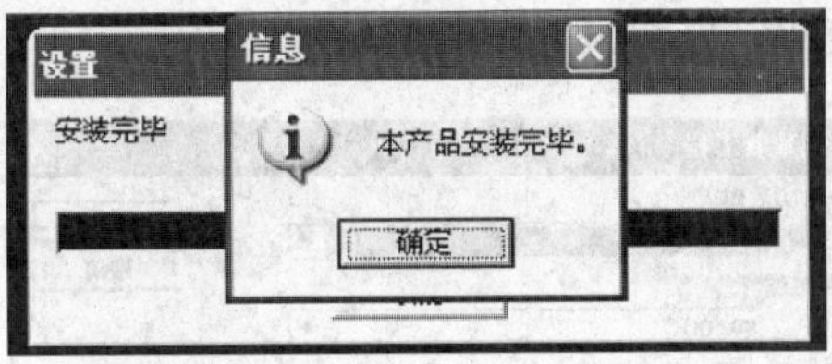

图 3-59　GX Developer 安装完毕界面

【任务实施】

一、GX Developer 软件编程

GX Developer 编程软件安装完毕后，在“开始—程序—MELSOFT”会找到应用程序的图标，如图 3-60 所示。双击图标，即可进入软件编辑界面。

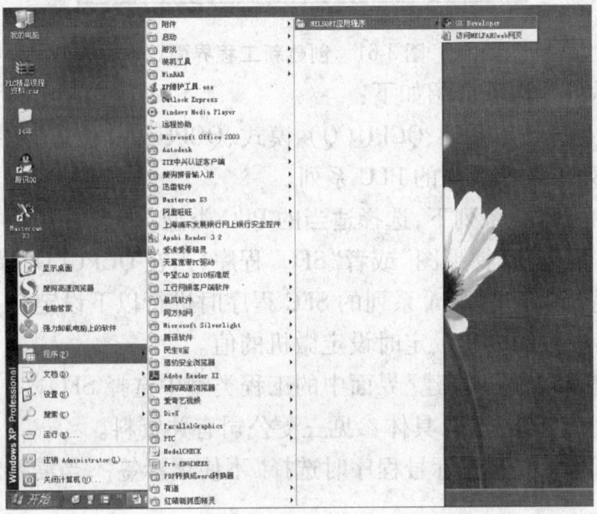

图 3-60　GX Developer 位置

为了使用方便，可以右击此应用程序图标，然后选择“发送到—桌面快捷方式”，在桌面上创建快捷方式。

GX Developer 软件能对三菱的 FX 系列、Q 系列、QnA 系列、A 系列(包括运动控制(SCPU))PLC 进行的编程以及对各软元件实时监控，而且能够转换成 GPPQ、GPPA 格式的文档。此外，在 FX 系列模式下，还能转换成 FXGP(DOS)、FXGP(WIN)格式的文档。

二、GX Developer 工程管理

GX Developer 将各种数控程序以及数控程序中的注释注解，以工程的形式进行统一的管理。在 GX Developer 的工程界面里，不但可以方便地编辑和表示数控程序与参数，而且可以设定使用的 PLC 类型。

(一)建立新工程

在菜单栏选择“工程—创建新工程”命令，或单击工具栏上的 🗋 图标，或使用快捷键

Ctrl + N,会出现“创建新工程”界面,如图 3-61 所示。

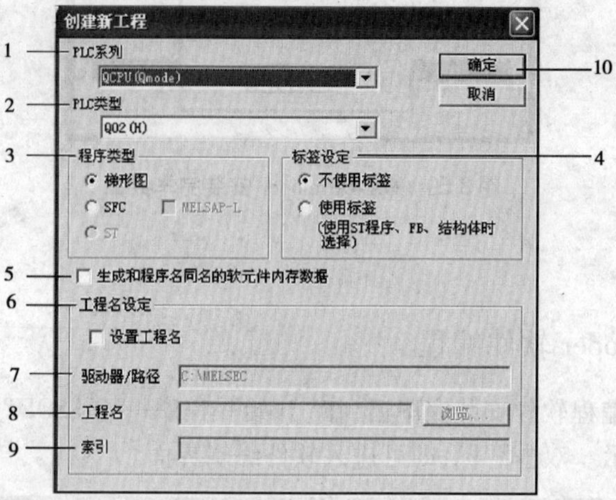

图 3-61　创建新工程界面

对图 3-61 所示各个选项介绍如下:

(1)PLC 系列:可于 FX 系列、QCPU(Q) 模式、QCPU(A)模式、A 系列运动控制 CPU(SCPU)和 QnA 系列中选择适当的 PLC 系列。

(2)PLC 类型:在 PLC 系列下,选择适当的 PLC 类型。

(3)程序类型:可单选“梯形图”或者“SFC”程序,当在 QCPU(Q)模式中选择 SFC 时,MELSAP - L 亦可选择。当制作 A 系列的 SFC 程序时进行以下设定:

①在进行 PLC 参数的内容设定时设定微机的值。

②在“工程—编辑数据—新建”界面中的工程类型中选择 SFC。

注意:SFC 不对应标号程序,具体参见三菱公司有关资料。

(4)标签设定:当无需制作标号程序时选择“不使用标签”,当需要制作标号程序时选择“使用标签”。

(5)生成和程序名同名的软元件内存数据:勾选此选项时,在新建工程时生成与程序名同名的软件内存数据。

(6)工程名设定:工程名用作保存新建的数据。在生成工程前若设定工程名,可勾选“设置工程名”复选框。另外,工程名也可在生成工程前或生成工程后设定,但在生成工程后设置工程名时,要另存为所设定工程名。

(7)驱动器/路径:工程存放的路径。

(8)工程名:要保存的工程名称。

(9)索引。

(10)“确定”按钮:把所有参数设置后,单击此按钮,确认工程参数。

以上每个参数都设置后,就可以创建一个新工程了。

(二)保存工程

在程序编辑过程中或编辑结束后,要把工程保存起来,可以单击菜单栏上“工程—保存工程(S)”菜单命令(见图 3-62),或单击标准工具栏上的图标,或使用快捷键 Ctrl + N

完成保存工程。单击“工程—另存工程为…”可以将当前工程保存,在当前编辑基础上,以另一工程来编辑,另存的工程路径界面如图 3-63 所示。

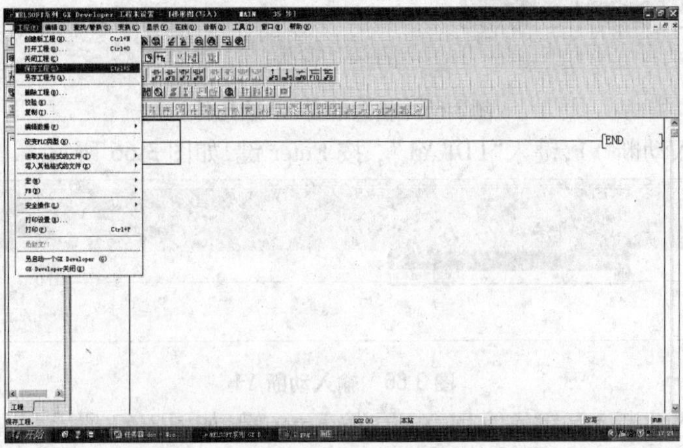

图 3-62　保存工程界面

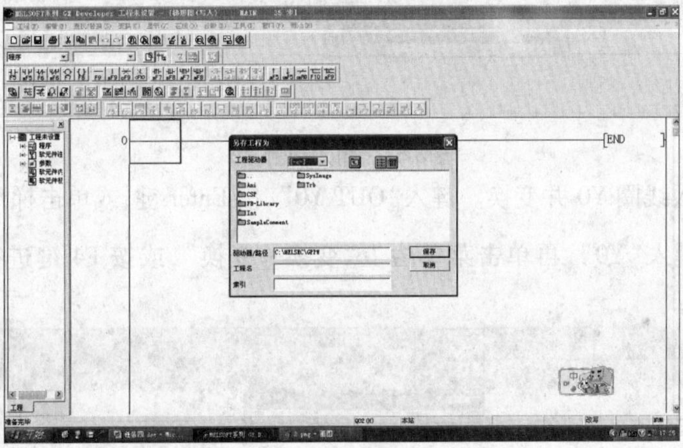

图 3-63　另存工程提示界面

(三)梯形图程序输入

程序编辑过程如图 3-64 ~ 图 3-75 所示。

步骤 1:将光标移动到行首,进入编辑准备界面,如图 3-64 所示。

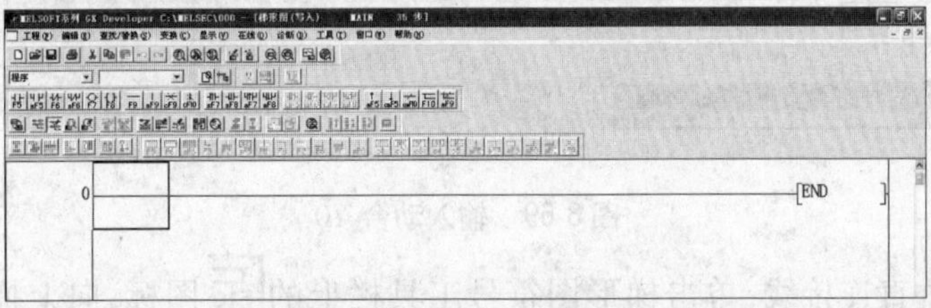

图 3-64　编辑准备界面

步骤 2:输入动合 X0 软元件,键入“LD X0”,按 Enter 键,或单击梯形图符号工具栏上的 F5 图标,键入“X0”,如图 3-65 所示。

图 3-65 输入动合 X0 软元件

步骤 3:输入动断 Y1,键入“LDI Y1”, 按 Enter 键,如图 3-66 所示。

图 3-66 输入动断 Y1

步骤 4:输入动断 X2,键入“LDI X2”, 按 Enter 键,如图 3-67 所示。

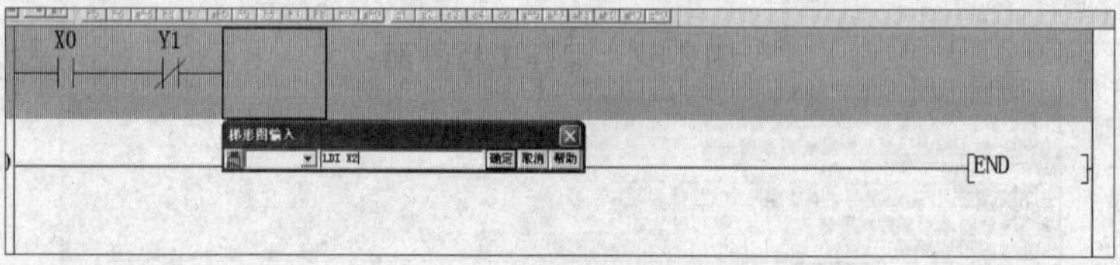

图 3-67 输入动断 X2

步骤 5:输入线圈 Y0 并变换。键入“OUT Y0”,按 Enter 键,或单击梯形图符号工具栏上的 F7 图标,键入“Y0”,再单击菜单栏上“变换—变换”,或按 F4 键进行项目编译,如图 3-68所示。

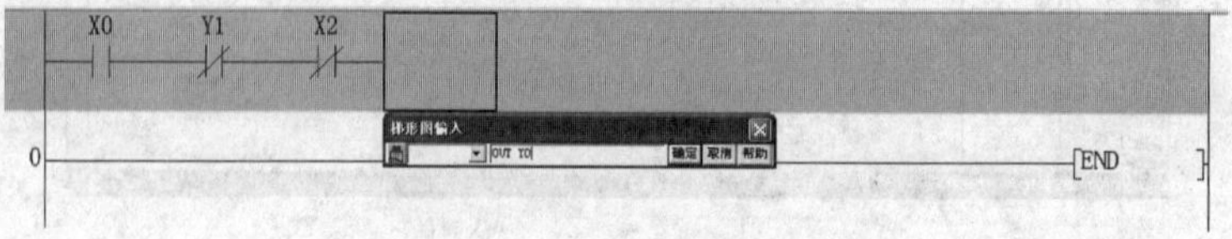

图 3-68 输入线圈 Y0 并变换

步骤 6:输入动合 Y0,键入“LD Y0”, 按 Enter 键,如图 3-69 所示。

图 3-69 输入动合 Y0

步骤 7:画垂直连接线,单击梯形图符号工具栏上的 F10 图标,向上拖动画垂直连接线,如图 3-70 所示。

步骤 8:用同样的方法,画出第二部分梯形图,如图 3-71 所示。

步骤 9:输入动合 Y0,键入“LD Y0”, 按 Enter 键,如图 3-72 所示。

步骤 10:输入定时器 T0 线圈,键入“OUT T0 K50”, 按 Enter 键,如图 3-73 所示。

图 3-70　画垂直连接线

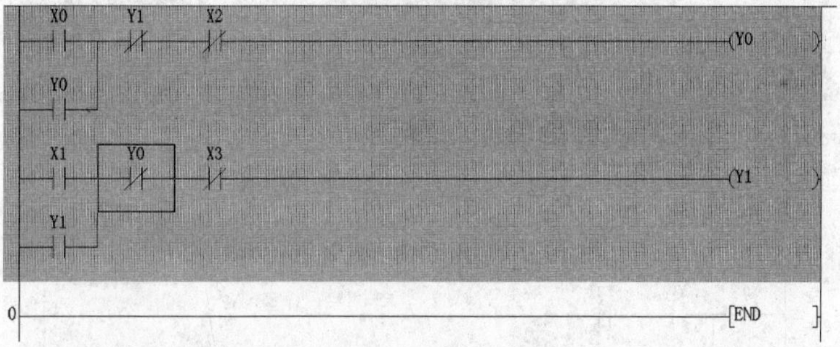

图 3-71　画出第二部分梯形图

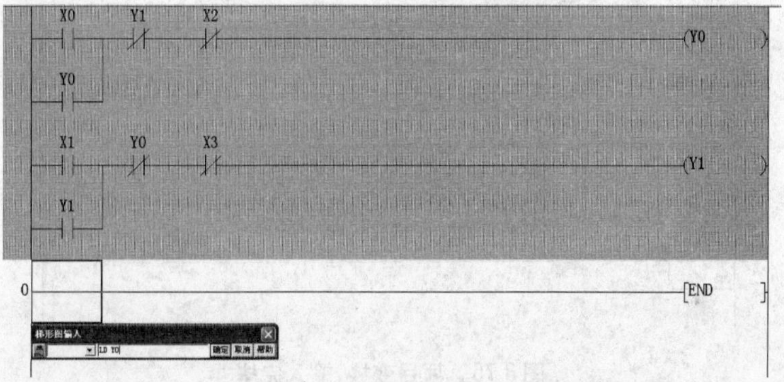

图 3-72　输入动合 Y0

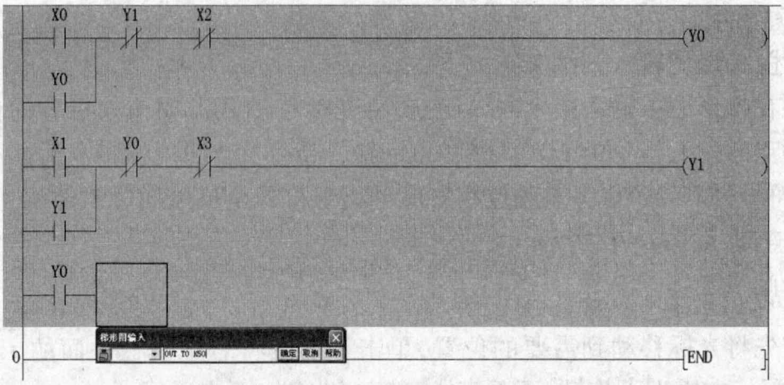

图 3-73　输入定时器 T0 线圈

步骤 11:输入动合 Y1、计数器 C0,键入“OUT C0 K10”, 按 Enter 键,如图 3-74 所示。

步骤 12:项目变换。输入完毕,单击菜单栏上“变换—变换”,或按 F4 键进行项目编译,如图 3-75 所示。

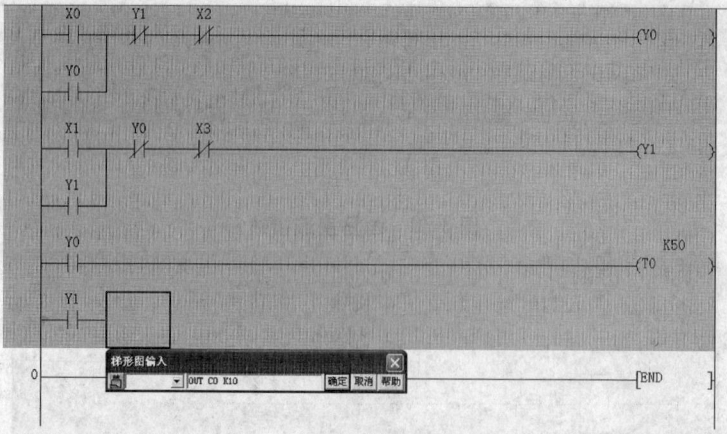

图 3-74　输入动合 Y1、计数器 C0

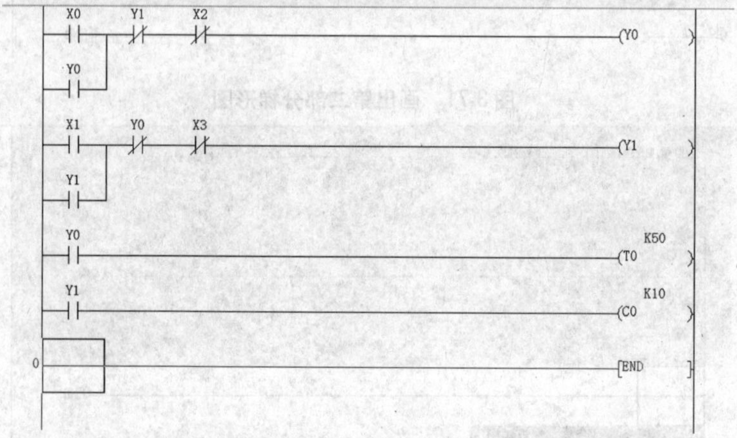

图 3-75　项目变换，输入完毕

这样就完整地输入了示例中的程序。

（四）注意事项

综上所述，梯形图输入归纳总结如下：

第一点：在梯形图中输入指令时，首先要将光标移动到需要输入指令的位置，键入指令，如动合触点的输入指令为 LD，动断触点的输入指令为 LDI。在指令后面空一格，输入相关的触点符号，如 X0、Y0 等。触点相对应的指令符号也可以通过软件的梯形图输入框中的“帮助”查阅，如图 3-76 所示。

第二点：画线工具。

画线：首先将光标移动到需要的位置，单击梯形图符号工具栏上面的 F10 图标，或按 F10 键，按住鼠标左键上下拖动，画垂直线；若左右拖动，画水平线。

删除线：首先将光标移动到需要的位置，单击梯形图符号工具栏上面的 aF9 图标，或按 Alt + F9 键，按住鼠标左键上下拖动，删除垂直线；若左右拖动，删除水平线。

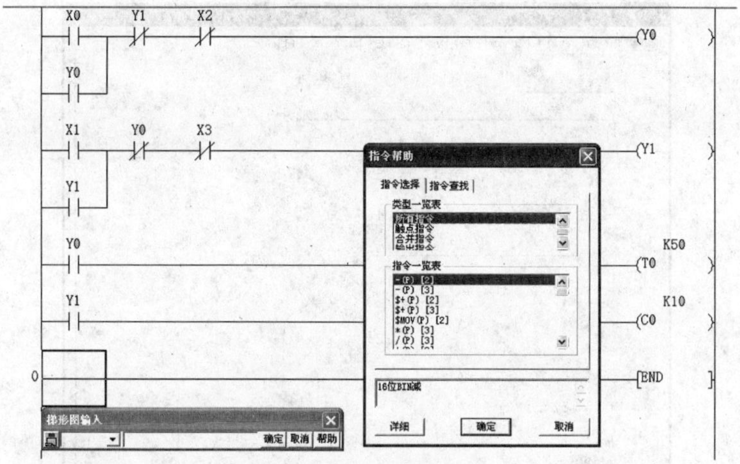

图 3-76 “帮助”提示界面

【知识拓展】

一、PLC 参数设定

三菱 PLC 有的是整体式结构,有的是组合式结构,组合式结构通过基板将各个模块联系起来,即各个单元模块的地址参数均有可能不相同,这就需要在使用 PLC 之前,应该对各个插槽进行定义。

单击工具数据切换工具栏上面的图标,或者按下 Alt + 0 键,调出工程数据列表窗口,如图 3-77 所示。

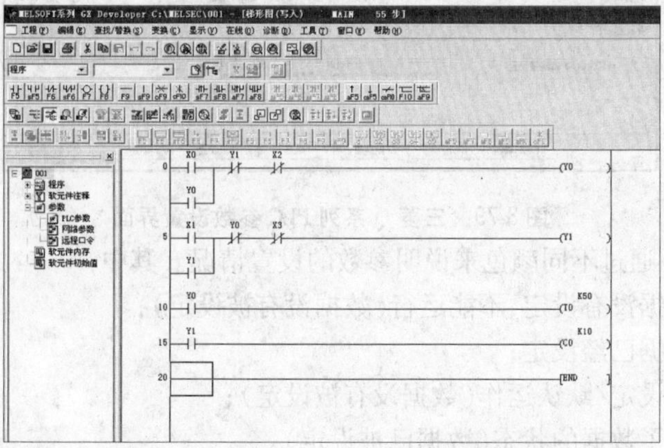

图 3-77 工程数据列表

双击工程数据列表中的“参数”,再双击“PLC 参数”,出现图 3-78 所示的提示界面。通过计算机 RS232 电缆直接连接 PLC,只需要设置“I/O 分配”项即可。如三菱 Q 系列 PLC 的组合如下:I/00、I/01 插槽为数字输入 QX40 模块,I/02、I/03 插槽为数字输出 QY10 模块,I/04插槽为模拟量 Q64AD,I/05 插槽为模拟量 Q62DAN,则 PLC 参数设置如图 3-79 所示。

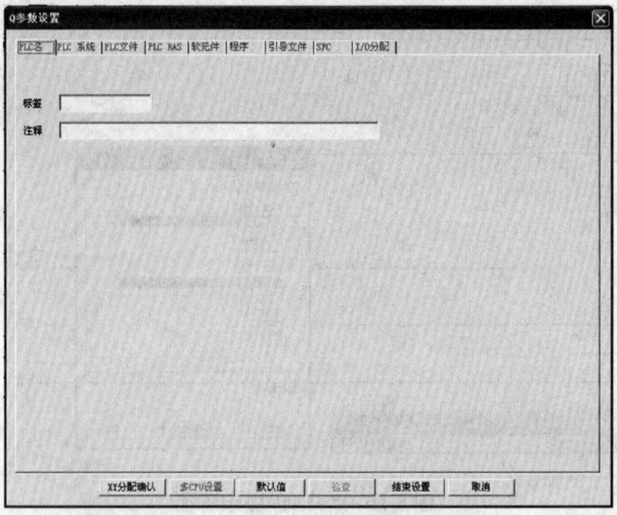

图 3-78　PLC 参数对话框

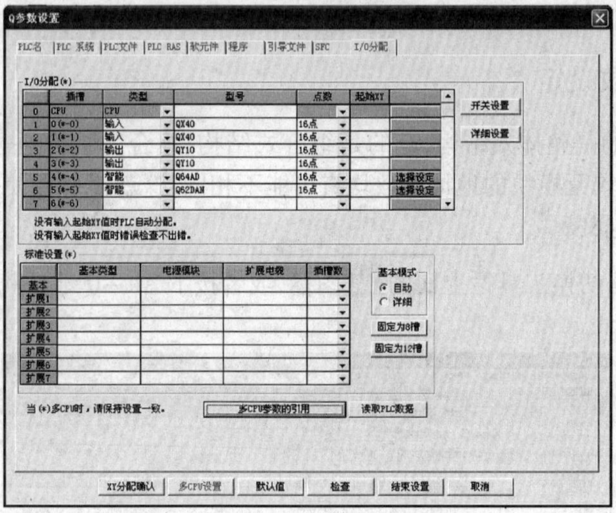

图 3-79　三菱 Q 系列 PLC 参数设置界面

GX Developer 通过不同颜色来说明参数的设置情况。其中：

红色：表示数据没有设定，不能运行（数据没有被设定）；

蓝色：表示数据已经设定；

红紫色：没有设定/默认运作（数据没有被设定）；

深蓝色：设定了数据的状态（数据已被设定）。

每个模块在不同插槽所分配的地址也是不同的。就数字输入/输出模块而言，输入用 X，输出用 Y。上例三菱 Q 系列 PLC 每个模块配置的地址分配如下：

I/00：输入模块 QX40，与之相对应的地址为 X00 ~ X0F；

I/01：输入模块 QX40，与之相对应的地址为 X10 ~ X1F；

I/02：输出模块 QY10，与之相对应的地址为 Y20 ~ Y2F；

I/03：输出模块 QY10，与之相对应的地址为 Y30 ~ Y3F；

I/04:模拟量输入模块 Q64AD,与之相对应的地址为 X40 ~ X4F;

I/05:模拟量输出模块 Q62DAN,与之相对应的地址为 Y50 ~ Y5F。

二、PLC 通信

(一)通信电缆连接

参数设定好后,通过 RS232 电缆与 PLC 连接,如图 3-80 所示。

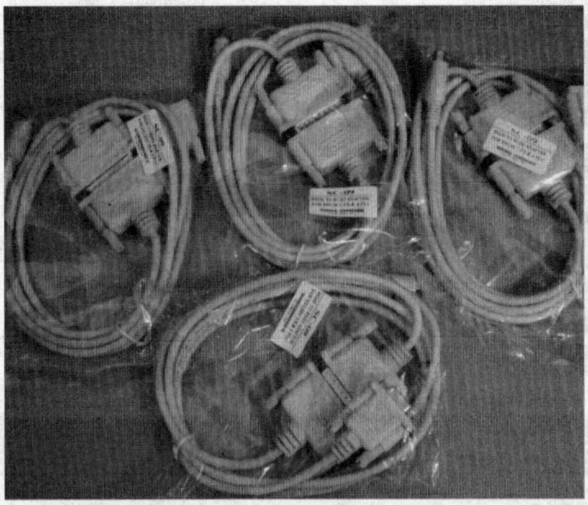

图 3-80　RS232 通信电缆(SC－09)

单击菜单栏上“在线—传输设置”,如图 3-81 所示,会出现如图 3-82 所示的传输设置对话框。

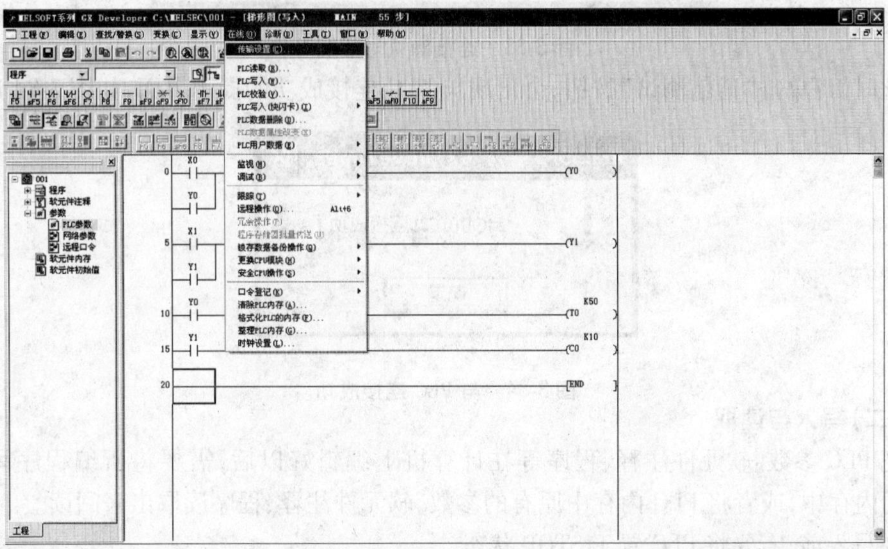

图 3-81　传输设置菜单

选择“直接连接 PLC 设置”按钮,弹出如图 3-83 所示的对话框,单击“是(Y)”按钮,选择直接连接 PLC 设置;若单击“否(N)”按钮,则返回上一步,保留原设置,并返回图 3-82所示传输设置界面。

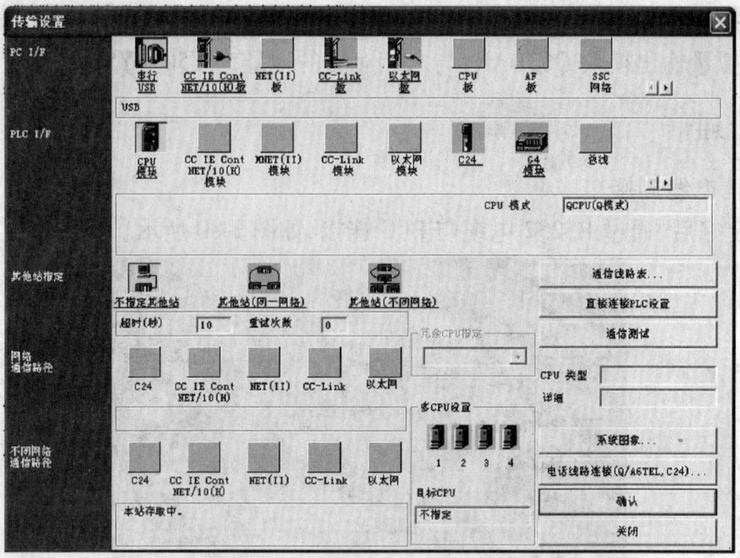

图 3-82　传输设置对话框

图 3-83　连接确认对话框

此时,可单击“通信测试”按钮,会出现与 PLC 连接成功的提示界面,如图 3-84 所示。

图 3-84　与 PLC 连接成功

(二)写入与读取

把 PLC 参数、软元件注释、程序等在计算机上编辑好以后,需要将所编程序写入到 PLC 的内存中,或者将 PLC 内存中原有的参数、软元件注释、程序读取出来阅读。

在写入前,需要将 PLC 置于 STOP 状态。

单击菜单栏“在线—PLC 写入”,或单击“PLC 写入”图标,出现图 3-85 所示对话框。

程序—MAIN:为当前工程的逻辑程序。

软元件注释—COMMENT:为当前工程软元件注释。

参数—PLC/参数:为当前工程的参数设置。

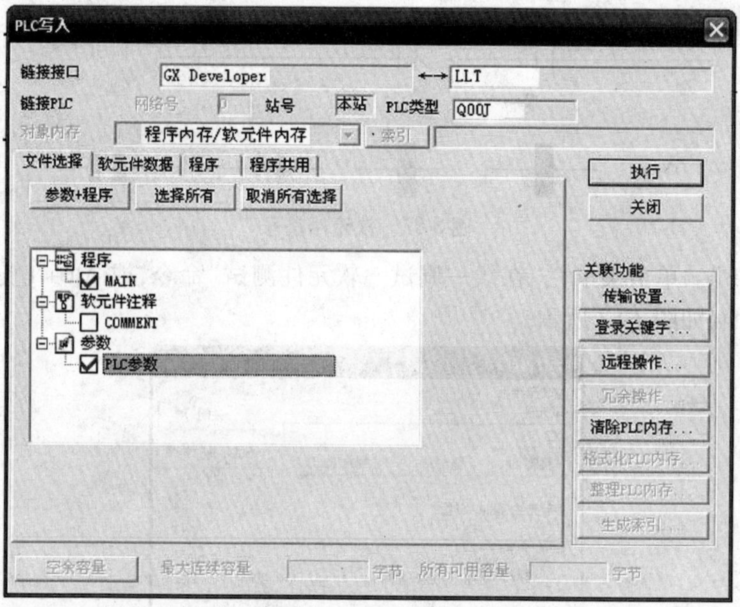

图 3-85　PLC 写入对话框

勾选"√",即将选中的内容写入到 PLC 内存中去,这里根据需要可以写入其中的一项,也可以选择全部。勾选后,单击界面中的"执行"按钮。

这时 GX Developer 将把当前的程序、参数、注释写入到 PLC 中,如图 3-86 所示。

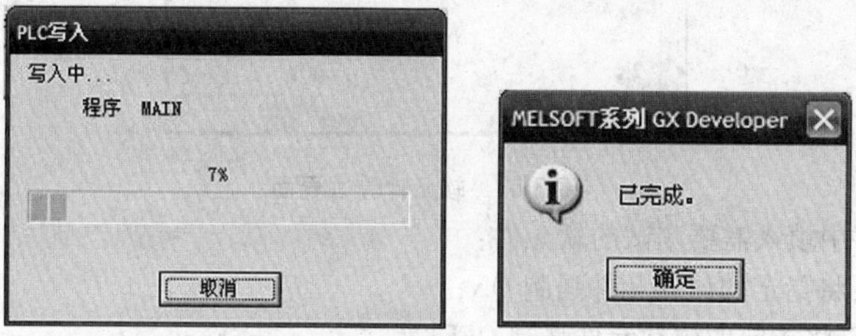

图 3-86　程序写入与完成

GX Developer 写入完毕后,将 PLC 置于 RESET 状态,过后会看到 PLC 的 ERR 灯闪烁;释放 RESET 状态,再将 PLC 置于 RUN 状态,这时 PLC 将以刚写入的设置执行程序。

PLC 的读取与写入的方式是相似的,不再一一赘述。

(三)程序运行监视

GX Developer 编程软件提供了对 PLC 运行程序实时监视的功能,执行时可以清晰地看出程序的输入/输出点的运行情况。单击菜单栏"在线—监视—监视模式"命令,或标准工具栏上的图标,即进入监视模式。

在程序监视模式时,内部软元件符号的通/断(ON/OFF)如图 3-87 所示。

值得注意的是,PLC 在 STOP 状态时 GX Developer 仍然采集输入点,此时程序不会按照逻辑运行。

对于输入/输出点,可以使用强制是输入为"ON"或"OFF",也可以使用强制是输出为

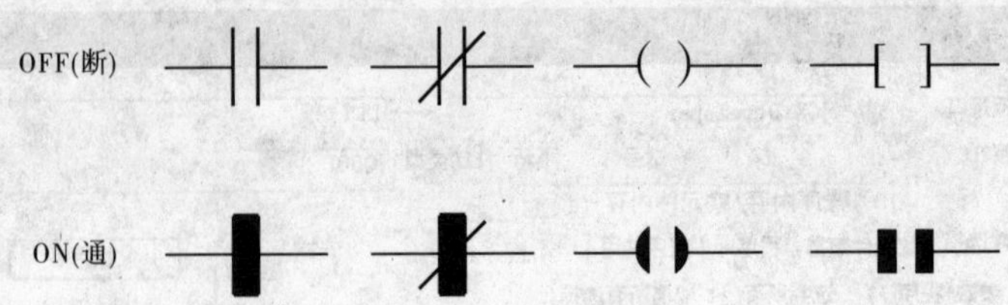

图 3-87　软元件符号

“ON”或“OFF”。单击菜单栏“在线—调试—软元件测试”命令，或 Alt + 1 键即可调出软元件测试界面，如图 3-88 所示。

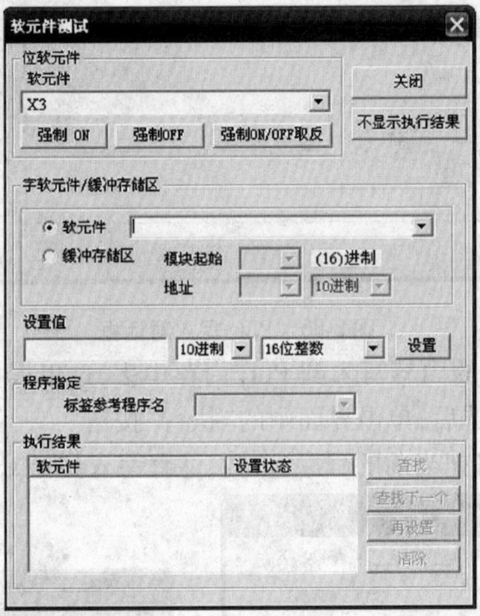

图 3-88　软元件测试界面

在软元件中填入需要测试的软元件：

强制 ON：将指定的位软元件强制 ON；

强制 OFF：将指定的位软元件强制 OFF；

强制 ON/OFF 取反：将指定的位软元件反转置为 ON/OFF。

【思考与练习】

1. 画出下面的指令表程序对应的梯形图。

LD	X0	AND	X4
OR	X1	OR	M113
AN1	X2	ANB	
OR	M100	ORI	M101
LD	X3	OUT	Y5
		END	

2. 画出下面的指令表程序对应的梯形图。

LD	X0	AND	X7
AND	X1	ORB	

LD	X2	ANB	
ANI	X3	LD	M100
ORB		AND	M101
LD	X4	ORB	
AND	X5	AND	M102
LD	X6	OUT	Y4
		END	

3. 用软件 GX Developer 画出图 3-89 所示梯形图。

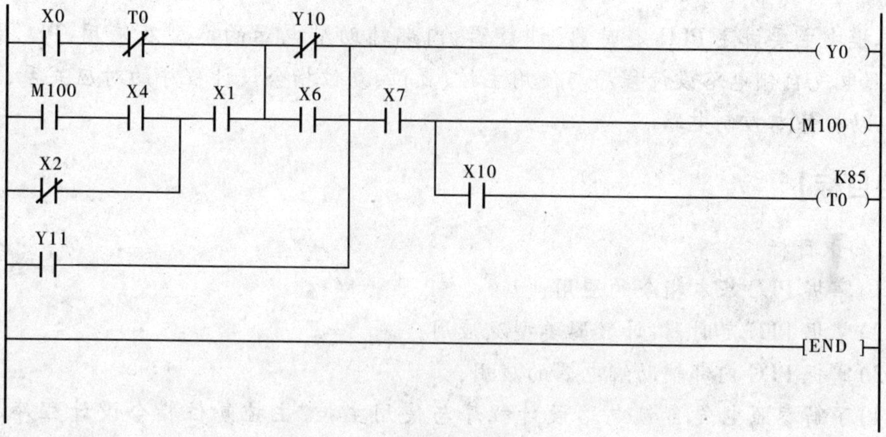

图 3-89　梯形图

模块四　可编程控制器在机床电气控制中的应用

【学习内容】

本模块主要讲述 PLC 定时器、计数器、内部辅助继电器的类型及应用，PLC 基本指令，参照电气自锁电路设计程序与使用主控、置位、复位指令设计程序的对应关系，用 PLC 改造电动机基本控制电路。

【学习目标】

1. 知识目标

(1) 掌握 PLC 基本指令的应用；

(2) 掌握 PLC 定时器、计数器类型及应用；

(3) 掌握 PLC 内部辅助继电器的应用；

(4) 了解参照电气自锁电路设计程序与使用主控、主控复位指令设计程序的对应关系。

2. 能力目标

(1) 正确使用 PLC 基本指令进行编程操作；

(2) 能对简单继电器控制的机床电路进行 PLC 改造；

(3) 熟练应用 PLC 改造三相异步电动机的正反转控制电路；

(4) 能熟练画出 PLC 控制线路。

任务一　改造笼型电动机串电阻降压启动的控制电路

【学习内容】

1. 定时器、计数器的用法；

2. 串电阻降压启动控制电路的 PLC 改造。

【学习目标】

1. 知识目标

掌握定时器、计数器的使用规则。

2. 能力目标

能熟练使用定时器、计数器。

PLC 技术的引进最初大都运用于继电器控制电路的工程改造项目,因此本项目利用 PLC 对电动机基本控制电路进行一些改造,以利于读者对 PLC 功能的理解。

【任务导入】

如图 4-1 所示为笼型电动机定子绕组串电阻降压启动的控制电路,即用按钮、时间继电器和接触器等来控制电动机降压启动的正转控制电路,现对其进行 PLC 改造。

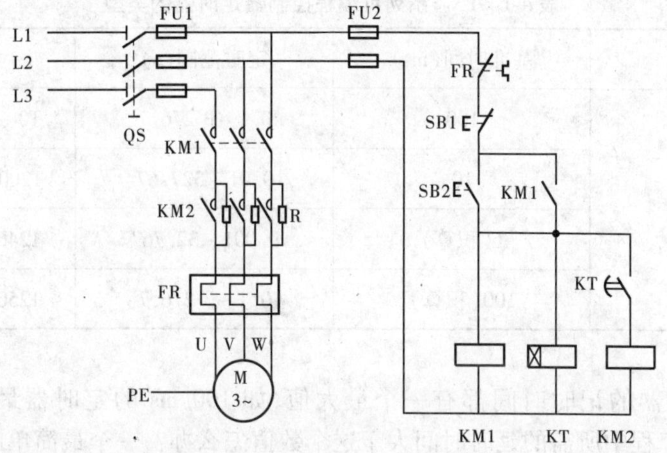

图 4-1　串电阻降压启动的控制电路图

定子绕组串电阻降压启动是指在电动机启动时,把电阻串接在电动机定子绕组与电源之间,通过电阻的分压作用来降低定子绕组上的启动电压。待电动机启动后,再将电阻短接,使电动机在额定电压下正常运行。

主电路由开关 QS、熔断器 FU1、接触器主触点、电阻、热继电器主触点及电动机组成;控制电路由熔断器 FU2、停止按钮 SB1、启动按钮 SB2、接触器辅助触点、接触器 KM 线圈、时间继电器线圈及触点组成。PLC 改造主要针对控制电路进行,而主电路部分保留不变。

在控制电路中,停止按钮 SB1、启动按钮 SB2、热继电器辅助触点属于控制信号,应作为 PLC 的输入量分配接线端子;而接触器线圈属于被控对象,应作为 PLC 的输出量分配接线端子。时间继电器 KT 不能作为 PLC 的输出量分配接线端子,应该利用 PLC 内部的定时器指令实现定时功能。

利用三菱 FX_{2N}系列 PLC 来完成本任务。

【相关知识】

1. 定时器

定时器相当于继电器电路中的时间继电器,可在程序中作延时控制。FX_{2N}系列可编程控制器定时器具有四种类型,如表 4-1 所示。

可编程控制器中的定时器是根据时钟脉冲累积计时的,时钟脉冲有 1 ms、10 ms、100 ms 等不同规格(定时器的工作过程实际上是对时钟脉冲计数)。因工作需要,定时器除占有自己编号的存储器位外,还占有一个设定值寄存器(字元件)、一个当前值寄存器(字元件)。设定值寄存器存储编程时赋值的计时时间设定值。当前值寄存器记录计时当前值。这些寄存器为16位二进制存储器。16位存储器的最大值327 67乘以定时器的计时单位值即是定时器的最大计时范围值。定时器满足计时条件开始计时,当前值寄存器则开始计数,当当前值与设定值相等时定时器动作,使常开触点接通,常闭触点断开,并通过程序作用于控制对象,达到时间控制的目的。

表4-1　FX_{2N}系列可编程控制器定时器的类型

类型	基准时间(ms)	定时范围(s)	定时器编号
定时器(T)	100	0.1～3 276.7	T0～T199 (200点)
	10	0.01～327.67	T200～T245(46点)
	1(积算)	0.001～32.767	T246～T249 (4点)
	100(积算)	0.1～3 276.7	T250～T255 (6点)

注意:定时器的记时时间都有一个最大值,如100 ms的定时器最大记时时间为3 276.7 s。如工程中所需的延时时间大于这个数值怎么办?一个最简单的方法是采用定时器接力方式,即先启动一个定时器记时,记时时间到时,用第一只定时器的常开触点启动第二只定时器,再使用第二只定时器启动第三只,如此等等。记住使用最后一个定时器的触点去控制最终的控制对象就可以了。

2. 计数器(C)

PLC内部有对元件(如X等)信号进行计数的计数器。计数器由设定值寄存器、当前值寄存器和计数器触点组成。根据计数器的特点,计数器可分为以下几种类型,如表4-2所示。

表4-2　计数器的类型

类型	计数范围	计数器编号
加计数器	0～32 767	通用型C0～C99(100点)
		电池后备C100～C199(100点)
加/减计数器	0～2 147 483 647	通用型C200～C219(20点)
		电池后备C220～C234(15点)
高速计数器		电池后备C235～C255(21点)

计数器可通过常数K直接设定或指定数据寄存器的元件间接设定,32位加/减计数器C200～C234的加/减计数方向由特殊辅助继电器M8200～M8234设定,当对应的M接通时为减计数,断开时为加计数。

注意:一是计数器的复位;二是当计数信号的动作频率较高(通常为几个扫描周期/s)时,应采用高速计数器。

【任务实施】

1. I/O 点分配

根据任务分析,对输入量/输出量进行分配,见表 4-3。

表 4-3　输入量/输出量的分配

输入量(IN)			输出量(OUT)		
元件代号	功能	输入点	元件代号	功能	输出点
SB2	启动按钮	X000	KM1	接触器线圈	Y000
SB1	停止按钮	X001			
FR	热继电器常闭触点	X002	KM2	接触器线圈	Y001

2. 绘制 PLC 硬件接线图

根据图 4-1 所示的控制线路图及 I/O 分配表,绘制 PLC 硬件接线图,如图 4-2 所示,应保证硬件接线操作正确。

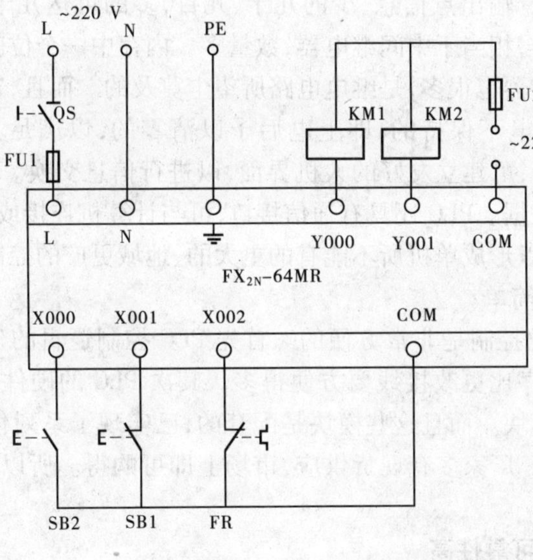

图 4-2　PLC 硬件接线图

3. 设计梯形图程序及语句表

梯形图程序及语句表如图 4-3 所示。

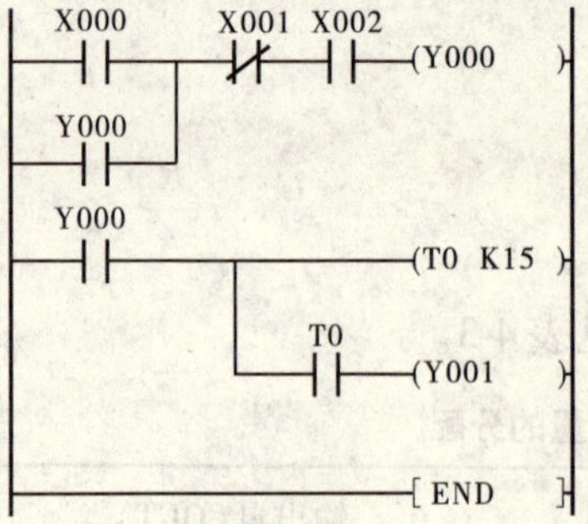

(a)梯形图

LD	X000	母线连接常开触点X000
OR	Y000	并联输出线圈常开触点Y000
ANI	X001	串联常闭触点X001
AND	X002	串联常开触点X002
OUT	Y000	驱动输出线圈Y000
LD	Y000	母线连接输出线圈常开触点Y000
OUT	T0	驱动定时器线圈T0
	K15	设置时间常数
AND	T0	串联定时器常开触点Y001
OUT	Y001	驱动输出线圈Y001
END		程序结束

(b)语句表

图 4-3　梯形图程序及语句表

【知识拓展】

一、可编程控制器的特点

(一)丰富的功能,灵活通用

PLC 的功能很丰富。这主要与它具有丰富的处理信息的指令系统及存储信息的内部器件有关。它的指令多达几十条、几百条,可进行各式各样的逻辑问题的处理,还可进行各种类型数据的运算。它的内部器件,即内存中的数据存储区,种类繁多,容量宏大。I/O 继电器可以用以存储输入/输出点信息,少的几十、几百,多的可达几千、几万,以至十几万。它的内部种种继电器,相当于中间继电器,数量多。内存中一个位就可作为一个中间继电器,它的计数器、定时器也很多,是继电电路所望尘莫及的。而且,这些内部器件还可设置成丢电保持的,或丢电不保持的,即上电后予以清零的,以满足不同的使用要求。PLC 还有丰富的外部设备,可建立友好的人机界面,以进行信息交换。可送入程序,送入数据,可读出程序,读出数据。PLC 还具有通信接口,可与计算机连接或联网,与计算机交换信息。自身也可联网,以形成单机所不能有的更大的、地域更广的控制系统。

(二)使用方便、维护简单

用 PLC 实现对系统的控制是非常方便的。首先 PLC 控制逻辑的建立是程序,用程序代替硬件接线,更改程序比更改接线要方便得多。其次 PLC 的硬件是高度集成化的,已集成为种种小型化的模块。而且这些模块是配套的,已实现了系列化与规格化。种种控制系统所需的模块,PLC 厂家多有现货供应,市场上即可购得。所以,硬件系统配置与建造也非常方便。

(三)环境适应性强,可靠性高

用 PLC 实现对系统的控制是非常可靠的。这是因为 PLC 在硬件与软件两个方面都采取了很多措施,确保它能可靠工作。它的平均无故障时间可达几万小时以上;出了故障平均修复时间也很短,几小时以至几分钟即可。

(1)硬件方面:PLC 的输入/输出电路与内部 CPU 是电隔离。其信息靠光耦器件或电磁器件传递。而且,CPU 板还有抗电磁干扰的屏蔽措施,故可确保 PLC 程序的运行不受外界的电磁干扰,能正常地工作。PLC 使用的元器件多为无触点的,而且是高度集成的,数量并不太多,也为其可靠工作提供了物质基础。在机械结构设计与制造工艺上,为使 PLC 能安全可靠地工作,也采取了很多措施,可确保 PLC 耐振动、耐冲击。使用环境温度可高达 50 ℃,有的 PLC 可高达 80 ~90 ℃。有的 PLC 模块可热备,一个主机工作,另一个主机也运转,但不参与控制,仅作备份。一旦工作主机出现故障,热备的可自动接替其工作。

(2)软件方面:PLC 的工作方式为扫描加中断,这既可保证它能有序地工作,避免继电控制系统常出现的“冒险竞争”,其控制结果总是确定的;而且又能应急处理急于处理的控制,保证了 PLC 对应急情况的及时响应,使 PLC 能可靠地工作。为监控 PLC 运行程序是否正常,PLC 系统都设置了“看门狗”(Watching dog)监控程序。运行用户程序开始时,先清“看门狗”定时器,并开始计时。当用户程序一个循环运行完了,则查看定时器的计时值。若超时(一般不超过 100 ms),则报警。严重超时,还可使 PLC 停止工作。用户可依报警信号采取相应的应急措施。定时器的计时值若不超时,则重复起始的过程,PLC 将正常工作。显然,有了这个“看门狗”监控程序,可保证 PLC 用户程序的正常运行,可避免出现“死循环”而影响其工作的可靠性。PLC 每次上电后,还都要运行自检程序及对系统进行初始化。这是系统程序配置了的,用户可不干预。出现故障时有相应的出错信号提示。

(四)经济性好

使用 PLC 的投资虽大,但它的体积小、所占空间小,辅助设施的投入少;使用时省电,运行费少;工作可靠,停工损失少;维修简单,维修费少。所以,在多数情况下,是较经济的。

二、PLC 是如何实现生产过程监控的

PLC 具有自检功能,也可对控制对象进行监控。采用 PLC 定时器作“看门狗”,可对控制对象工作情况进行监控,如 PLC 在生产过程控制某运动机械动作时,看施加控制后动作进行了没有,可用“看门狗”办法实施监控。具体做法是在施加控制的同时,令“看门狗”定时器计时,如在规定的时间内动作完成,即定时器未超过定时值情况下,已收到动作完成信号,这说明生产过程正常;相反若“看门狗”定时器超时,则报警,说明工作不正常,需作相应处理。如果在生产过程的各个重要环节,均装有“看门狗”进行实时监控,那么系统的重要环节将在 PLC 的监控下工作,一旦出现什么问题,很容易发现是哪个环节,为处理问题提供了诊断手段。

【思考与练习】

1. 简述 PLC 的定时器、计数器有哪些类型。
2. 在串电阻降压启动的控制电路中,定时器的作用是什么?
3. 如何延长定时器指令的延时时间?

任务二　改造三相异步电动机 Y－△降压启动的控制电路

【学习内容】

改造三相异步电动机 Y－△降压启动控制电路。

【学习目标】

1. 知识目标

(1)掌握辅助继电器的使用规则；

(2)掌握主控、主控复位指令；

(3)掌握多重输出指令；

(4)了解循环指令、中断指令。

2. 能力目标

(1)熟练使用主控、主控复位指令；

(2)能灵活运用多重输出指令；

(3)熟练画出 PLC 控制线路。

【任务导入】

如图 4-4 所示为三相异步电动机的 Y－△降压启动的控制电路，即用按钮、时间继电器、热继电器和接触器等来控制电动机降压启动正转控制线路，现对其进行 PLC 改造。

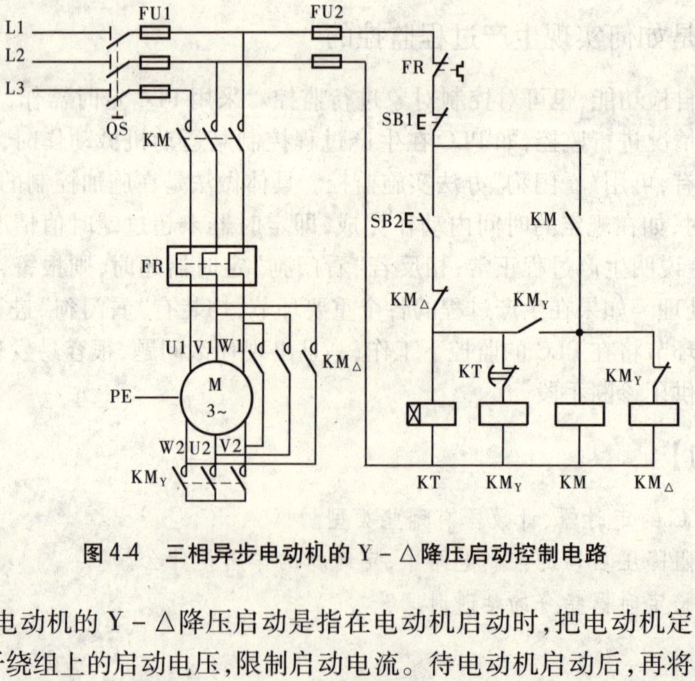

图 4-4　三相异步电动机的 Y－△降压启动控制电路

三相异步电动机的 Y－△降压启动是指在电动机启动时，把电动机定子绕组接成星形，以降低定子绕组上的启动电压，限制启动电流。待电动机启动后，再将电动机定子绕组改接成三角形,使电动机全压运行。凡是在正常运行时定子绕组作三角形连接的异步电动机,均可采用这种降压启动方法。

主电路由开关 QS、熔断器 FU1、接触器主触点、热继电器主触点及电动机组成;控制电路由熔断器 FU2、停止按钮 SB1、启动按钮 SB2、接触器辅助触点、接触器 KM 线圈、时间继电器线圈及触点组成。PLC 改造主要针对控制电路进行,而主电路部分保留不变。

在控制电路中,停止按钮 SB1、启动按钮 SB2、热继电器辅助触点属于控制信号,应作为 PLC 的输入量分配接线端子;而接触器线圈属于被控对象,应作为 PLC 的输出量分配接线端子。接触器 $KM_{\triangle}$ 和 KM_{Y} 不能同时得电动作,否则三相电源短路。为此,电路中采用接触器常闭触点串接在对方线圈回路作电气联锁,使电路工作可靠。

利用三菱 FX_{2N} 系列 PLC 来完成本任务。

【相关知识】

1. 辅助继电器与特殊辅助继电器

1)辅助继电器

PLC 中有许多辅助继电器 M,它有若干对常开触点和常闭触点,必须由 PLC 中其他器件的触点接通驱动 M 的线圈之后,触点才能动作,这与继电器接触器控制线路中的中间继电器工作情形相似,供中间转换环节使用,所以辅助继电器有时也叫作中间继电器。但辅助继电器不能直接驱动负载,要驱动负载必须通过输出继电器才行。

辅助继电器又可分为通用型辅助继电器和锁存型(或保持型)辅助继电器两种。通用型辅助继电器编号 M0 ~ M499(500 点),锁存型辅助继电器编号 M500 ~ M1023(524 点)。

注意:当电源中断时,由于后备锂电池能保持供电,所以锁存型辅助继电器能够保持它们原来的状态。这就是锁存型辅助继电器可用于要求保持断电前状态那种场合的原因所在。

2)特殊辅助继电器

特殊辅助继电器有时也称为专用辅助继电器,用于表示 PLC 的某些状态,提供时钟脉冲(10 ms、100 ms、1 s 和 1 min)和标志,设定 PLC 的运行方式,或者用于步进顺控、禁止中断、设定计数器是加计数或减计数等。特殊辅助继电器编号 M8000 ~ M8255(256 点)。

2. 主控、主控复位指令

指令格式及梯形图表示方法如表 4-4 所示。

表 4-4　指令格式及梯形图表示方法

助记符	功能	梯形图图示	操作元件	程序步数
MC	主控电路块起点	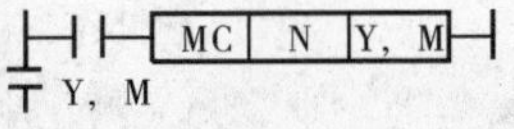	Y,M	3
MCR	主控电路块终点	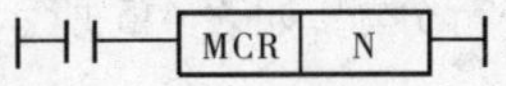	Y,M	2

1)使用说明

(1)主控、主控复位指令可以使梯形图程序中指定部分的所有逻辑有效或无效。注意:当输入条件断开时,积算定时器、计数器、用 SET/RST 指令驱动的元件保持当前状态。

(2)主控指令 MC 将它操作的触点接到主母线上,形成新母线,在新母线支路开始时用 LD 或 LDI 操作。

(3)主控指令可以嵌套使用。MC 和 MCR 成对使用。

(4)特殊功能辅助寄存器不能用作指令的操作元件。

2)程序举例

如图 4-5 所示。

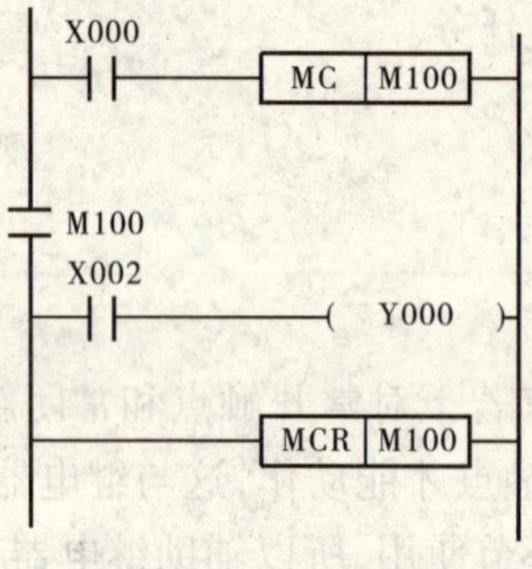


```
LD    X000
MC    M100
LD    X002
OUT   Y000
MCR   M100
```

图 4-5　主控、主控复位指令应用

3. 堆栈操作(多重输出)指令

MPS:进栈指令;

MRD:读栈指令;

MPP:出栈指令。

使用说明:

(1)这三条指令是无操作器件指令,都是一个步序长,用于多路输出。

(2)堆栈是存储器中的一部分存储区域,用来保护逻辑运算的中间结果。

(3)使用进栈指令 MPS 时,当时的运算结果压入栈的第一层,栈中原来的数据依次向下一层推移。

(4)使用出栈指令 MPP 时,各层的数据依次向上移动一层。

(5)MRD 是最上层所存数据的读出专用指令。读出时,栈内数据不发生移动。

(6)MPS 和 MPP 指令必须成对使用。

(7)程序举例如图 4-6 所示。

【任务实施】

1. I/O 点分配

根据任务分析,对输入量/输出量进行分配,如表 4-5 所示。

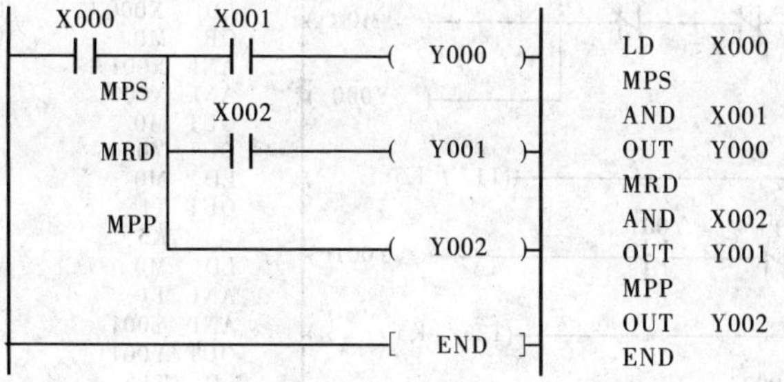

图 4-6 堆栈操作指令应用

表 4-5 输入量/输出量的分配

输入量(IN)			输出量(OUT)		
元件代号	功能	输入点	元件代号	功能	输出点
SB2	启动按钮	X000	KM	接触器线圈	Y000
SB1	停止按钮	X001	KM_Y	接触器线圈	Y001
FR	热继电器常闭触点	X002	$KM_\triangle$	接触器线圈	Y002

2. 绘制 PLC 硬件接线图

根据图 4-4 所示的控制电路图及 I/O 分配表,绘制 PLC 硬件接线图,如图 4-7 所示,应保证硬件接线操作正确。

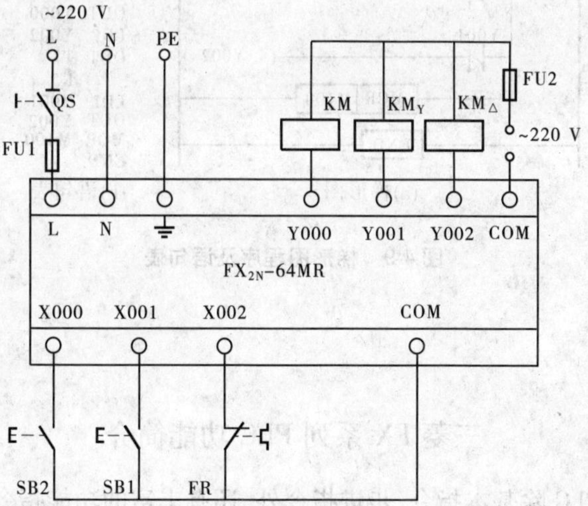

图 4-7 PLC 硬件接线图

3. 设计梯形图程序及语句表

(1)参照电气自锁电路设计 Y－△降压启动控制电路梯形图程序,如图 4-8 所示。

(2)采用主控、主控复位指令设计梯形图程序,如图 4-9 所示。

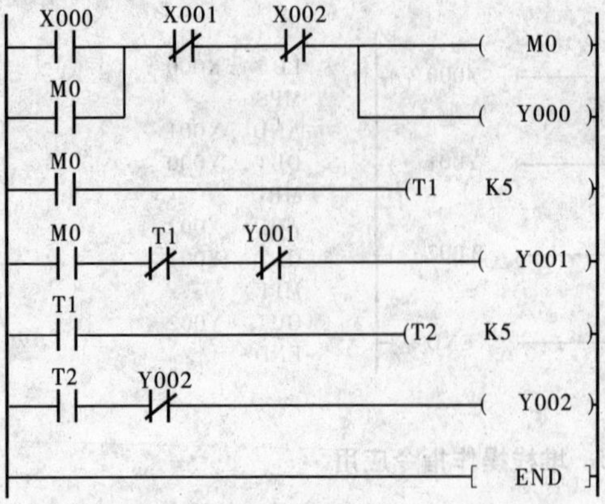

(a)梯形图

```
LD   X000
OR   M0
ANI  X001
ANI  X002
OUT  M0
OUT  Y000
LD   M0
OUT  T1
     K5
LD   M0
ANI  T1
ANI  Y001
OUT  Y001
LD   T1
OUT  T2
     K5
LD   T2
ANI  Y002
OUT  Y002
END
```

(b)语句表

图 4-8　梯形图程序及语句表

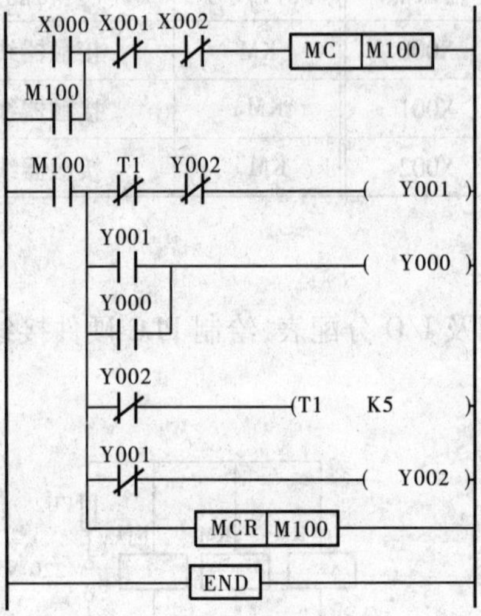

(a)梯形图

```
LD   X000
OR   M100
ANI  X001
ANI  X002
MC   M100
LDI  T1
ANI  Y002
OUT  Y001
LD   Y001
OR   Y000
OUT  Y000
LDI  Y002
OUT  T1
     K5
LDI  Y001
OUT  Y002
MCR  M100
END
```

(b)语句表

图 4-9　梯形图程序及语句表

【知识拓展】

三菱 FX 系列 PLC 功能简介

三菱 FX 系列 PLC 除基本指令、步进指令外,还有丰富的功能指令或称应用指令。三菱 FX 系列 PLC 功能指令格式采用梯形图和指令助记符相结合的形式,如图 4-10 所示。

这是一条加法指令,功能是当 X0 接通时,将 D10 的内容与 D12 的内容相加,和放到 D14 中。D10 和 D12 是源操作数,D14 是目标操作数,X0 是执行条件。

下面介绍部分功能指令。

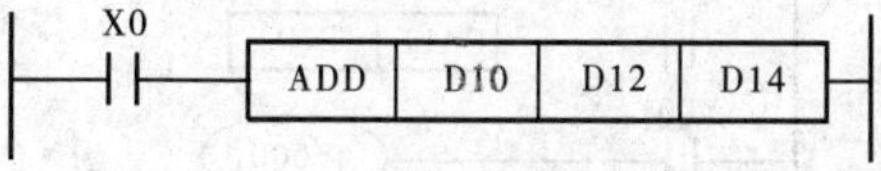

图 4-10　功能指令格式

(一)程序流程指令(FNC00～FNC09)

1. 条件跳转指令 CJ(FNC00)

(1)指令的操作元件及程序步等如表 4-6 所示。

表 4-6　条件跳转指令表

CJ FNC00 (P)(16) 条件跳转	操作元件:指针 P0～P63 程序步数:CJ 和 CJ(P)…3 步 标号 P××…1 步

说明:助记符 CJ(P)后面的(P)符号表示脉冲执行,该指令只在执行条件由 OFF 变为 ON 时执行。如 CJ 指令后无(P),表示连续执行,只要执行条件为 ON 状态,该指令在每个扫描周期都被重复执行。条件跳转指令用于在某条件下跳过某一部分程序,以减少扫描时间。

(2)举例:条件跳转指令的使用说明如图 4-11 所示。当 X000 为 ON 时,程序跳到标号 P10 处。如果 X000 为 OFF,跳转不执行,程序按原顺序执行。

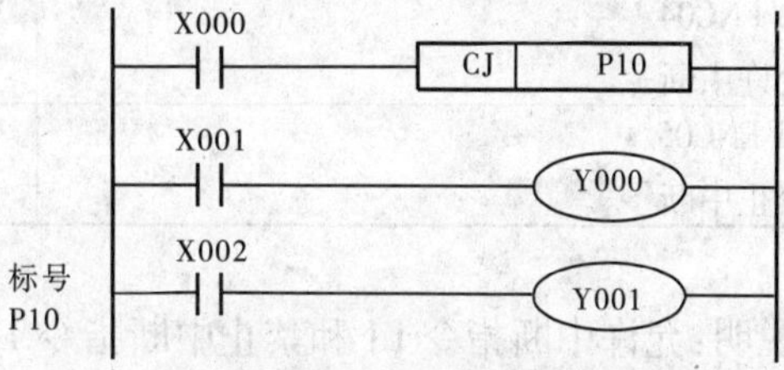

图 4-11　CJ 指令的使用

2. 子程序调用与返回指令 CALL(FNC01)、SRET(FNC02)

(1)指令的操作元件及程序步数等如表 4-7 所示。

表 4-7　子程序调用与返回指令表

CALL FNC01 (P) (16) 子程序调用	操作元件:指针 P0～P62 程序步数:CALL 和 CALL(P)…3 步 标号 P××…1 步
SRET　FNC02 子程序返回	操作元件:无 程度步数:1 步

说明:调用子程序的标号应写在主程序结束指令 FEND 之后。标号范围为 P0～P62,同一标号不能重复使用(同一程序)。

(2)举例:子程序调用与返回指令的使用说明如图 4-12 所示。

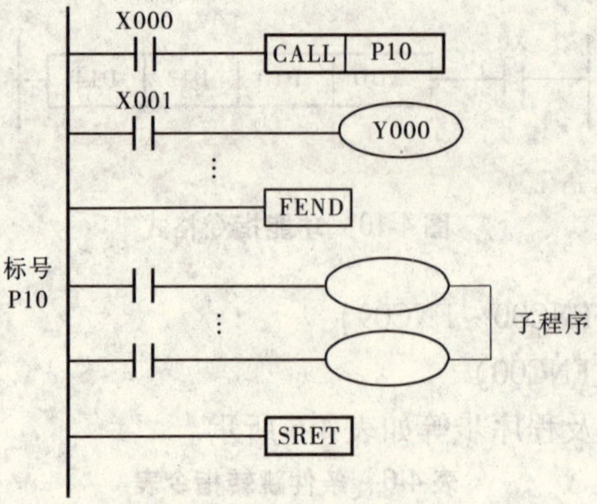

图 4-12　CALL、SRET 的使用

3. 中断指令(FNC03、FNC04、FNC05)

(1)指令的操作元件及程序步数等如表 4-8 所示。

表 4-8　中断指令表

IRET FNC03 中断返回	操作元件:无 程序步数:1 步
EI FNC04 允许中断	操作元件:无 程序步数:1 步
DI FNC05 禁止中断	操作元件:无 程序步数:1 步

说明:允许中断指令 EI 和禁止中断指令 DI 之间的程序段为允许中断区间。当程序处理到该区间并出现中断信号时,停止执行主程序,去执行相应的中断子程序。处理到中断返回指令 IRET 时返回断点,继续执行主程序。

(2)举例:中断指令的使用说明如图 4-13 所示。

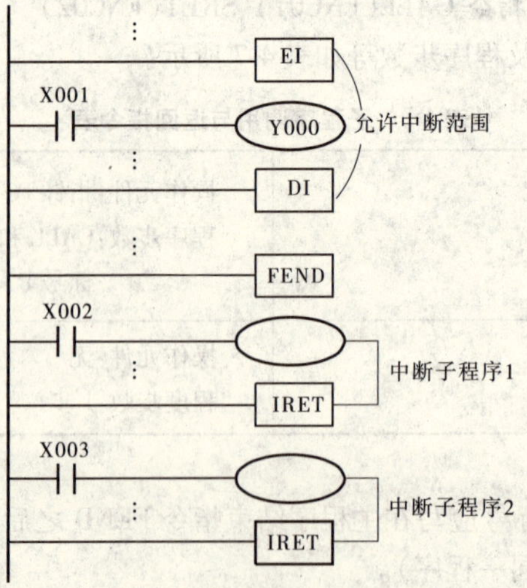

图 4-13　中断指令的使用

4. 主程序结束指令 FEND(FNC06)

(1)指令的操作元件及程序步等如表 4-9 所示。

表 4-9　主程序结束指令表

FEND FNC06 主程序结束	操作元件:无 程序步数:1 步

(2)说明:主程序结束 FEND 指令表示主程序结束。程序执行到 FEND 时,进行输出处理、输入处理、监视定时器刷新,完成以后返回第 0 步。子程序及中断程序必须写在 FEND 指令与 END 指令之间。

5. 监视定时器刷新指令 WDT(FNC07)

(1)指令的操作元件及程序步数等如表 4-10 所示。

表 4-10　监视定时器刷新指令表

WDT FNC07 监视定时器刷新	操作元件:无 程序步数:1 步

说明: WDT 指令是用来对监视定时器刷新的,如果扫描时间(0 ~ END 及 FEND 指令执行时间)超过监视定时器设定时间,PLC 将报警并停止运行。

(2)举例:监视定时器刷新指令的使用说明如图 4-14 所示。

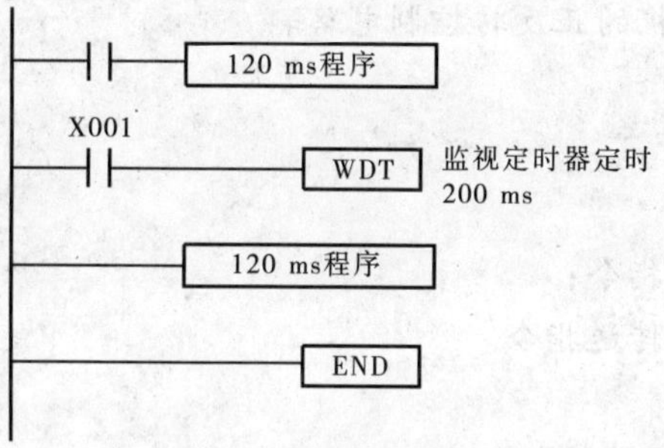

图 4-14　WDT 指令的使用

6. 循环指令 FOR(FNC08)、NEXT(FNC09)

(1)指令的操作元件及程序步数等如表 4-11 所示。

表 4-11　循环指令表

FOR FNC08 (16) 循环开始指令	操作元件:K、H、KnX、KnY、KnM、KnS、T、C、D 等 程序步数: 3 步
NEXT FNC09 循环结束指令	操作元件:无 程序步数:1 步

说明:在程序运行时,位于 FOR - NEXT 间的程序重复执行 n 次(由操作元件指定)后,再执行 NEXT 指令后的程序。

(2)举例:循环指令的使用说明如图 4-15 所示。

(未完,待续,见本模块任务三)

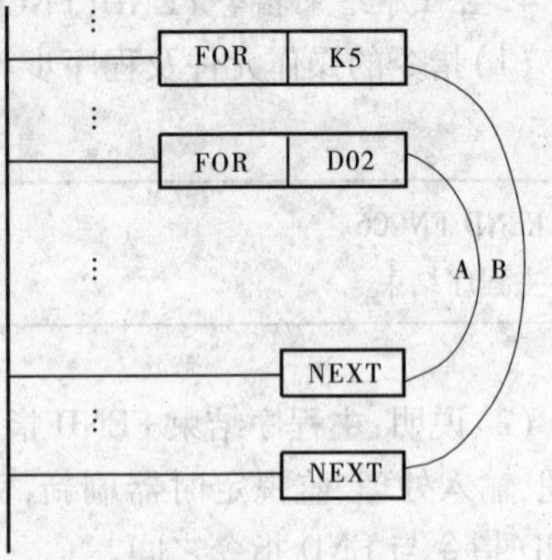

图 4-15　FOR、NEXT 指令的使用

【思考与练习】

1. Y - △降压启动的控制电路中接触器 $KM_{\triangle}$ 和 KM_{Y} 为什么不能同时得电动作?

2. FX_{2N} 型 PLC 的内部辅助继电器共有多少个? 它们各有什么用途?

3. 使用主控、主控复位指令应注意哪些问题?

4. 编写程序的方法是否是唯一的?

任务三　改造三相异步电动机的正反转控制电路

【学习内容】

改造三相异步电动机的正反转控制电路。

【学习目标】

1. 知识目标

(1)掌握置位/复位指令;

(2)了解比较指令、传送指令。

2. 能力目标

(1)能熟练进行正反转控制电路的改造。

(2)熟练画出 PLC 控制线路。

【任务导入】

如图 4-16 所示为三相异步电动机的正反转控制电路,即用按钮、热继电器和接触器等来控制电动机正反转的控制电路,接触器 KM1、KM2 不能同时得电动作,否则三相电

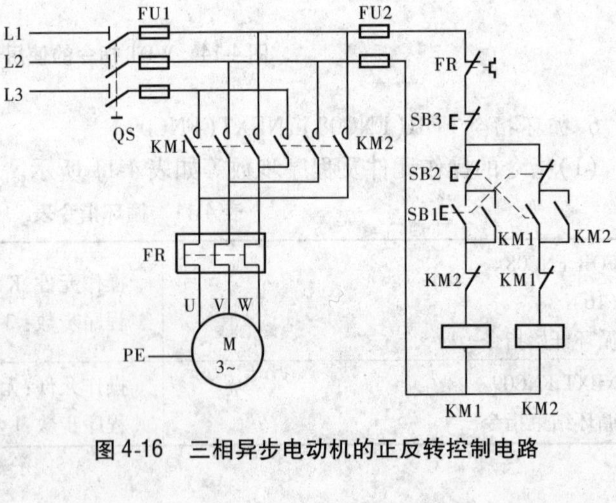

图 4-16　三相异步电动机的正反转控制电路

源短路。为此,电路中采用接触器常闭触点串接在对方线圈回路作电气联锁,使电路工作可靠。采用按钮 SB1、SB2 的常闭触点,目的是让电动机正反转直接切换,操作方便。这些控制要求都应在梯形图程序中给以体现。

1. 正转控制

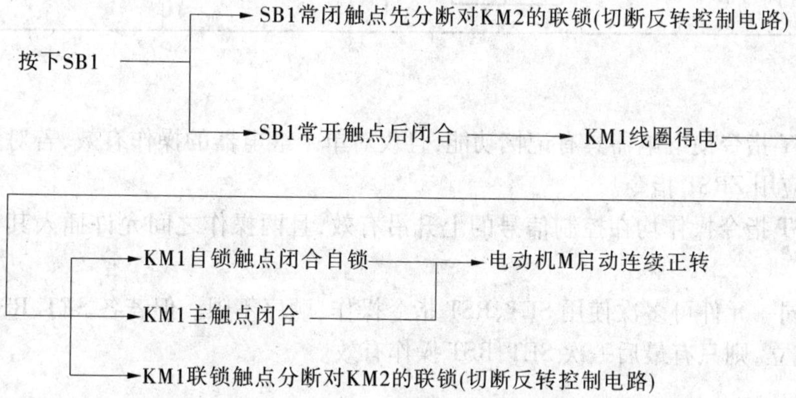

2. 反转控制

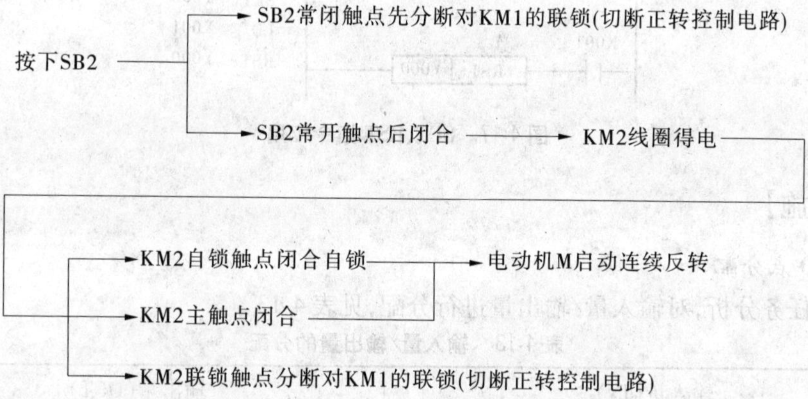

若要停止,按下 SB3,整个控制电路失电,主触点分断,电动机 M 失电停转。

在控制电路中,正转按钮 SB1、反转按钮 SB2、停止按钮 SB3、热继电器辅助触点属于控制信号,应作为 PLC 的输入量分配接线端子;而接触器线圈属于被控对象,应作为 PLC 的输出量分配接线端子。现对其进行 PLC 改造。

利用三菱 FX_{2N}系列 PLC 来完成本任务。

【相关知识】

置位、复位指令 SET、RST 格式及梯形图表示方法如表 4-12 所示。

表 4-12 指令格式及梯形图表示方法

助记符	功能	梯形图图示	操作元件	程序步数
SET	置位并保持	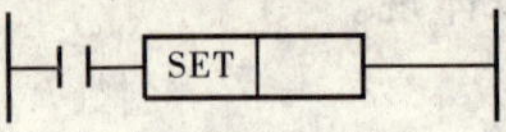	Y,M,S,T,C	1 ~2
RST	复位并保持清零	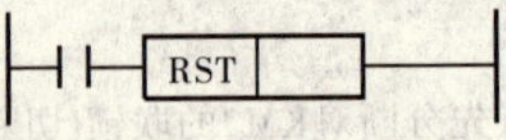	Y,M,S,T,C	1 ~3

1. 使用说明

(1)SET、RST 指令使继电器具有记忆功能,且仅对单个继电器的操作有效,若对多位数据执行操作,应用 ZRST 指令。

(2)SET、RST 指令操作均在控制信号的上升沿有效,且两操作之间允许插入其他程序。

注意:对于同一元件可多次使用 SET、RST 指令操作,顺序不限。但若各 SET、RST 指令操作条件均成立,则只有最后一次 SET、RST 操作有效。

2. 程序举例

程序如图 4-17 所示。

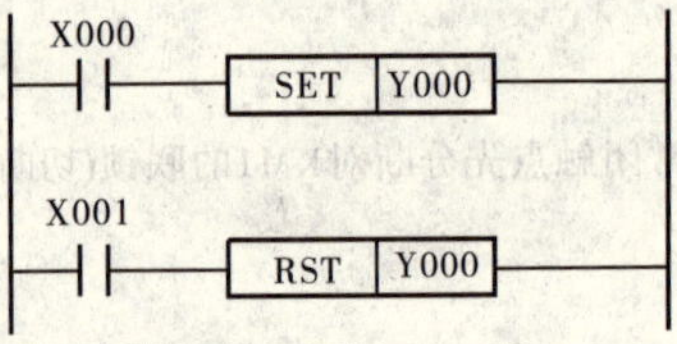


```
LD   X000
SET  Y000
LD   X001
RST  Y000
```

图 4-17 SET、RST 指令应用

【任务实施】

1. I/O 点分配

根据任务分析,对输入量/输出量进行分配,见表 4-13。

表 4-13 输入量/输出量的分配

输入量(IN)			输出量(OUT)		
元件代号	功能	输入点	元件代号	功能	输出点
SB1	正转按钮	X000	KM1	接触器线圈	Y000
SB2	反转按钮	X001	KM2	接触器线圈	Y001
SB3	停止按钮	X002			
FR	热继电器常闭触点	X003			

2. 绘制 PLC 硬件接线图

根据图 4-16 所示的控制电路图及 I/O 分配表,绘制 PLC 硬件接线图,如图 4-18 所示,应保证硬件接线操作正确。

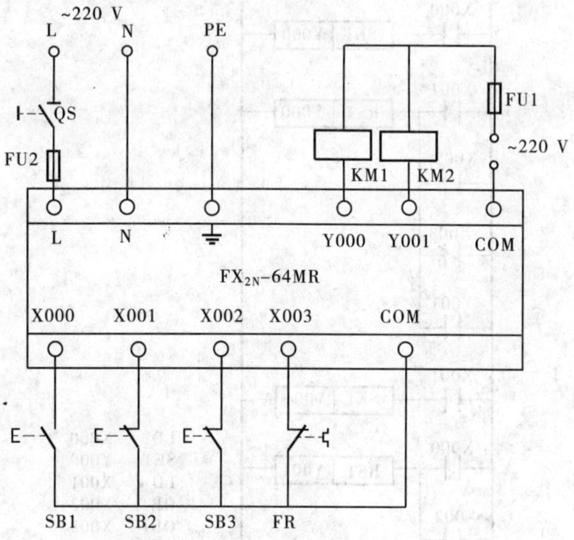

图 4-18　PLC 硬件接线图

3. 设计梯形图程序及语句表

(1)采用电气自锁电路设计正反转控电线路梯形图程序,如图 4-19 所示。

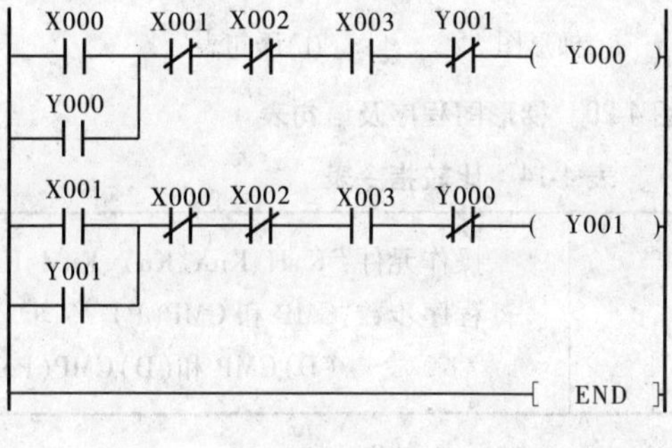

(a)梯形图

```
LD   X000
OR   Y000
ANI  X001
ANI  X002
AND  X003
ANI  Y001
OUT  Y000
LD   X001
OR   Y001
ANI  X000
ANI  X002
AND  X003
ANI  Y000
OUT  Y001
END
```

(b)语句表

图 4-19　梯形图程序及语句表

(2)采用 SET、RST 指令设计梯形图程序,如图 4-20 所示。

【知识拓展】

三菱 FX 系列 PLC 功能简介(续一)

(二)传送与比较指令(FNC10 ~ FNC19)

1. 比较指令 CMP(FNC10)

(1)比较指令的操作元件及程序步等如表 4-14 所示。

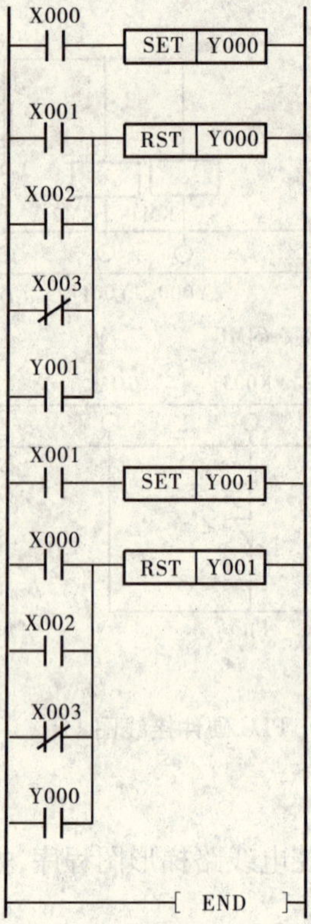


```
LD   X000
SET  Y000
LD   X001
OR   X002
ORI  X003
OR   Y001
RST  Y000
LD   X001
SET  Y001
LD   X000
OR   X002
ORI  X003
OR   Y000
RST  Y001
END
```

(a)梯形图　　(b)语句表

图 4-20　梯形图程序及语句表

表 4-14　比较指令表

CMP FNC10 (P)(16/32) 比较	操作元件：K、H、KnX、KnY、KnM、KnS、T、C、D 等 程序步数：CMP 和 CMP(P)…7 步 (D)CMP 和(D)CMP(P)…13 步

说明：比较指令 CMP 是将源操作数进行比较，将结果送到目标操作数。

(2)举例。比较指令的使用说明如图 4-21 所示。

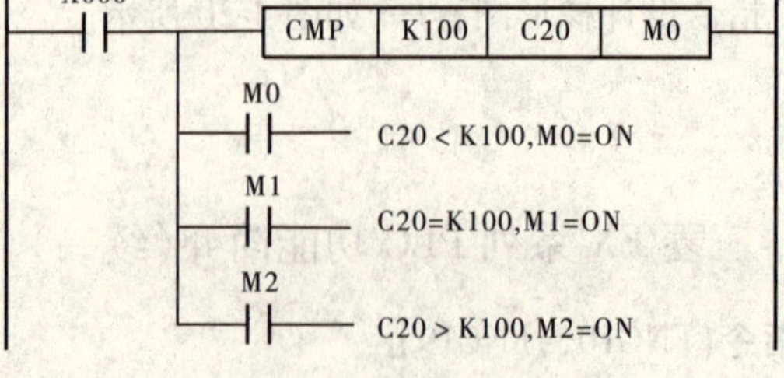

图 4-21　CMP 指令的使用

2. 区域比较指令 ZCP(FNC11)

(1)区域比较指令的操作元件及程序步等如表 4-15 所示。

表 4-15　区域比较指令表

ZCP FNC11 (P) (16/32) 区域比较	操作元件：K、H、KnX、KnY、KnM、KnS、T、C、D 等 程序步数:ZCP 和 ZCP(P)…9 步 (D)ZCP 和(D)ZCP(P)…17 步

说明:区域比较指令 ZCP 是将一个数据与两个源操作数进行比较,将结果送到目标操作数。

(2)举例。区域比较指令的使用说明如图 4-22 所示。

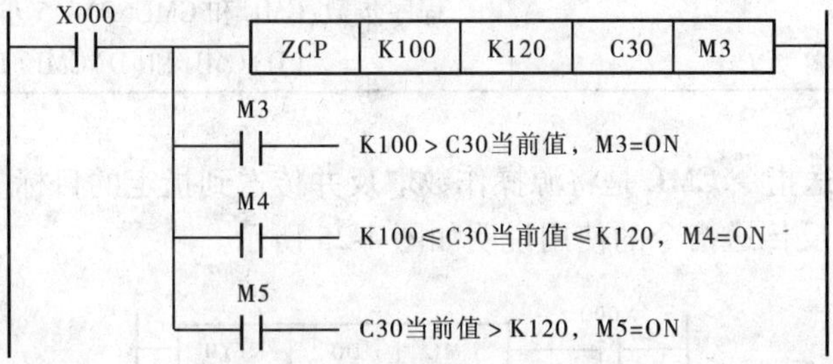

图 4-22　ZCP 指令的使用

3. 传送指令 MOV(FNC12)

(1)传送指令的操作元件及程序步等如表 4-16 所示。

表 4-16　传送指令表

MOV FNC12 (P) (16/32) 传送	操作元件：K、H、KnX、KnY、KnM、KnS、T、C、D 等 程序步数:MOV 和 MOV(P)…5 步 (D)MOV 和(D)MOV(P)…9 步

说明:传送指令 MOV 是将源操作数传送到指定的目标。

(2)举例。传送指令的使用说明如图 4-23 所示。

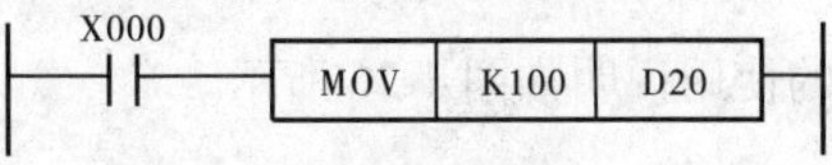

图 4-23　传送指令 MOV 的使用

4. 移位传送指令 SMOV(FNC13)

(1)移位传送指令的操作元件及程序步等如表 4-17 所示。

表 4-17　移位传送指令表

SMOV FNC13 (P) (16/32) 移位传送	操作元件:K、H、KnX、KnY、KnM、KnS、T、C、 D 等 程序步数:SMOV 和 SMOV(P)…11 步

说明:移位传送指令 SMOV 是将数据重新分配或组合。

(2)举例。移位传送指令的使用说明如图 4-24 所示。

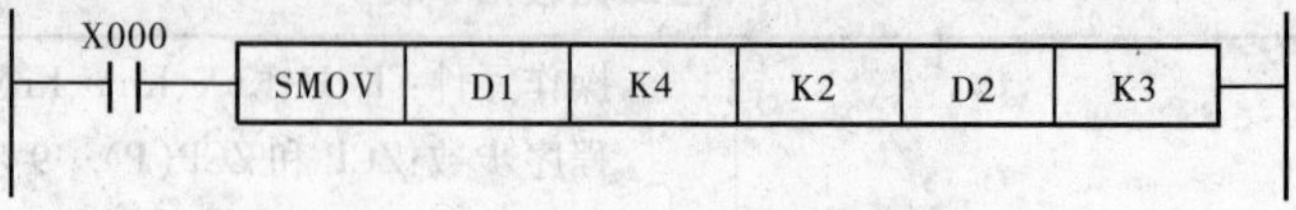

图 4-24　移位传送指令的使用

5. 取反传送指令 CML(FNC14)

(1)取反传送指令的操作元件及程序步等如表 4-18 所示。

表 4-18　取反传送指令表

CML FNC14 (P) (16/32) 取反传送	操作元件: K、H、KnX、KnY、KnM、KnS、T、C、D 等 程序步数:CML 和 CML(P)…5 步 (D)CML 和(D)CML(P)…9 步

说明:取反传送指令 CML 是将源操作数取反并传送到指定的目标。

(2)举例。取反传送指令的使用说明如图 4-25 所示。

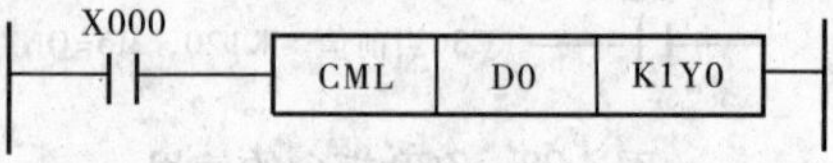

图 4-25　取反传送指令的使用

6. 块传送指令 BMOV(FNC15)

(1)块传送指令的操作元件及程序步等如表 4-19 所示。

表 4-19　块传送指令表

BMOV FNC15 (P) (16/32) 块传送	操作元件:K、H、KnX、KnY、KnM、KnS、T、C、D 等 程序步数:BMOV 和 BMOV(P)…7 步

说明:块传送指令 BMOV 是将从源操作数指定的元件开始的 n 个数组成的数据块传送到指定的目标。

(2)举例。块传送指令的使用说明如图 4-26 所示。

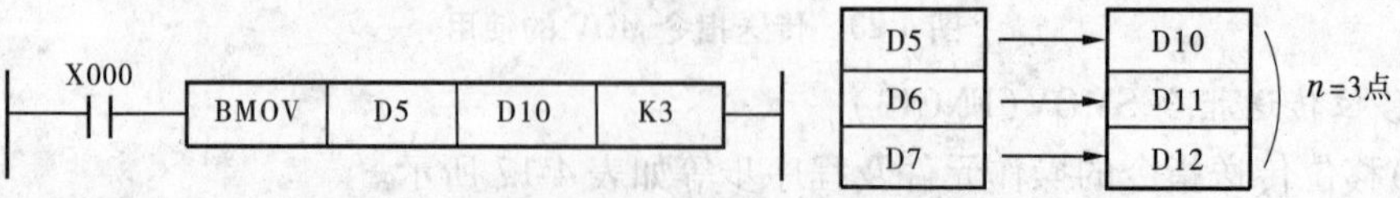

图 4-26　BMOV 指令的使用

7. 多点传送指令 FMOV(FNC16)

(1)多点传送指令的操作元件及程序步等如表 4-20 所示。

表 4-20　多点传送指令表

FMOV FNC16 (P) (16/32) 多点传送	操作元件：K、H、KnX、KnY、KnM、KnS、T、C、D 等 程序步数：FMOV 和 FMOV(P)…7 步

说明：多点传送指令 FMOV 是将源元件中的数据传送到从指定目标开始的 n 个元件中。

(2)举例。多点传送指令的使用说明如图 4-27 所示。

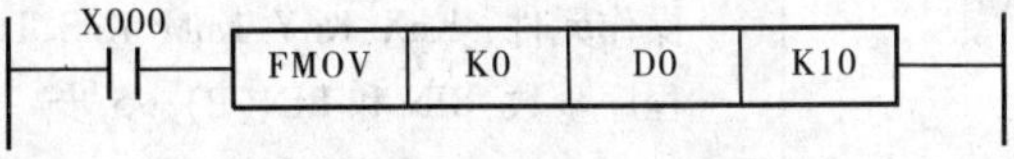

图 4-27　多点传送指令的使用

8. 数据交换指令 XCH(FNC17)

(1)数据交换指令的操作元件及程序步等如表 4-21 所示。

表 4-21　数据交换指令表

XCH FNC17 (P) (16/32) 数据交换	操作元件：K、H、KnX、KnY、KnM、KnS、T、C、D 等 程序步数：XCH 和 XCH(P)…5 步 (D)XCH 和(D)XCH(P)…9 步

说明：数据交换指令 XCH 是将数据在指定的目标元件之间交换。

(2)举例。数据交换指令的使用说明如图 4-28 所示。

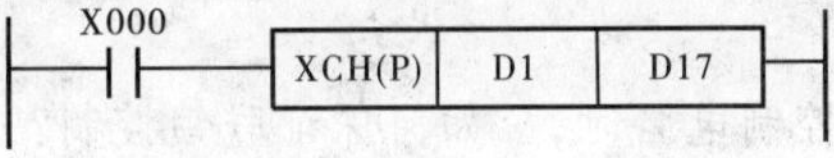

图 4-28　数据交换指令的使用

9. BCD 变换指令(FNC18)

(1)BCD 变换指令的操作元件及程序步等如表 4-22 所示。

表 4-22　BCD 变换指令表

BCD FNC18 (P) (16/32) 二进制变换成 BCD 码	操作元件：K、H、KnX、KnY、KnM、KnS、T、C、D 等 程序步数：BCD 和 BCD(P)…5 步 (D)BCD 和(D)BCD(P)…9 步

说明：BCD 变换指令是将源元件中的二进制数据转换成 BCD 码送到目标元件中。BCD 变换指令可用于将 PLC 中的二进制数据变换成 BCD 码输出以驱动七段显示。

(2)举例。BCD 变换指令的使用说明如图 4-29 所示。

当 X0 = ON 时，源元件 D12 中的二进制变换成 BCD 码送到 Y0 ~ Y7 的目标元件中去。

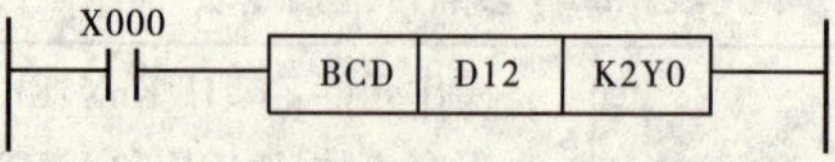

图 4-29　BCD 变换指令的使用

10. BIN 变换指令(FNC19)

(1)BIN 变换指令的操作元件及程序步等如表 4-23 所示。

表 4-23　BIN 变换指令表

BIN FNC19 (P) (16/32) BIN 变换	操作元件: KnX、KnY、KnM、KnS、T、C、D 等 程序步数:BIN 和 BIN(P)…5 步 (D)BIN 和(D)BIN(P)…9 步

说明:BIN 变换指令是将源元件中的 BCD 码转换成二进制数据送到目标元件中。

(2)举例。BIN 变换指令的使用说明如图 4-30 所示。

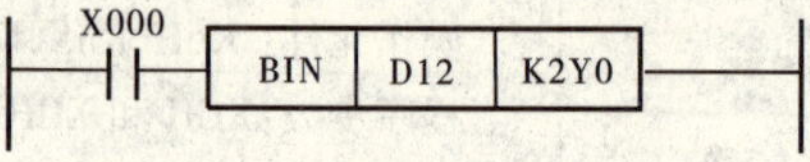

图 4-30　BIN 变换指令的使用

(未完,待续,见本模块任务四)

【思考与练习】

1. 用 PLC 改造正反转控制电路时,应如何保证联锁控制?

2. 使用置位和复位指令编程时,应注意哪些问题?

3. 使用置位、复位指令,设计两台电动机手动启停控制程序。控制要求是:第一台电动机启动后,第二台才能启动;第二台停止后,第一台才能停止。

4. 移位寄存器指令的构成是怎样的?

5. 移位指令的基本功能是什么?

6. 利用移位指令设计一个彩灯控制程序,共 9 盏彩灯,每隔 1 s 点亮一盏,全亮后闪烁 7 s 全灭。全灭后重复前面的循环过程,直到按下停止按钮,所有灯全部熄灭。

任务四　改造三相异步电动机的调速控制电路

【学习内容】

改造三相异步电动机的调速控制电路。

【学习目标】

1. 知识目标

(1)掌握用 PLC 改造继电—接触器控制电路遵循的步骤；

(2)熟悉字逻辑运算指令。

2. 能力目标

(1)会分配 I/O 点；

(2)熟练绘制接线图。

【任务导入】

如图 4-31 所示为接触器控制双速电动机电路，即用按钮和接触器来控制电动机高速、低速控制电路，其中 SB1、KM1 控制电动机低速运行，SB2、KM2、KM3 控制电动机高速运行。

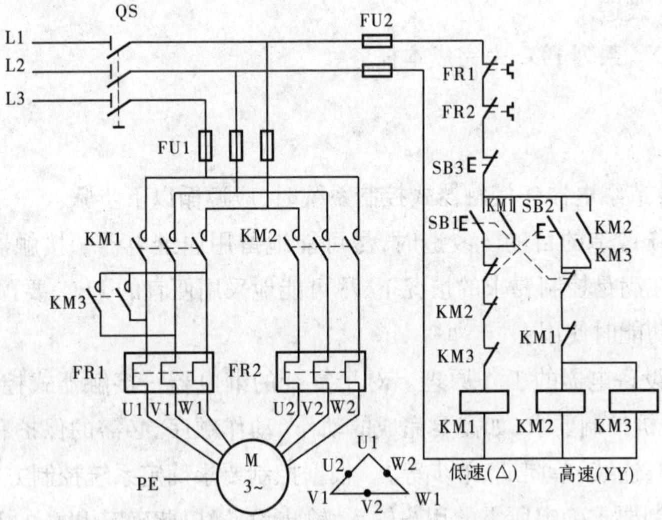

图 4-31 接触器控制双速电动机电路

1. 三角形低速启动运行

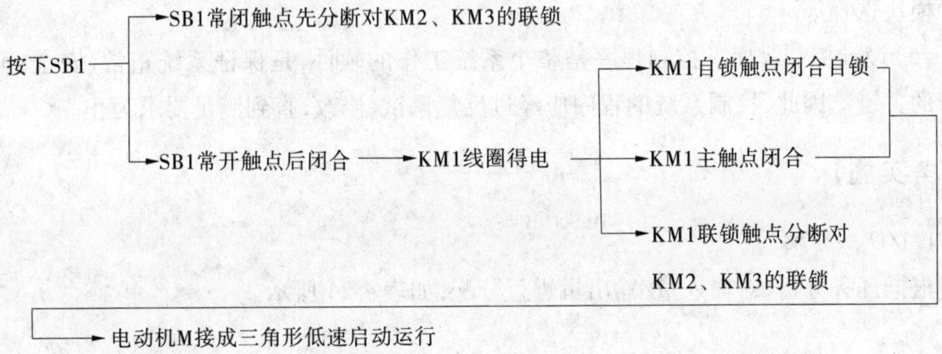

2. 双星形高速启动运行

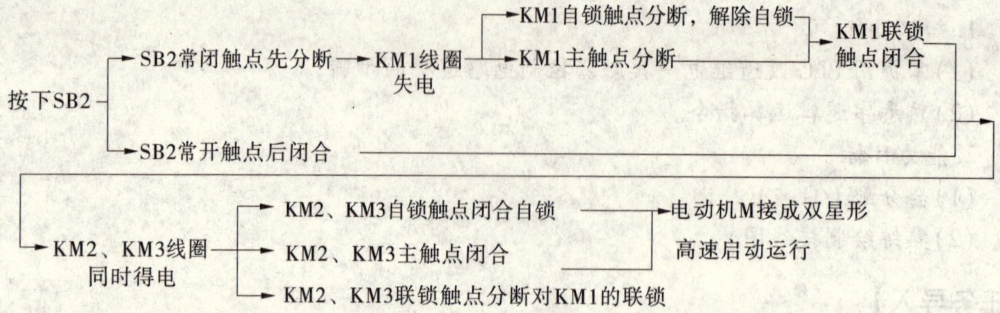

在控制电路中，按钮 SB1、SB2、SB3、热继电器辅助触点属于控制信号，应作为 PLC 的输入量分配接线端子；而接触器线圈属于被控对象，应作为 PLC 的输出量分配接线端子。现对其进行 PLC 改造。

利用三菱 FX_{2N}系列 PLC 来完成本任务。

【相关知识】

在用 PLC 改造继电器—接触器式控制系统时，应遵循以下步骤：

(1)了解系统改造的目的。改造时，尽可能地留用原继电器—接触器式控制系统中可用的元器件；在满足控制要求的情况下，尽可能地采用便宜的 PLC；要预留一些输入/输出点，以备添加功能时使用。

(2)了解原设备电器的工作原理。对于复杂的继电器—接触器式控制系统，根据生产的工艺过程分析控制要求，如需要完成的动作(动作顺序、必需的保护和联锁等)、操作方式(手动、自动、连续、单周期、单步等)。根据控制要求确定系统控制方案。

(3)根据控制要求确定所需的用户输入/输出设备，以此确定 PLC 的 I/O 点数。

(4)PLC 的选择。PLC 是控制系统的核心部件，正确选择 PLC 对保证整个控制系统的技术经济指标起着重要的作用。选择 PLC 应包括机型选择、容量选择、I/O 模块选择、电源模块选择等。

(5)设计控制程序。控制程序是整个系统工作的软件，是保证系统正常、安全、可靠运行的关键。因此，控制系统的程序应经过反复调试、修改，直到满足要求为止。

【任务实施】

1. I/O 点分配

根据任务分析，对输入量/输出量进行分配，如表 4-24 所示。

表 4-24　输入量/输出量的分配

输入量(IN)			输出量(OUT)		
元件代号	功能	输入点	元件代号	功能	输出点
SB1	低速按钮	X000	KM1	接触器线圈	Y000
SB2	高速按钮	X001	KM2	接触器线圈	Y001
SB3	停止按钮	X002	KM3	接触器线圈	Y002
FR1	热继电器触点	X003			
FR2	热继电器触点	X004			

2. 绘制 PLC 硬件接线图

根据图 4-31 所示的控制电路图及 I/O 分配表,绘制 PLC 硬件接线图,如图 4-32 所示,以保证硬件接线操作正确。

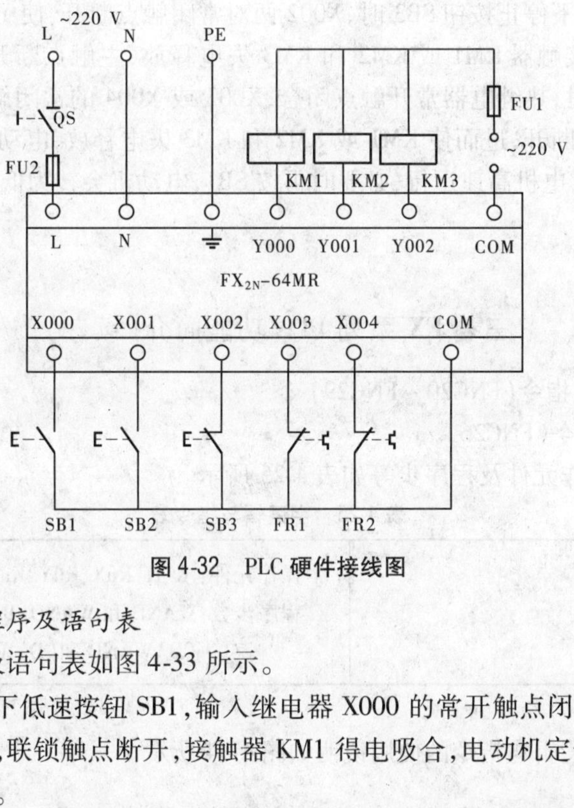

图 4-32　PLC 硬件接线图

3. 设计梯形图程序及语句表

其梯形图程序及语句表如图 4-33 所示。

低速运行时,按下低速按钮 SB1,输入继电器 X000 的常开触点闭合,Y000 的线圈接通,其自锁触点闭合,联锁触点断开,接触器 KM1 得电吸合,电动机定子绕组作三角形连接,电动机低速运行。

当要转为高速运行时,则按下高速启动按钮 SB2,X001 常闭触点断开 Y000 线圈,KM1 失电释放,与此同时,X001 常开触点闭合,与 X002、X004、Y000 的常闭触点一起,接通 Y001 的线圈,KM2 得电吸合,Y001 常开触点的闭合使 Y002 线圈接通,Y002 的另一对常开触点闭合,使 Y001 和 Y002 自锁,KM3 也得电吸合,电动机定子绕组连接成双星形,此时电动机高速运行。

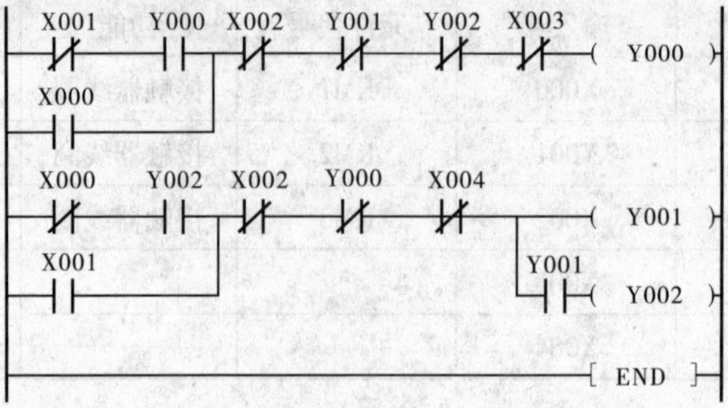

(a)梯形图

```
LDI  X001
AND  Y000
OR   X000
ANI  X002
ANI  Y001
ANI  Y002
ANI  X003
OUT  Y000
LDI  X000
AND  Y002
OR   X001
ANI  X002
ANI  Y000
ANI  X004
OUT  Y001
AND  Y001
OUT  Y002
END
```

(b)语句表

图 4-33　梯形图程序及语句表

KM2 合上后 KM3 才得电合上（Y001 线圈先接通，Y002 才动作），是为了避免 KM3 合上时电流很大。按下停止按钮 SB3 时，X002 两对常闭触点断开，使 Y000 或 Y001 和 Y002 线圈断开，相应的接触器 KM1 或 KM2 和 KM3 失电释放，主触点断开，电动机则停下来。同理，电动机过载时，热继电器常开触点闭合，X003 或 X004 的常闭触点断开，使 Y000 或 Y001 和 Y002 线圈断开，进而使 KM1 或 KM2 和 KM3 失电释放，电动机得到保护。

如果按下 SB2，电机高速运行，必要时再按 SB1，电动机会转为低速运行。

【知识拓展】

三菱 FX 系列 PLC 功能简介（续二）

（三）逻辑运算指令（FNC20～FNC29）

1. 字逻辑与指令（FNC26）

（1）指令的操作元件及程序步等如表 4-25 所示。

表 4-25　字逻辑与指令表

WAND FNC26 （P）（16/32） 逻辑与	操作元件：K、H、KnX、KnY、KnM、KnS、T、C、D 等 程序步数：WAND 和 WAND(P)…7 步 （D）WAND 和（D）WAND(P)…13 步

（2）举例。字逻辑与指令的使用说明如图 4-34 所示。

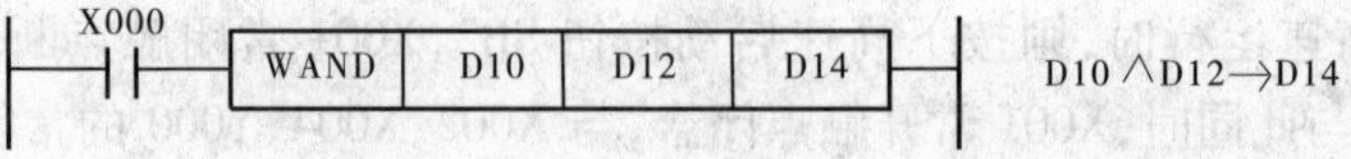

图 4-34　字逻辑与指令的使用

2. 字逻辑或指令字 WOR(FNC27)

(1)指令的操作元件及程序步等如表 4-26 所示。

表 4-26　字逻辑或指令表

WOR FNC27 (P) (16/32) 逻辑或	操作元件：K、H、KnX、KnY、KnM、KnS、T、C、D 等 程序步数：WOR 和 WOR(P)…7 步 (D)WOR 和(D)WOR(P)…13 步

(2)举例。字逻辑或指令的使用说明如图 4-35 所示。

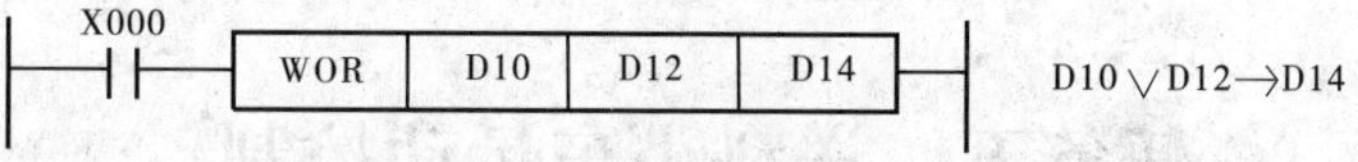

图 4-35　字逻辑或指令的使用

3. 字逻辑异或指令 WXOR(FNC28)

(1)指令的操作元件及程序步等如表 4-27 所示。

表 4-27　字逻辑异或指令表

WXOR FNC28 (P) (16/32) 逻辑异或	操作元件：K、H、KnX、KnY、KnM、KnS、T、C、D 等 程序步数：WXOR 和 WXOR(P)…7 步 (D)WXOR 和(D)WXOR(P)…13 步

(2)举例。字逻辑异或指令的使用说明如图 4-36 所示。

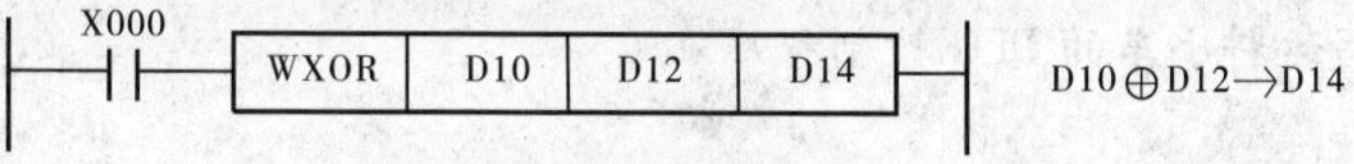

图 4-36　字逻辑异或指令的使用

4. 求补指令 NEG(FNC29)

(1)指令的操作元件及程序步等如表 4-28 所示。

表 4-28　求补指令表

NEG FNC29 (P) (16/32) 求补	操作元件：K、H、KnX、KnY、KnM、KnS、T、C、D 等 程序步数：NEG 和 NEG(P)…3 步 (D)NEG 和(D)NEG(P)…5 步

(2)举例。求补指令的使用说明如图 4-37 所示。

(未完,待续,见本模块任务五)

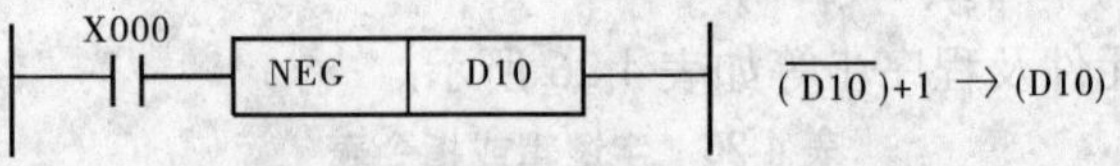

图4-37　求补指令的使用

【思考与练习】

1. 如何将简单继电器控制的机床电路进行 PLC 改造?

2. 试比较 AND 与 WAND 指令的区别。

任务五　送料小车运动控制

【学习内容】

运料小车的 PLC 控制。

【学习目标】

1. 知识目标

(1) 掌握算术运算指令。

(2) 掌握较复杂梯形图的绘制。

2. 能力目标

(1) 会编写简单函数的 PLC 控制程序;

(2) 熟练编写运料小车的 PLC 控制程序。

【任务导入】

在自动生产线上,常使用有轨小车来转运工序之间的物件。小车的驱动通常采用电动机拖动,其运动示意图如图 4-38 所示。电动机正转小车前进,电动机反转小车后退。对小车运行的控制要求为:小车从原位 A 出发驶向 1 号位,抵达后立即返回原位;接着驶向 2 号位,到达后立即返回原位;第三次出发一直驶向 3 号位,到达后返回原位。必要时,像上述一样小车出发三次运行一个周期后能停下来;根据需要小车也能重复上述过程,不停地运行下去,直到按下停止按钮为止。

分析控制要求可知,系统的输入量有:启、停按钮信号,1 号位、2 号位、3 号位限位开关信号,连续运行开关信号和原位限位开关信号。系统的输出信号有:运行指示和原位指示输出信号,前进、后退控制电动机接触器驱动信号。共需实际输入点数 7 个,输出点数 4 个。

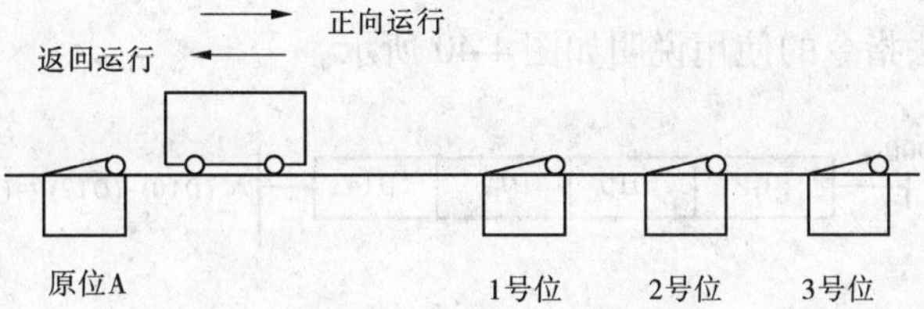

图 4-38　小车运动示意图

【相关知识】

三菱 FX 系列 PLC 功能简介(续三)

(四)算术运算指令

1. 加法指令 ADD(FNC20)

(1)指令的操作元件及程序步等如表 4-29 所示。

表 4-29　加法指令表

ADD FNC20 (P) (16/32) BIN 加法运算	操作元件: K、H、KnX、KnY、KnM、KnS、T、C、D 等 程序步数:ADD 和 ADD(P)…7 步 (D) ADD 和(D)ADD(P)…13 步

说明:ADD 指令是将指定的源元件中的二进制数相加,结果送到指定的目标元件中去。

(2)举例。加法指令的使用说明如图 4-39 所示。

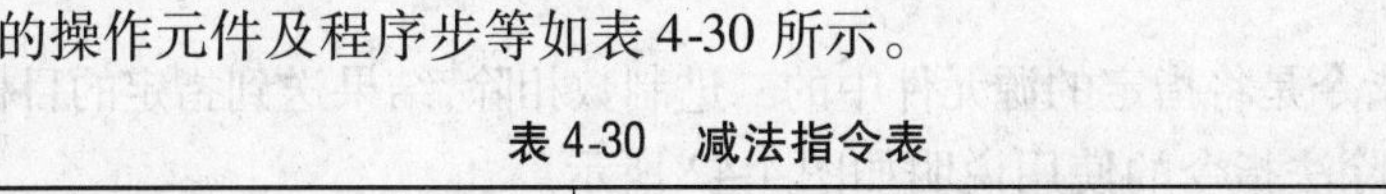

图 4-39　加法指令 ADD 的使用

2. 减法指令 SUB(FNC21)

(1)指令的操作元件及程序步等如表 4-30 所示。

表 4-30　减法指令表

SUB FNC21 (P) (16/32) BIN 减法运算	操作元件: K、H、KnX、KnY、KnM、KnS、T、C、D 等 程序步数:SUB 和 SUB(P)…7 步 (D)SUB 和(D)SUB(P)…13 步

说明:SUB 指令是将指定的源元件中的二进制数相减,结果送到指定的目标元件

中去。

(2)举例。减法指令的使用说明如图 4-40 所示。

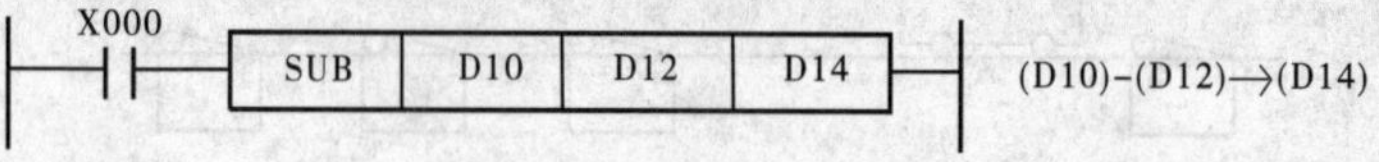

图 4-40　减法指令的使用

3. 乘法指令 MUL(FNC22)

(1)指令的操作元件及程序步等如表 4-31 所示。

表 4-31　乘法指令表

MUL FNC22 (P) (16/32) BIN 乘法运算	操作元件：K、H、KnX、KnY、KnM、KnS、T、C、D 等 程序步数：MUL 和 MUL(P)…7 步 (D)MUL 和(D)MUL(P)…13 步

说明：MUL 指令是将指定的源元件中的二进制数相乘，结果送到指定的目标元件中去。16 位相乘积为 32 位，32 位相乘积为 64 位，

(2)举例。乘法指令的使用说明如图 4-41 所示。

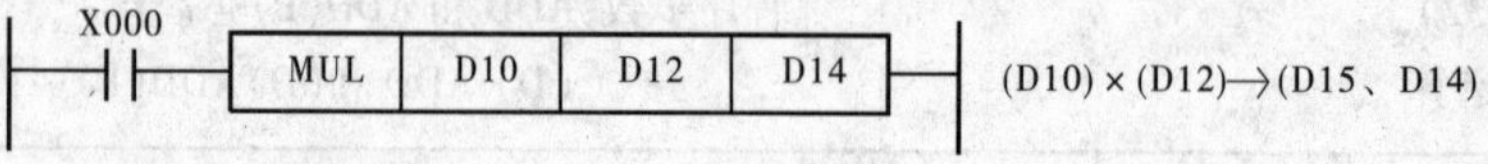

图 4-41　乘法指令的使用

4. 除法指令 DIV(FNC23)

(1)指令的操作元件及程序步等如表 4-32 所示。

表 4-32　除法指令表

DIV FNC23 (P) (16/32) BIN 除法运算	操作元件：K、H、KnX、KnY、KnM、KnS、T、C、D 等 程序步数：DIV 和 DIV(P)…7 步 (D)DIV 和(D)DIV(P)…13 步

说明：DIV 指令是将指定的源元件中的二进制数相除，结果送到指定的目标元件中去。

(2)举例。除法指令的使用说明如图 4-42 所示。

【任务实施】

1. I/O 点分配

根据任务分析，对输入量/输出量进行分配，见表 4-33。

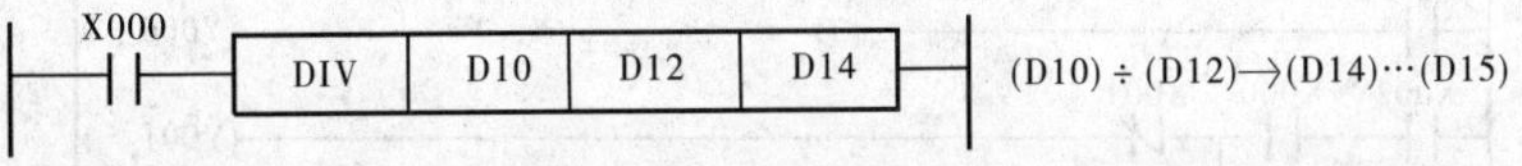

图 4-42　除法指令的使用

2. 绘制 PLC 硬件接线图

根据图 4-38 所示及 I/O 分配表，绘制 PLC 硬件接线图，如图 4-43 所示，应保证硬件接线操作正确。

表 4-33　I/O 点分配表

输入量(IN)			输出量(OUT)		
元件代号	功能	输入点	元件代号	功能	输出点
SB1	启动按钮	X000	KM1	原位指示	Y000
SB2	停止按钮	X001	KM2	运行指示	Y001
SQ0	原位限位开关	X002	KM3	前进	Y002
SQ1	1 号位限位开关	X003	KM4	后退	Y003
SQ2	2 号位限位开关	X004			
SQ3	3 号位限位开关	X005			
S	连续运行开关	X006			

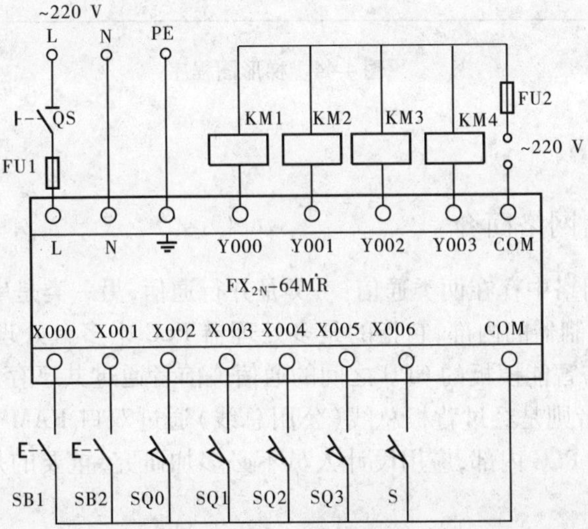

图 4-43　PLC 硬件接线图

3. 设计梯形图程序及语句表

梯形图程序及语句表如图 4-44、图 4-45 所示。

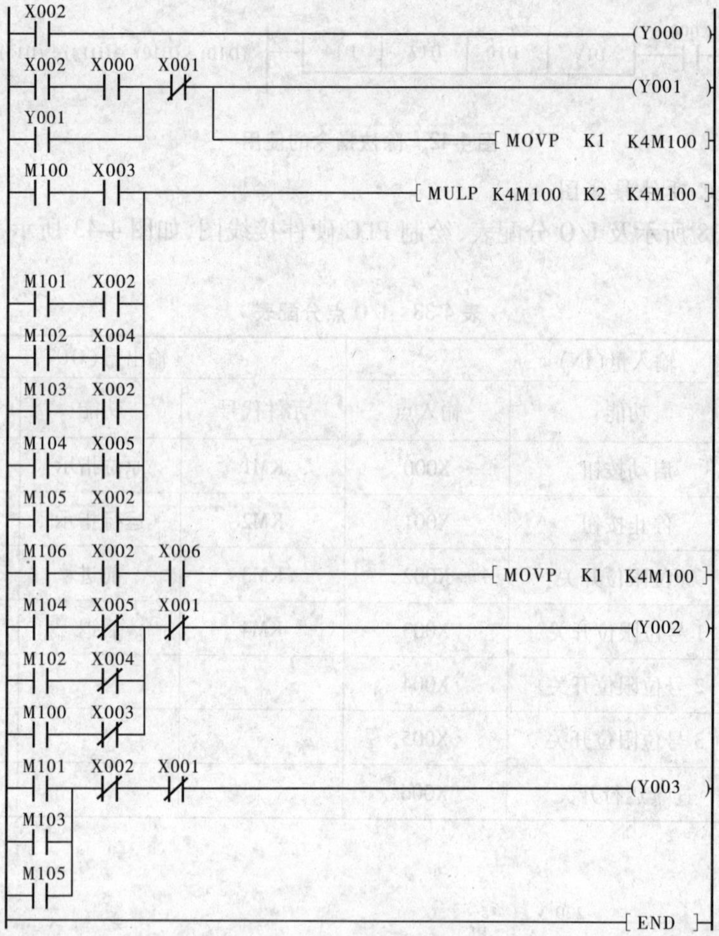

图 4-44 梯形图程序

【知识拓展】

一、PLC 通信网络简介

在 PLC 及其网络中存在两类通信:一类是并行通信,另一类是串行通信,并行通信一般发生在可编程控制器的内部,它指的是多处理器 PLC 中多台处理器之间的通信,以及 PLC 中 CPU 单元与智能模板的 CPU 之间的通信。前者通过共享存储区实现多处理器之间的数据交换,后者则是经过背板总线(公用总线)通过双口 RAM 实现通信。PLC 的并行通信由于发生在 PLC 内部,应用设计人员不必多加研究,重要的是了解 PLC 网络中的串行通信。

网络是由几级子网复合而成的,每级子网中都配置不同的协议,其中大部分是各公司的专用通信协议。各级子网的通信过程是由通信协议决定的,从根本上讲,要搞清楚某级子网的通信就必须彻底剖析它采用的通信协议。网络的各级子网无论采用总线结构还是环形结构,通信介质是共享资源。挂在共享介质上的各站要想通信,首先要解决共享通信

```
0   LD    X002
1   OUT   Y000
2   LD    X002
3   AND   X000
4   OR    Y001
5   ANI   X001
6   OUT   Y001
7   MOVP  K1 K4M100
12  LD    M100
13  AND   X003
14  LD    M101
15  AND   X002
16  ORB
17  LD    M102
18  AND   X004
19  ORB
20  LD    M103
21  AND   X002
22  ORB
23  LD    M104
24  AND   X005
25  ORB
26  LD    M105
27  AND   X002
28  ORB
29  MULP  K4M100   K2 K4M100
36  LD    M106
37  AND   X002
38  AND   X006
39  MOVP  K1 K4M100
44  LD    M104
45  ANI   X005
46  LD    M102
47  ANI   X004
48  ORB
49  LD    M100
50  ANI   X003
51  ORB
52  ANI   X001
53  OUT   Y002
54  LD    M101
55  OR    M103
56  OR    M105
57  ANI   X002
58  ANI   X001
59  OUT   Y003
60  END
```

图 4-45　梯形图程序语句表

介质使用权的分配问题,这就是常说的存取控制或称访问控制。

一个站取得了通信介质使用权,并不等于完成了通信过程,还有怎样传送数据的问题,这就是常说的数据传送方式。比如说,是否应先建立一种逻辑连接,然后再传送?发给对方的数据是否要对方应答?发出去的数据是由一个站收,或者多个站收,还是全体接收?诸如此类就是所谓的数据传送方式。

工业局域网对实时性是有要求的,各级子网对实时性的要求不同,通常越靠近底层的子网对实时性要求越高,越靠近上层的子网对实时性的要求越低。

PLC 网络中,各站通过通信子网互联在一起,当某站对子网请求通信时,对响应的时间是有要求的,不同站对实时性的要求可能不同,同一站不同通信任务对实时性的要求也可能不同。一项通信任务的实时性得到满足是指其响应时间小于规定的时限,一个站的实时性合乎要求是指该站提出的所有通信任务在指定的时限内都能获得响应。整个通信子网的实时性符合要求是指分布在子网上的每一个站的每项通信任务的实时性均得到保证。

二、PLC 通信网络与 PLC 控制网络的区别

PLC 网络包括 PLC 控制网络与 PLC 通信网络，这两种网络的功能是不同的。

PLC 控制网络是指只传送 ON/OFF 开关量，且一次传送的数据量较少的网络。例如，PLC 的远程 I/O 控制。这种网络的特点是 PLC 虽然远离控制设备，但对开关量控制如同自身的一样，简单方便。

PLC 通信网络又称高速数据公路，此网络既可传送开关量又可传送模拟量，且数据量较大。其类似于普通局域网，如西门子的 SINEC－H1 网。

【思考与练习】

1. 利用其他思路，重新编制运料小车控制系统梯形图。

2. 试编写函数 $Y=\frac{38X+5}{46}-13$ 的 PLC 程序。

任务六　交通信号灯控制

【学习内容】

PLC 的状态元件、交通信号灯的 PLC 控制。

【学习目标】

1. 知识目标

(1) 掌握步进指令；

(2) 掌握 SFC 的编程格式。

2. 能力目标

能熟练编制 SFC 图。

【任务导入】

城市交通道路十字路口是靠交通指挥信号来维持交通秩序的。在每个方向都有红、黄、绿三种指挥信号灯，信号灯的动作受开关总体控制，按下启动按钮，信号灯系统开始工作，并周而复始地循环动作；按下停止按钮，系统停止工作。图 4-46 所示为某城市一交通信号灯示意图。

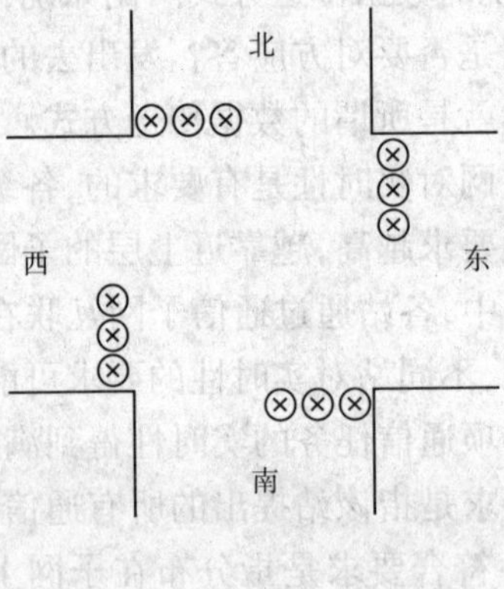

图 4-46　交通信号灯示意图

在系统工作时,控制要求如表 4-34 所示。

表 4-34　十字路口交通信号灯控制要求　　（单位:s）

南北	信号	红灯亮			绿灯亮	绿灯闪亮	黄灯亮
	时间	30			25	3	2
东西	信号	绿灯亮	绿灯闪亮	黄灯亮	红灯亮		
	时间	25	3	2	30		

具体控制要求如下:

(1)南北方向绿灯和东西方向绿灯不能同时亮,如果同时亮则自动立即关闭信号灯系统,并立即发出报警信号。

(2)南北红灯亮维持 30 s,与此同时东西绿灯也亮,并维持 25 s 时间,到 25 s 时,东西绿灯闪亮,闪亮 3 s 后熄灭,在东西绿灯熄灭时,东西黄灯亮并维持 2 s。到 2 s 时,东西黄灯熄灭,东西红灯亮,同时南北红灯熄灭,南北绿灯亮。

(3)东西红灯亮维持 30 s,与此同时南北绿灯亮维持 25 s,然后闪亮 3 s 熄灭,接着南北黄灯亮维持 2 s 后熄灭。同时南北红灯亮,东西绿灯亮。

(4)两个方向的信号灯,按上面的要求周而复始地进行工作。

【相关知识】

1. FX_{2N}的状态元件

状态元件是构成顺序功能图的基本元素,是可编程控制器的软元件之一。FX_{2N}共有 1 000个状态元件,如表 4-35 所示。

表 4-35　FX_{2N}的状态元件

类别	元件编号	个数	用途及特点
初始状态	S0 ~ S9	10	用作顺序功能 SFC 的初始状态
返回状态	S10 ~ S19	10	多运行模式控制当中,用作返回原点的状态
一般状态	S20 ~ S499	480	用作顺序功能 SFC 的中间状态
掉电保持状态	S500 ~ S899	400	具有停电保持功能,停电恢复后需继续执行的场合,可用这些状态元件
信号报警状态	S900 ~ S999	100	用作报警元件

2. 步进指令、顺序功能图及步进梯形图

步进指令是利用顺序功能图来设计梯形图的一种指令,顺序功能图可以直观地表达工艺流程。顺序功能图中的每个状态表示顺序工作的一个操作,因此步进指令常用于控制时间和位移等顺序的操作过程。采用步进指令设计的梯形图不仅简单直观,而且使顺

序控制变得比较容易，大大地缩短了程序的设计时间。

FX_{2N}系列 PLC 的步进指令有两条：步进接点指令 STL 和步进返回指令 RET。

指令格式及梯形图表示方法见表 4-36。

表 4-36　步进指令表

指令	名称	功能	梯形图表示	操作元件
STL	步进接点	步进开始		S
RET	返回	步进结束	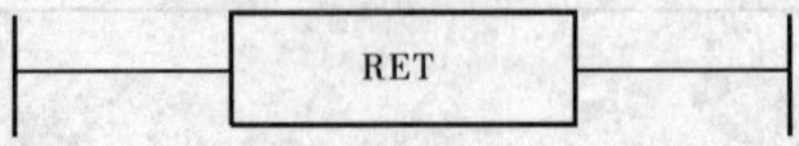	

使用说明如下：

(1)步进接点须与梯形图左母线连接。使用 STL 指令后，LD 或 LDI 指令点则被右移，所以当把 LD 或 LDI 点返回母线时，需要使用步进返回指令 RET。也就是说，凡是以步进接点为主体的程序，最后必须用 RET 指令返回母线。

(2)状态继电器只有使用 STL 指令，才具有步进控制功能。这时除提供步进常开接点外，还可提供普通的常开接点与常闭接点，但 STL 指令只适用于步进接点。

(3)只有步进接点接通时，它后面的电路才能动作。如果步进接点断开，则其后面的电路将全部不动作。当需保持输出结果时，可利用 STL 指令和 RET 指令来实现。

(4)状态继电器主要用作步进状态，但它也有其他用途。状态继电器可作为普通辅助继电器 M 用，但它不能再提供 STL 步进接点。

(5)步进指令后面可以使用跳转 CJP/EJP 指令，但不能使用主控 MC/MCR 指令。

(6)状态继电器的复位。状态继电器均具有断电保护功能，即断电后再次通电，动作从断电时的状态开始。但在某些情况下需要从初始状态开始执行动作，这时则需要复位所有的状态。此时应利用功能指令实现状态复位操作。

在顺序功能图 SFC 中，每一状态提供 3 个功能：驱动负载、指定转换条件、置位新状态。如图 4-47 所示。当状态 S20 有效时，输出继电器 Y001 线圈接通。这时，S21、S22 和 S23 的程序都不执行。当 X001 接通时，新状态置位，状态从 S20 转到 S21，执行 S21 中的程序。这就是步进转换作用，图中 X001 是一个状态转换条件。转到 S21 后，输出 Y002 接通，这时 Y001 复位。其他状态继电器之间的状态转换过程，依此类推。

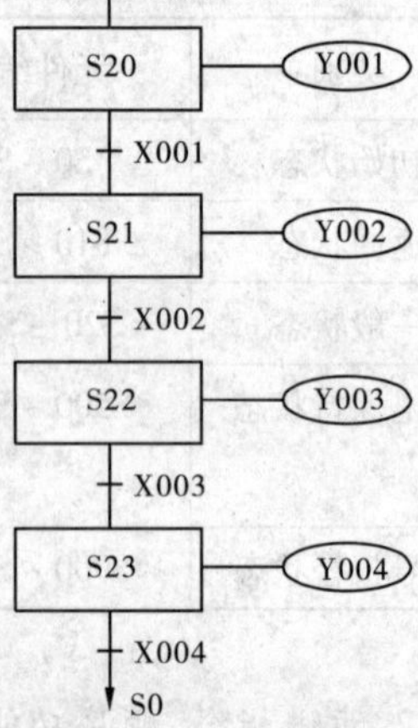

图 4-47　SFC 图

图 4-48 是与图 4-47 相应的梯形图和语句表。

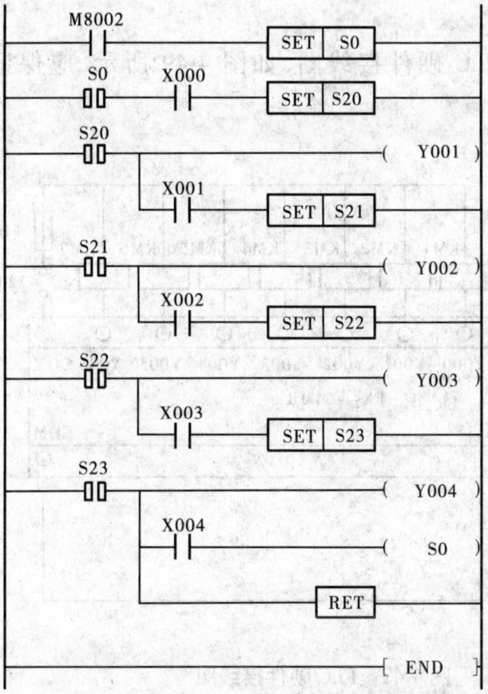

(a)梯形图

```
LD   M8002
SET  S0
STL  S0
LD   X000
SET  S20
STL  S20
OUT  Y001
LD   X001
SET  S21
STL  S21
OUT  Y002
LD   X002
SET  S22
STL  S22
OUT  Y003
LD   X003
SET  S23
STL  S23
OUT  Y004
LD   X004
OUT  S0
RET
END
```

(b)语句表

图 4-48　梯形图程序及语句表

【任务实施】

1. I/O 点分配

根据任务分析,对输入量/输出量进行分配,见表 4-37。

表 4-37　I/O 点分配表

输入量(IN)			输出量(OUT)		
元件代号	功能	输入点	元件代号	功能	输出点
SB1	启动按钮	X000	KM1	南北绿灯	Y000
SB2	停止按钮	X001	KM2	南北黄灯	Y001
			KM3	南北红灯	Y002
			KM4	报警灯	Y003
			KM5	东西绿灯	Y004
			KM6	东西黄灯	Y005
			KM7	东西红灯	Y006

2. 绘制 PLC 硬件接线图

根据 I/O 分配表，绘制 PLC 硬件接线图，如图 4-49 所示，应保证硬件接线操作正确。

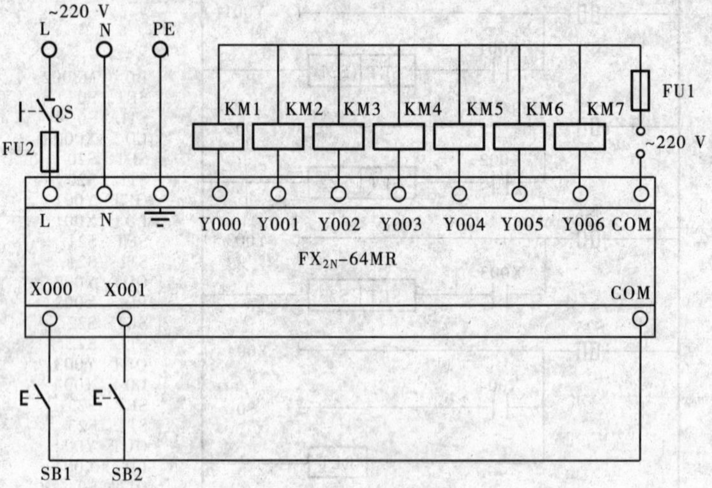

图 4-49 PLC 硬件接线图

3. 设计梯形图程序及语句表

1）采用电气自锁电路设计程序

其梯形图程序及语句表如图 4-50、图 4-51 所示。

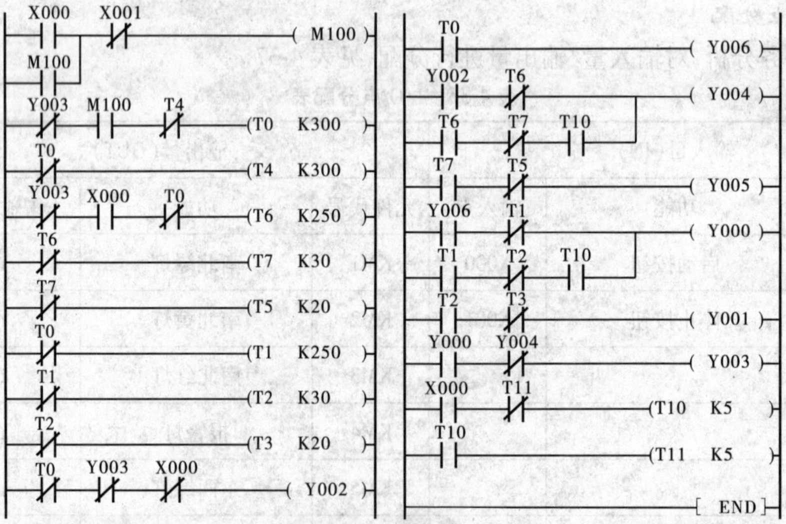

图 4-50 梯形图程序

```
LD      X000
OR      M100
ANI     X001
OUT     M100
LDI     Y003
AND     M100
ANI     T4
OUT     T0
        K300
LDI     T0
OUT     T4
        K300
LDI     Y003
AND     X000
ANI     T0
OUT     T6
        K250
LDI     T6
OUT     T7
        K30
LDI     T7
OUT     T5
        K20
LDI     T0
OUT     T1
        K250
LDI     T1
OUT     T2
        K30
LDI     T2
OUT     T3
        K20
LDI     T0
ANI     Y003
ANI     X000
OUT     Y002
LD      T0
OUT     Y006
LD      Y002
ANI     T6
LD      T6
ANI     T7
AND     T10
ORB
OUT     Y004
LD      T7
ANI     T5
OUT     Y005
LD      Y006
ANI     T1
LD      T1
ANI     T2
AND     T10
ORB
OUT     Y000
LD      T2
ANI     T3
OUT     Y001
LD      Y000
ANI     Y004
OUT     Y003
LD      X000
ANI     T11
OUT     T10
        K5
LD      T10
OUT     T11
        K5
END
```

图 4-51　语句表程序

2)采用步进指令设计程序

其 SFC 图、梯形图程序及语句表如图 4-52、图 4-53、图 4-54 所示。

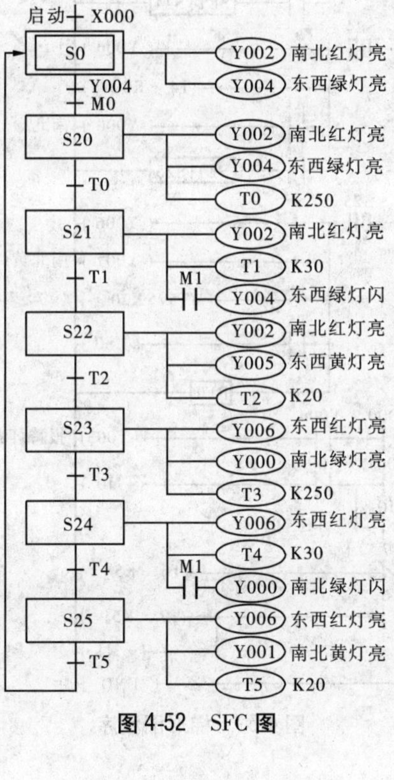

图 4-52　SFC 图

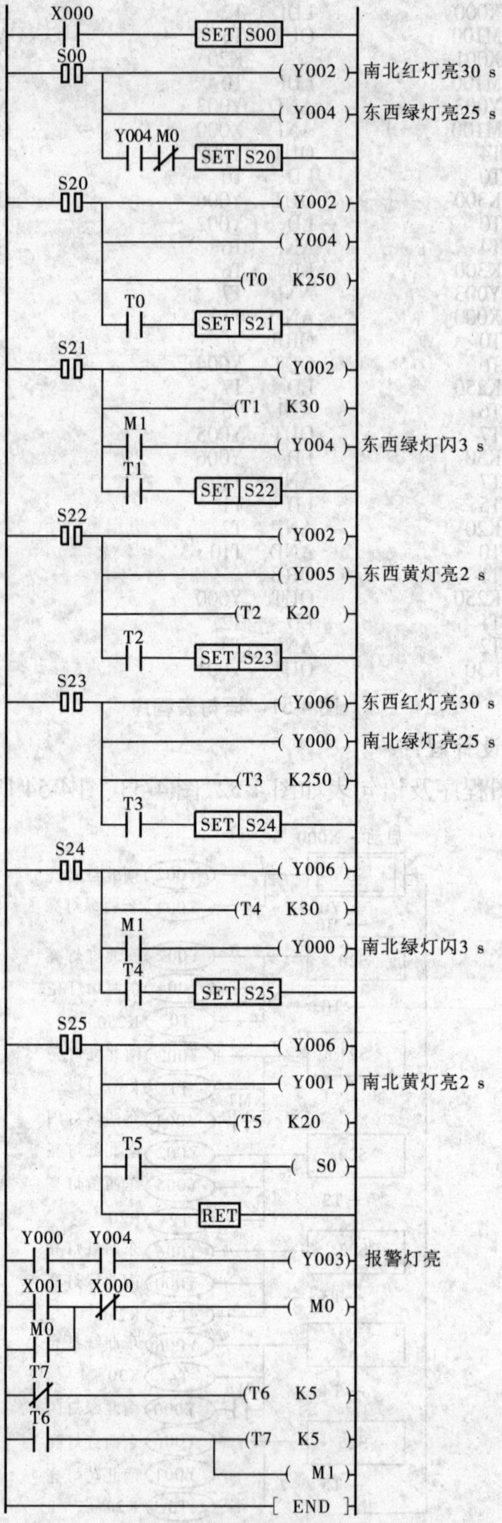
X000
SET S00
S00
Y002
南北红灯亮30 s
Y004
东西绿灯亮25 s
Y004 M0
SET S20
S20
Y002
Y004
T0 K250
T0
SET S21
S21
Y002
T1 K30
M1
Y004
东西绿灯闪3 s
T1
SET S22
S22
Y002
Y005
东西黄灯亮2 s
T2 K20
T2
SET S23
S23
Y006
东西红灯亮30 s
Y000
南北绿灯亮25 s
T3 K250
T3
SET S24
S24
Y006
T4 K30
M1
Y000
南北绿灯闪3 s
T4
SET S25
S25
Y006
Y001
南北黄灯亮2 s
T5 K20
T5
S0
RET
Y000 Y004
Y003
报警灯亮
X001 X000
M0
M0
T7
T6 K5
T6
T7 K5
M1
END

图 4-53 梯形图程序

```
LD      X000
SET     S00
STL     S00
OUT     Y002
OUT     Y004
LD      Y004
ANI     M0
SET     S20
STL     S20
OUT     Y002
OUT     Y004
OUT     T0
        K250
LD      T0
SET     S21
STL     S21
OUT     Y002
OUT     T1
        K30
LD      M1
OUT     Y004
LD      T1
SET     S22
STL     S22
OUT     Y002
OUT     Y005
OUT     T2
        K20
LD      T2
SET     S23
STL     S23
OUT     Y006
OUT     Y000
OUT     T3
        K250
LD      T3
SET     S24
STL     S24
OUT     Y006
OUT     T4
        K30
LD      M1
OUT     Y000
LD      T4
SET     S25
STL     S25
OUT     Y006
OUT     Y001
OUT     T5
        K20
LD      T5
OUT     S0
RET
LD      Y000
AND     Y004
OUT     Y003
LD      X001
OR      M0
ANI     X000
OUT     M0
LDI     T7
OUT     T6
        K5
LD      T6
OUT     T7
        K5
OUT     M1
END
```

图 4-54　语句表程序

【知识拓展】

三菱 FX 系列 PLC 与上位机通信的硬件连接

PLC 与 PC 机之间实现通信,可使二者互补功能上的不足,PLC 用于控制方面既方便又可靠,而 PC 机在图形显示、数据处理、打印报表以及中文显示等方面有很强的功能。因此,各 PLC 制造厂家纷纷开发了适用于本公司的各种型号 PLC 与 PC 机通信的接口模块。

三菱 FX_{2N}系列 PLC 的编程接口采用 RS－422 标准,而计算机的串行口采用 RS－232

标准。RS－232 与 RS－422 标准在信号的传送、逻辑电平方面均不相同。因此,作为实现PLC 计算机通信的接口电路,必须将 RS－422 标准转换成 RS－232 标准。

RS－232 采用单端接收器和单端发送器,只用一根信号线来传送信息,并且根据该信号线上的电平相对于公共的信号地电平的大小来决定逻辑的“1”(－3 ~ －15V)和“0”(+3 ~ +15V)。

RS－422 标准是一种以平衡方式传输的标准,即双端发送和双端接收,根据两条传输线之间的电位差值来决定逻辑状态。RS－422 电路由发送器、平衡连接电缆、电缆终端负载和接收器组成。它通过平衡发送器和差动接收器将逻辑电平和电位差进行转换(+2 V 表示“0”, －2 V 表示“1”)。

可选用 MAXIM 公司的 MAX202 实现 RS－232 与 TTL 之间的电平转换,MAX202 内部有电压倍增电路和转换电路,仅需 +5 V 电源就可工作,使用十分方便;选用 MAX409 实现 RS－422 与 TTL 之间的转换,每片 MAX409 有一对发送器/接收器,由于通信采用全双工方式,故需两片 MAX409,还需外接 4 只电容。

PLC 的 RS－422 接口配接 DB－25 型连接器,而 PC 机一般用 DB－9 型连接器, 如图 4-55 所示。将 RS－232 的 RS、CS 短接,这样对计算机发送数据来说,PLC 总是处于就绪状态。也就是说,计算机在任何时候都可以将数据送到 PLC 内。又由于 DR、ER 交叉连接,因此对计算机接收数据来说,必须等待至 PLC 处于准备就绪状态。

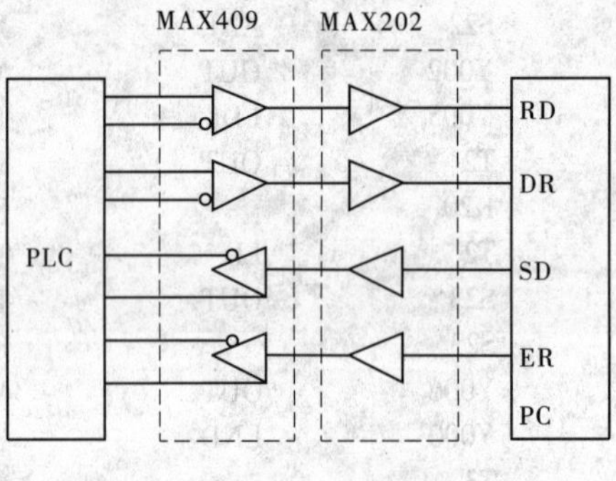

图 4-55　接口硬件电路图

【思考与练习】

1. 使用步进指令应注意哪些问题?
2. 顺序功能图是由哪几部分组成的?
3. 绘制顺序功能图时应注意哪些问题?
4. 试采用并行性分支编制十字路口交通灯控制的 SFC 图。

任务七　机械手的控制

【学习内容】

机械手的 PLC 控制。

【学习目标】

1. 知识目标

(1)掌握状态初始化指令;

(2)掌握 SFC 的编制方法。

2. 能力目标

熟练运用 SFC 实现机械手的控制。

【任务导入】

机械手在工业生产中得到广泛的应用。传统工艺中采用继电器控制时,需要的继电器多,接线复杂,因此故障多,维修困难,费时费工,不仅加大了成本,而且影响设备的工效。

如图 4-56 所示是一气动机械手动作示意图,其功能是将工件从 A 处移送到 B 处。其工作流程为:

原点(左上)→下降→夹紧→上升→右行→下降→松开→上升→左行→原点。

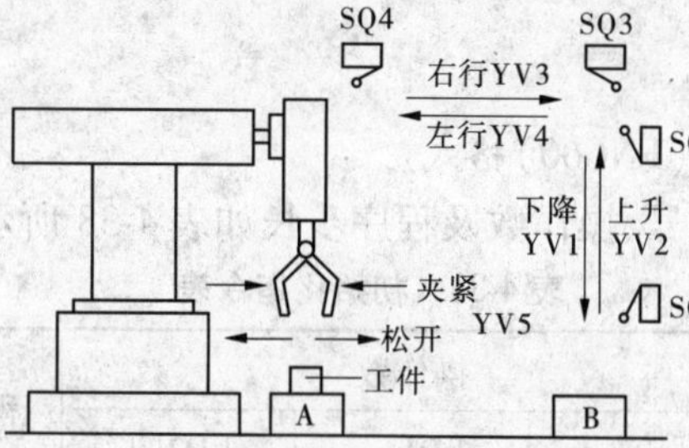

图 4-56　机械手动作示意图

气动机械手的升降和左右移行分别使用双线圈的电磁阀,在某方向的驱动线圈失电时能保持在原位,必须驱动反方向的线圈才能反向运动。上升、下降对应的电磁阀线圈分别是 YV2、YV1,右行、左行对应的电磁阀线圈分别是 YV3、YV4。机械手的夹钳使用单线圈电磁阀 YV5,线圈通电时夹紧工件,断电时松开工件。通过设置限位开关 SQ1、SQ2、SQ3、SQ4 分别对机械手的下降、上升、右行、左行进行限位,而夹钳不带限位开关,它是通过延时 1.7 s 来表示夹紧、松开动作的完成的。

如图 4-57 所示为机械手的操作面板。根据实际生产需要,控制面板上的操作应实现手动和自动两种控制要求。

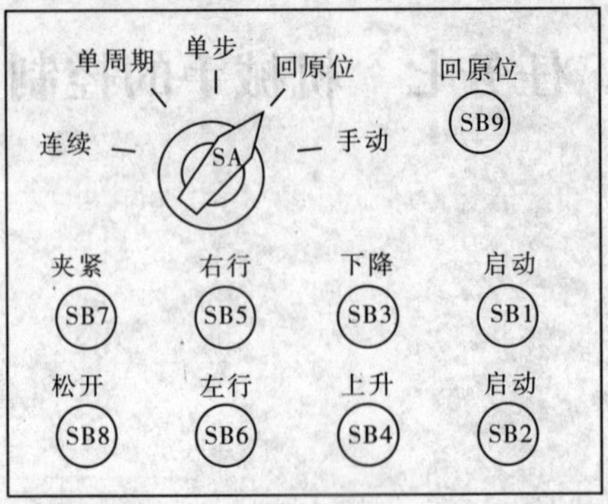

图 4-57 机械手操作面板示意图

1. 手动

(1)单个操作:用单个按钮分别接通或切断各负载的模式;

(2)回原位:按下原点复位按钮时,使机械手自动回到原点位置。

2. 自动

(1)单步运行:每次按下启动按钮,前进一个工序。

(2)单周期运行:在原点位置上按启动按钮时,进行一次循环的自动运行,到原点停止。途中若按下停止按钮,工作停止;若再次按下启动按钮,则在停止位置继续运行至原点停止。

(3)连续运行:在原点位置按启动按钮,开始连续循环运行。若按停止按钮,则运行至原点位置后停止。

注意:在传送工件的过程中,机械手必须升到最高位置才能左右移动,以防止机械手在较低位置运行时碰到其他工件。

【相关知识】

1. 状态初始化指令 IST (FNC60)格式

指令名称、助记符、功能号、操作数及程序步长如表 4-38 所示。

表 4-38 初始化指令表

指令名称	助记符/功能号	操作数			程序步数	备注
		[S.]	[D1.]	[D2.]		
状态初始化	IST/FNC60	X、Y、M	S20 ~ S899 D1 < D2		16 位—7 步	①16 位指令 ②连续执行

2. 指令说明

如图 4-58 所示为状态初始化指令功能说明。

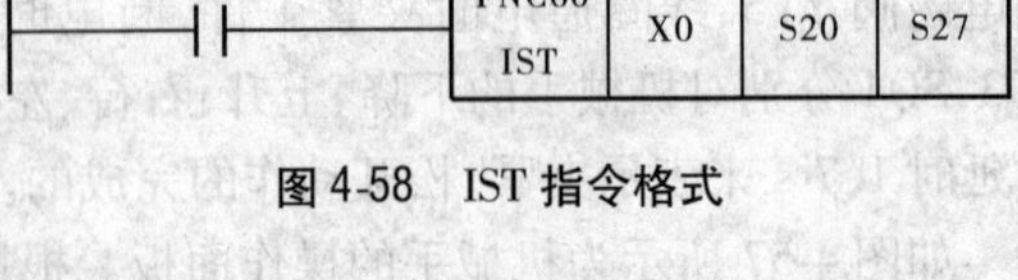

图 4-58 IST 指令格式

当 M8000 接通时,有关内部继电器的状态自动设置了定义状态,其中[S.]指定输入端运行模式,即 X0 ~ X7 自动定义:

X0:手动操作

X1:回原位

X2:单步运行

X3:单周期运行

X4:连续运行

X5:回原位启动

X6:自动运行启动

X7:停止

X0 ~ X7 为选择开关或按钮开关,其中 X0 ~ X4 不能同时接通,可使用选择开关或其他编码开关,X5 ~ X7 为按钮开关。

[D1.]、[D2.]分别指定在自动操作中实际用到的最小、最大状态序号。

IST 指令被驱动后,下列元件将被自动切换控制。若在这以后,M8000 变为 OFF,这些元件的状态仍保持不变。

M8040:禁止转移;　　S0:手动操作初始化;

M8041:转移开始;　　S1:回原位初始状态;

M8042:启动脉冲;　　S2:自动运行初始状态;

M8047:STL(步控指令)监控有效。

本指令在程序中只能使用一次,应放在步进顺控指令之前。若在 M8043 置 1(回原位)之前改变操作方式,这所有输出将变为 OFF。

【任务实施】

1. I/O 点分配

见表 4-39。

表 4-39　PLC 输入/输出点分配表

输入量(IN)			输入量(IN)		
元件代号	功能	输入点	元件代号	功能	输入点
SA	手动挡	X0	SB8	松开按钮	X15
SA	回原位挡	X1	SQ1	下限位开关	X16
SA	单步挡	X2	SQ2	上限位开关	X17
SA	单周期挡	X3	SQ3	右限位开关	X20
SA	连续挡	X4	SQ4	左限位开关	X21
SB9	回原位按钮	X5			
SB1	启动按钮	X6	输出量(OUT)		
SB2	停止按钮	X7	元件代号	功能	输出点
SB3	下降按钮	X10	YV1	下降电磁阀线圈	Y0
SB4	上升按钮	X11	YV2	上升电磁阀线圈	Y1
SB5	右行按钮	X12	YV3	右行电磁阀线圈	Y2
SB6	左行按钮	X13	YV4	左行电磁阀线圈	Y3
SB7	夹紧按钮	X14	YV5	松紧电磁阀线圈	Y4

2. PLC 接线图

如图 4-59 所示。

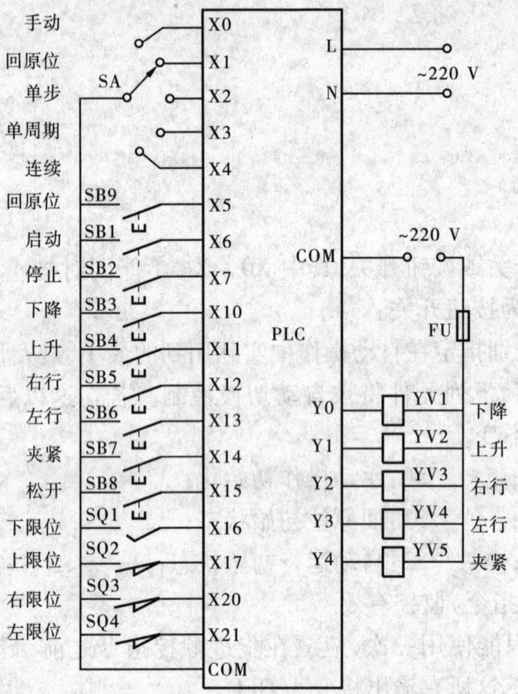

图 4-59　机械手控制系统 PLC 的 I/O 接线图

3. 程序设计

1)基本指令编程

机械手系统的程序总体结构如图 4-60 所示,分为公用程序、自动程序、手动程序和回原位程序等四部分。其中自动程序包括单步、单周期和连续运行的程序,因它们的工作顺序相同,所以可将它们合编在一起。CJ(FNC00)是条件跳转应用指令(详情见本模块任务二),指针标号 P□ 是其操作数。该指令用于某种条件下跳过 CJ 指令和指针标号之间的程序,从指针标号处继续执行,以减少程序执行时间。如果选择“手动”工作方式,即 X0 为 ON,X1 为 OFF,则 PLC 执行完公用程序后,将跳过自动程序到 P0 处,由于 X0 动断触点断开,所以直接执行“手动程序”。由于 P1 处的 X1 的动断触点闭合,所以又跳过回原位程序到 P2 处。如果选择“回原位”工作方式,同样只执行公用程序和回原位程序。如果选择“单步”或“连续”方式,则只执行公用程序和自动程序。

公用程序如图 4-61 所示,当 Y4 复位(即夹紧电磁阀松开)、左限位 X21 和上限位 X17 接通时,辅助继电器 M0 变为 ON,表示机械手在原位。这时,如果开始执行用户程序(M8002 为 ON)、系统处于手动或回原位状态(X0 或 X1 为 ON),那么初始步对应的 M10 被置位,为进入单步、单周期、连续工作方式作好准备。如果 M0 为 OFF,M10 被复位,系统不能进入单步、单周期、连续工作方式。图中的指令 ZRST(FNC40)是成批复位的应用指令,当 X0 为 ON 时,对 M11 ~ M18 的辅助继电器复位,以防止系统从自动方式转换到手动方式,再返回自动方式时出现两种不同的活动步。

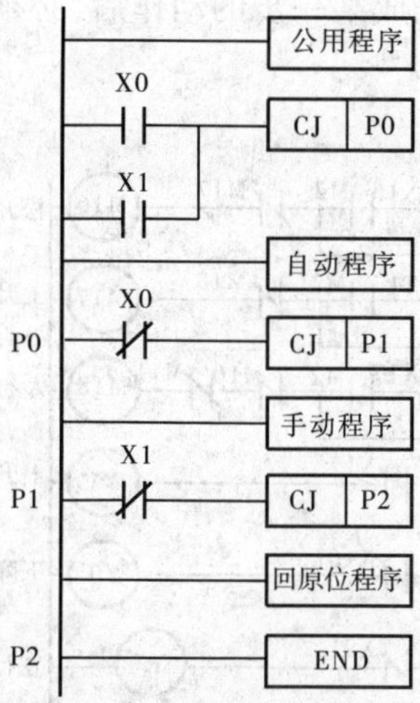

图 4-60　程序的总体结构

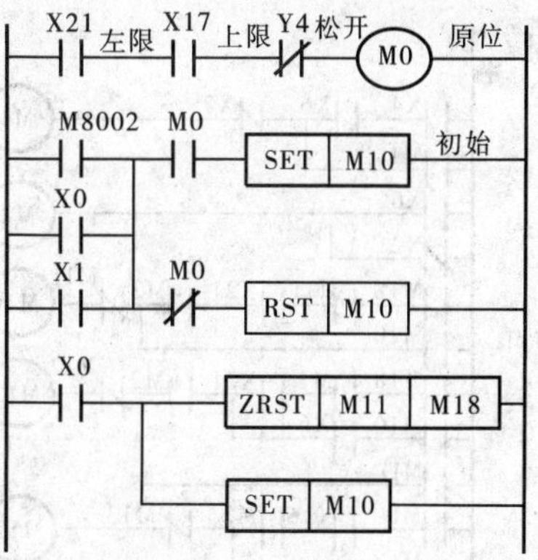

图 4-61　公用程序

手动程序如图 4-62 所示，用 X10 ~ X15 对应机械手的上下左右移行和夹钳松紧的按钮。按下不同的按钮，机械手执行相应的动作。在左、右移行的程序中串联上限位开关的动合触点是为了避免机械手在较低位置移行时碰撞其他工件。为保证系统安全运行，程序之间还进行了必要的联锁。

如图 4-63 所示为回原位程序，在系统处于回原位工作状态时，按下回原位按钮（X5 为 ON），M3 变为 ON，机械手松开和上升。当升到上限位（X17 变为 ON）时，机械手左行，直到移至左限位（X21 变为 ON）才停止，并且 M3 复位。

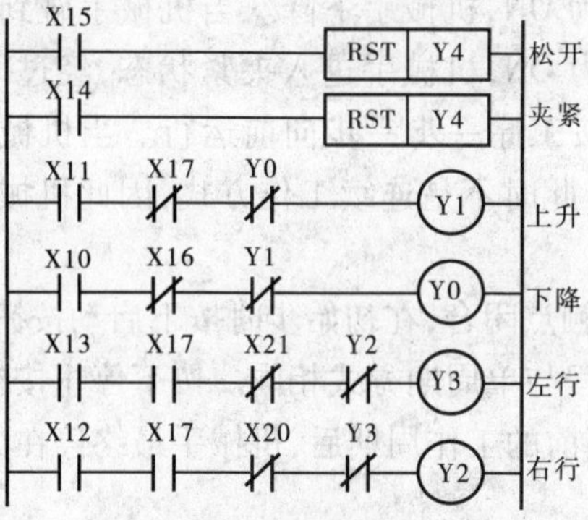

图 4-62　手动程序

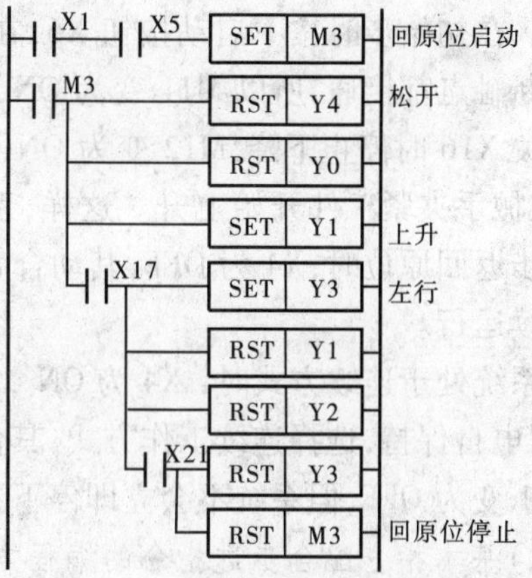

图 4-63　回原位程序

自动程序如图 4-64 所示，系统工作为单步方式时，X2 为 ON，其动断触点断开，辅助继电器 M2 一般情况下为 OFF 。X3、X4 都为 OFF，“单周期”和“连续”工作方式被禁止。假设系统处于初始状态，M10 为 ON，当按下启动按钮 X6 时，M2 变为 ON，使 M11 为 ON，Y0 线圈得电，机械手下降。放开启动按钮后，M2 立即变为 OFF。当机械手下降到下限位时，与 Y0 线圈串联的 X16 动断触点断开，Y0 线圈失电，机械手停止下降。此时，M11、X16 均为 ON，其动合触点接通，再按下启动按钮 X6 时，M2 又变为 ON，M12 得电并自保持，机械手进入夹紧状态，同时 M11 也变为 OFF。在完成某一步的动作后，必须按一次启动按钮，系统才能进入下一步。

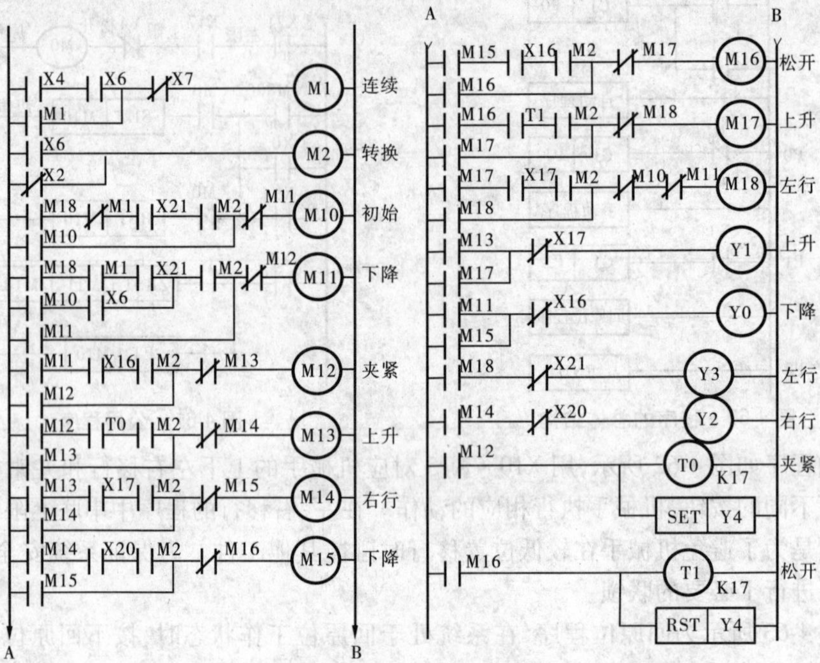

图 4-64　自动程序

如果选择的是单周期工作方式，此时 X3 为 ON，X3 的动断触点接通，M2 为 ON，允许转换。在初始步时按下启动按钮 X6，在 M11 电路中，因 M10、X6、M2 的动合触点和 M12 的动断触点都接通，所以 M11 变为 ON，Y0 也变为 ON，机械手下降。当机械手碰到下限位开关 X16 时停止下降，M12 变为 ON，Y4 也变为 ON，机械手进入夹紧状态，经过 1.7 s 后，机械手夹紧工件开始上升。这样，系统就会按工序一步一步向前运行。当机械手在 M18 步返回原位时，X4 为 OFF，其动合触点断开，此时不是连续工作方式，因此机械手不会连续运行。

系统处于连续方式时，X4 为 ON，它的动合触点闭合，在初始步时按下启动按钮 X6，M1 得电自保持，选择连续工作方式，其他工作过程与单周期方式相同。按下停止按钮 X7 后，M1 变为 OFF，但系统不会立即停下，在完成当前的工作周期后，机械手最终停在原位。

2）基本指令配合步进指令的编程方法

运用步进指令编写机械手顺序控制的程序比用基本指令更容易、更直观。

在机械手的控制系统中，手动和回原位工作方式用基本指令很容易实现，这里不重复。只介绍图 4-65 所示的顺序功能图，该图实现了机械手的自动连续运行。图中特殊辅助继电器 M8002 仅在运行开始时接通。S0 为初始状态，对应回原位的程序。在选定连续工作方式后，X4 为 ON，按下回原位按钮 X5，能保证机械手的初始状态在原位。

当机械手在原位时，夹钳松开，Y4 为 OFF，上限位 X17、左限位 X21 都为 ON，这时按下启动按钮 X6，状态由 S0 转换到 S20，Y0 线圈得电，机械手下降。

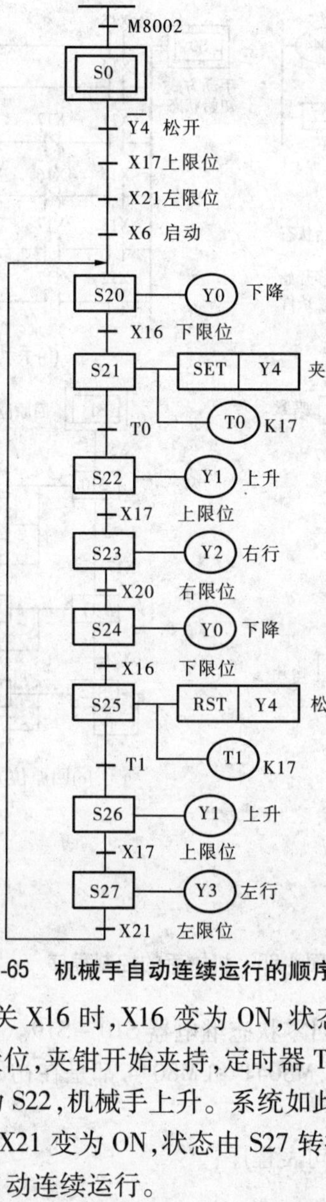

图 4-65　机械手自动连续运行的顺序功能图

当机械手碰到下限位开关 X16 时,X16 变为 ON,状态由 S20 转换为 S21,Y0 线圈失电,机械手停止下降,Y4 被置位,夹钳开始夹持,定时器 T0 启动,经过 1.7 s 后,定时器的触点接通,状态由 S21 转换为 S22,机械手上升。系统如此一步一步按顺序运行。

当机械手返回到原位时 X21 变为 ON,状态由 S27 转换为 S0,机械手自动进入新的一次运行过程,因此机械手能自动连续运行。

从图 4-65 所示的顺序功能图中可以看出,每一状态继电器都对应机械手的一个工序,只要弄清工序之间的转换条件及转移方向就可很容易、很直观地画出顺序功能图。其对应的步进指令梯形图也很容易画出。

3)基本指令、初始状态指令和步进指令配合的编程方法

初始状态指令顺序控制的程序如图 4-66 所示。

图 4-66(a)为初始化程序,它保证了机械手必须在原位才能进入自动工作方式。

图 4-66(b)为手动方式程序,机械手的夹紧、放松及上下左右移行由相应的按钮完成。

图 4-66(c)所示回原位方式程序中,只需按下回原位按钮即可。图中除初始状态继

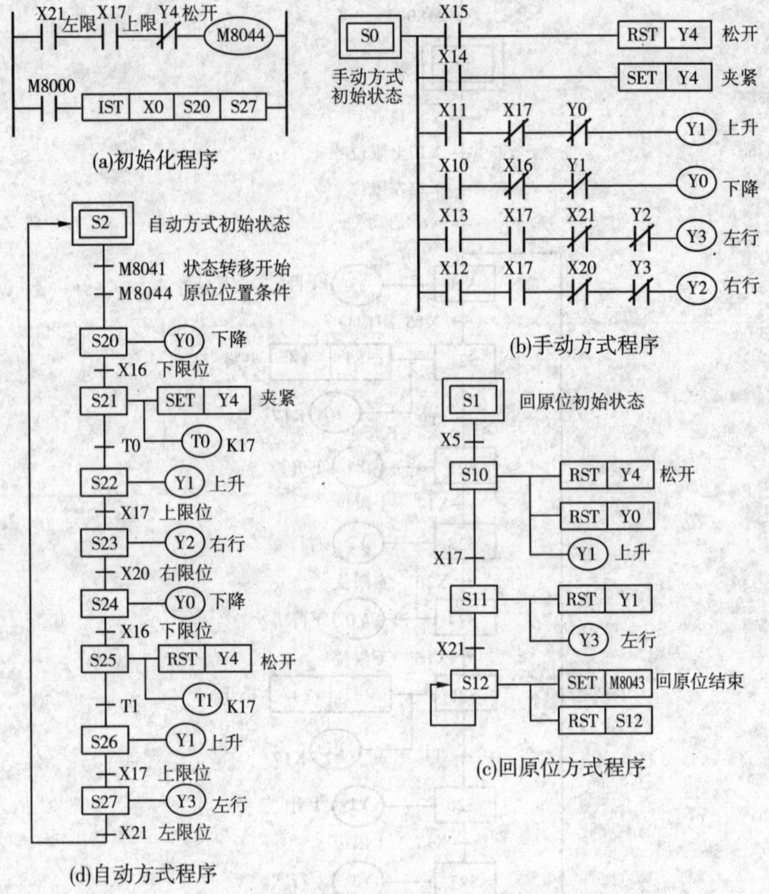

图 4-66　机械手的控制程序

电器外，其他状态继电器应使用回零状态继电器 S10～S19。

图 4-66(d)为自动方式程序，M8041 和 M8044 都是在初始化程序中设定的，在程序运行中不再改变。

图 4-67 是图 4-66 对应的语句表程序：

4)运行并调试程序

(1)基本指令顺序控制程序。

①将梯形图程序输入到计算机。

②对程序进行调试运行。

将转换开关 SA 旋至“手动”挡，按下相应的动作按钮，观察机械手的动作情况；

将转换开关 SA 旋至“回原位”挡，按下回原位按钮，观察机械手是否回原位；

将 SA 旋至“单步”挡，每按一次启动按钮，观察机械手是否向前执行下一动作；

将 SA 旋至“单周期”挡，每按一次启动按钮，观察机械手是否运行一个周期就停下；

将 SA 旋至“连续”挡，按下启动按钮，观察机械手是否连续运行。

0	LD	X21	35	OUT	Y2	73	LD	T0
1	AND	X17	36	STL	S1	74	SET	S22
2	ANI	Y4	37	LD	X5	76	STL	S22
3	OUT	M8044	38	SET	S10	77	OUT	Y1
5	LD	M8000	40	STL	S10	78	LD	X17
6	IST	X0	41	RST	Y4	79	SET	S23
		S20	42	RST	Y0	81	STL	S23
		S27	43	OUT	Y1	82	OUT	Y2
13	STL	S0	44	LD	X17	83	LD	X20
14	LD	X15	45	SET	S11	84	SET	S24
15	RST	Y4	47	STL	S11	86	STL	S24
16	LD	X14	48	RST	Y1	87	OUT	Y0
17	SET	Y4	49	OUT	Y3	88	LD	X16
18	LD	X11	50	LD	X21	89	SET	S25
19	ANI	X17	51	SET	S12	91	STL	S25
20	ANI	Y0	53	STL	S12	92	RST	Y4
21	OUT	Y1	54	SET	M8043	93	OUT	T1
22	LD	X10	56	RST	S12			K17
23	ANI	X16	58	STL	S2	96	LD	T1
24	ANI	Y1	59	LD	M8041	97	SET	S26
25	OUT	Y0	60	AND	M8044	99	STL	S26
26	LD	X13	61	SET	S20	100	OUT	Y1
27	AND	X17	63	STL	S20	101	LD	X17
28	ANI	X21	64	OUT	Y0	102	SET	S27
29	ANI	Y2	65	LD	X16	104	STL	S27
30	OUT	Y3	66	SET	S21	105	OUT	Y3
31	LD	X12	68	STL	S21	106	LD	X21
32	AND	X17	69	SET	Y4	107	OUT	S2
33	ANI	X20	70	OUT	T0	109	RET	
34	ANI	Y3			K17	110	END	

图 4-67　机械手语句表

③记录调试程序的结果。

(2)基本指令与步进指令控制程序。

①将顺序功能图转换为梯形图输入到计算机。

②对程序进行调试运行。

将转换开关 SA 旋至“连续”挡,先按回原位按钮,再按启动按钮,观察机械手是否连续运行。

③记录调试程序的结果。

(3)基本指令、初始状态指令配合步进指令顺序控制程序。

①将控制程序输入到计算机。

②对程序进行调试运行与基本指令顺序控制程序相同。

③记录调试程序的结果。

【知识拓展】

一、三菱 PLC 功能指令一览表

三菱 PLC 功能指令见表 4-40。

表 4-40 FX_{0S}、FX_{0N}、FX_{1S}、FX_{1N}、FX_{2N}、FX_{2NC}等三菱 PLC 的功能指令一览表

类别	FNC NO.	指令助记符	功能说明	对应不同型号的 PLC				
				FX_{0S}	FX_{0N}	FX_{1S}	FX_{1N}	FX_{2N}、FX_{2NC}
程序流程	00	CJ	条件跳转	√	√	√	√	√
	01	CALL	子程序调用	×	×	√	√	√
	02	SRET	子程序返回	×	×	√	√	√
	03	IRET	中断返回	√	√	√	√	√
	04	EI	允许中断	√	√	√	√	√
	05	DI	禁止中断	√	√	√	√	√
	06	FEND	主程序结束	√	√	√	√	√
	07	WDT	监视定时器刷新	√	√	√	√	√
	08	FOR	循环开始	√	√	√	√	√
	09	NEXT	循环结束	√	√	√	√	√
传送与比较	10	CMP	比较	√	√	√	√	√
	11	ZCP	区域比较	√	√	√	√	√
	12	MOV	传送	√	√	√	√	√
	13	SMOV	移位传送	×	×	×	×	√
	14	CML	取反传送	×	×	×	×	√
	15	BMOV	块传送	×	√	√	√	√
	16	FMOV	多点传送	×	×	×	×	√
	17	XCH	交换	×	×	×	×	√
	18	BCD	二进制转换成 BCD 码	√	√	√	√	√
	19	BIN	BCD 码转换成二进制	√	√	√	√	√
算术与逻辑运算	20	ADD	二进制加法运算	√	√	√	√	√
	21	SUB	二进制减法运算	√	√	√	√	√
	22	MUL	二进制乘法运算	√	√	√	√	√
	23	DIV	二进制除法运算	√	√	√	√	√
	24	INC	二进制加 1 运算	√	√	√	√	√
	25	DEC	二进制减 1 运算	√	√	√	√	√
	26	WAND	字逻辑与	√	√	√	√	√
	27	WOR	字逻辑或	√	√	√	√	√
	28	WXOR	字逻辑异或	√	√	√	√	√
	29	NEG	求二进制补码	×	×	×	×	√

续表 4-40

类别	FNC NO.	指令助记符	功能说明	对应不同型号的 PLC				
				FX_{0S}	FX_{0N}	FX_{1S}	FX_{1N}	FX_{2N}、FX_{2NC}
循环与移位	30	ROR	循环右移	×	×	×	×	√
	31	ROL	循环左移	×	×	×	×	√
	32	RCR	带进位右移	×	×	×	×	√
	33	RCL	带进位左移	×	×	×	×	√
	34	SFTR	位右移	√	√	√	√	√
	35	SFTL	位左移	√	√	√	√	√
	36	WSFR	字右移	×	×	×	×	√
	37	WSFL	字左移	×	×	×	×	√
	38	SFWR	FIFO(先入先出)写入	×	×	√	√	√
	39	SFRD	FIFO(先入先出)读出	×	×	√	√	√
数据处理	40	ZRST	区间复位	√	√	√	√	√
	41	DECO	解码	√	√	√	√	√
	42	ENCO	编码	√	√	√	√	√
	43	SUM	统计 ON 位数	×	×	×	×	√
	44	BON	查询位状态	×	×	×	×	√
	45	MEAN	求平均值	×	×	×	×	√
	46	ANS	报警器置位	×	×	×	×	√
	47	ANR	报警器复位	×	×	×	×	√
	48	SQR	求平方根	×	×	×	×	√
	49	FLT	整数与浮点数转换	×	×	×	×	√
高速处理	50	REF	输入输出刷新	√	√	√	√	√
	51	REFF	输入滤波时间调整	×	×	×	×	√
	52	MTR	矩阵输入	×	×	√	√	√
	53	HSCS	比较置位(高速计数用)	×	√	√	√	√
	54	HSCR	比较复位(高速计数用)	×	√	√	√	√
	55	HSZ	区间比较(高速计数用)	×	×	×	×	√
	56	SPD	脉冲密度	×	×	√	√	√
	57	PLSY	指定频率脉冲输出	√	√	√	√	√
	58	PWM	脉宽调制输出	√	√	√	√	√
	59	PLSR	带加减速脉冲输出	×	×	√	√	√
方便指令	60	IST	状态初始化	√	√	√	√	√
	82	ASCI	十六进制数转换成 ASCII 码	×	√	√	√	√
	83	HEX	ASCII 码转换成十六进制数	×	√	√	√	√
	84	CCD	校验	×	√	√	√	√
	85	VRRD	电位器变量输入	×	×	√	√	√
	86	VRSC	电位器变量区间	×	×	√	√	√
	87	—	—					
	88	PID	PID 运算	×	×	√	√	√
	89	—	—					

续表 4-40

类别	FNC NO.	指令助记符	功能说明	对应不同型号的 PLC				
				FX_{0S}	FX_{0N}	FX_{1S}	FX_{1N}	FX_{2N}、FX_{2NC}
浮点数运算	110	ECMP	二进制浮点数比较	×	×	×	×	×
	111	EZCP	二进制浮点数区间比较	×	×	×	×	×
	118	EBCD	二进制浮点数→十进制浮点数	×	×	×	×	√
	119	EBIN	十进制浮点数→二进制浮点数	×	×	×	×	√
	120	EADD	二进制浮点数加法	×	×	×	×	√
	121	ESUB	二进制浮点数减法	×	×	×	×	√
	122	EMUL	二进制浮点数乘法	×	×	×	×	√
	123	EDIV	二进制浮点数除法	×	×	×	×	√
	127	ESQR	二进制浮点数开平方	×	×	×	×	√
	129	INT	二进制浮点数→二进制整数	×	×	×	×	√
	130	SIN	二进制浮点数 sin 运算	×	×	×	×	√
	131	COS	二进制浮点数 cos 运算	×	×	×	×	√
	132	TAN	二进制浮点数 tan 运算	×	×	×	×	√
	147	SWAP	高低字节交换	×	×	×	×	√
定位	155	ABS	ABS 当前值读取	×	×	√	√	×
	156	ZRN	原点回归	×	×	√	√	×
	157	PLSY	可变速的脉冲输出	×	×	√	√	×
	158	DRVI	相对位置控制	×	×	√	√	×
	159	DRVA	绝对位置控制	×	×	√	√	×
时运算	160	TCMP	时钟数据比较	×	×	√	√	√
	161	TZCP	时钟数据区间比较	×	×	√	√	√
	162	TADD	时钟数据加法	×	×	√	√	√
	163	TSUB	时钟数据减法	×	×	√	√	√
	166	TRD	时钟数据读出	×	×	√	√	√
	167	TWR	时钟数据写入	×	×	√	√	√
	169	HOUR	小时计算	×	×	√	√	
外围设备	170	GRY	二进制数→格雷码	×	×	×	×	√
	171	GBIN	格雷码→二进制数	×	×	×	×	√
	176	RD3A	模拟量模块(FX_{0N} -3A)读出	×	√	×	√	×
	177	WR3A	模拟量模块(FX_{0N} -3A)写入	×	√	×	√	×

续表 4-40

类别	FNC NO.	指令助记符	功能说明	对应不同型号的 PLC				
				FX_{0S}	FX_{0N}	FX_{1S}	FX_{1N}	FX_{2N}、FX_{2NC}
触点比较	224	LD =	(S1) = (S2)时起始触点接通	×	×	√	√	√
	225	LD >	(S1) > (S2)时起始触点接通	×	×	√	√	√
	226	LD <	(S1) < (S2)时起始触点接通	×	×	√	√	√
	228	LD < >	(S1) ≠ (S2)时起始触点接通	×	×	√	√	√
	229	LD≤	(S1) ≤ (S2)时起始触点接通	×	×	√	√	√
	230	LD≥	(S1) ≥ (S2)时起始触点接通	×	×	√	√	√
	232	AND =	(S1) = (S2)时串联触点接通	×	×	√	√	√
	233	AND >	(S1) > (S2)时串联触点接通	×	×	√	√	√
	234	AND <	(S1) < (S2)时串联触点接通	×	×	√	√	√
	236	AND < >	(S1) ≠ (S2)时串联触点接通	×	×	√	√	√
	237	AND≤	(S1) ≤ (S2)时串联触点接通	×	×	√	√	√
	238	AND≥	(S1) ≥ (S2)时串联触点接通	×	×	√	√	√
	240	OR =	(S1) = (S2)时并联触点接通	×	×	√	√	√
	241	OR >	(S1) > (S2)时并联触点接通	×	×	√	√	√
	242	OR <	(S1) < (S2)时并联触点接通	×	×	√	√	√
	244	OR < >	(S1) ≠ (S2)时并联触点接通	×	×	√	√	√
	245	OR≤	(S1) ≤ (S2)时并联触点接通	×	×	√	√	√
	246	OR≥	(S1) ≥ (S2)时并联触点接通	×	×	√	√	√

二、三菱 FX 系列功能指令的数据格式

(一)位元件与字元件

像 X、Y、M、S 等只处理 ON/OFF 信息的软元件称为位元件;而像 T、C、D 等处理数值的软元件则称为字元件,一个字元件由 16 位二进制数组成。

位元件可以通过组合使用,4 个位元件为一个单元,通用表示方法是由 Kn 加起始的软元件号组成,n 为单元数。例如 K2 M0 表示 M0 ~ M7 组成 2 个位元件组(K2 表示 2 个单元),它是一个 8 位数据,M0 为最低位。如果将 16 位数据传送到不足 16 位的位元件组合(n <4),只传送低位数据,多出的高位数据不传送,32 位数据传送也一样。在作 16 位数操作时,参与操作的位元件不足 16 位时,高位的不足部分均作 0 处理,这意味着只能处理正数(符号位为 0),在作 32 位数处理时也一样。被组合的元件首位可以任意选择,但为避免混乱,建议采用编号以 0 结尾的元件,如 S10、X0、X20 等。

(二)数据格式

在 FX 系列 PLC 内部,数据是以二进制(BIN)补码的形式存储的,所有的四则运算都使用二进制数。二进制补码的最高位为符号位,正数的符号位为 0,负数的符号位为 1。FX 系列 PLC 可实现二进制码与 BCD 码的相互转换。

为更精确地进行运算,可采用浮点数运算。在 FX 系列 PLC 中提供了二进制浮点运算和十进制浮点运算,设有将二进制浮点数与十进制浮点数相互转换的指令。二进制浮点数采用编号连续的一对数据寄存器表示,例 D11 和 D10 组成的 32 位寄存器中,D10 的 16 位加上 D11 的低 7 位共 23 位为浮点数的尾数,而 D11 中除最高位的前 8 位是阶位,最高位是尾数的符号位(0 为正,1 是负)。十进制的浮点数也用一对数据寄存器表示,编号小的数据寄存器为尾数段,编号大的为指数段,例如使用数据寄存器(D1,D0)时,表示数为:

$$十进制浮点数 = (尾数\ D0) \times 10^{指数D1}$$

其中,D0,D1 的最高位是正负符号位。

【思考与练习】

1. 如何调试 SFC?
2. 在 SFC 中,SET 指令与 OUT 指令相比较,有何特点?
3. 机械手 PLC 控制电路安装与接线的注意事项有哪些?

任务八　C650 型普通车床电气控制线路的 PLC 改造

【学习内容】

C650 型普通车床电气控制线路的 PLC 改造。

【学习目标】

1. 知识目标

(1)掌握较复杂系统的 PLC 设计要求;

(2)掌握 PLC 的设计流程。

2. 能力目标

学会 PLC 设计的基本步骤。

【任务导入】

如图 4-68 所示为 C650 型普通车床电气控制线路。该继电器—接触器控制方式接触触点多、故障多且安装接线复杂,故障率高。针对这种情况,对其继电器—接触器控制电路进行 PLC 改造,以达到降低设备故障率、保障设备运行的目的。

C650 型普通车床共由 3 台交流电动机拖动。主电动机 M1 可以正反转控制,也可以电动控制,还可以双向反接制动控制。

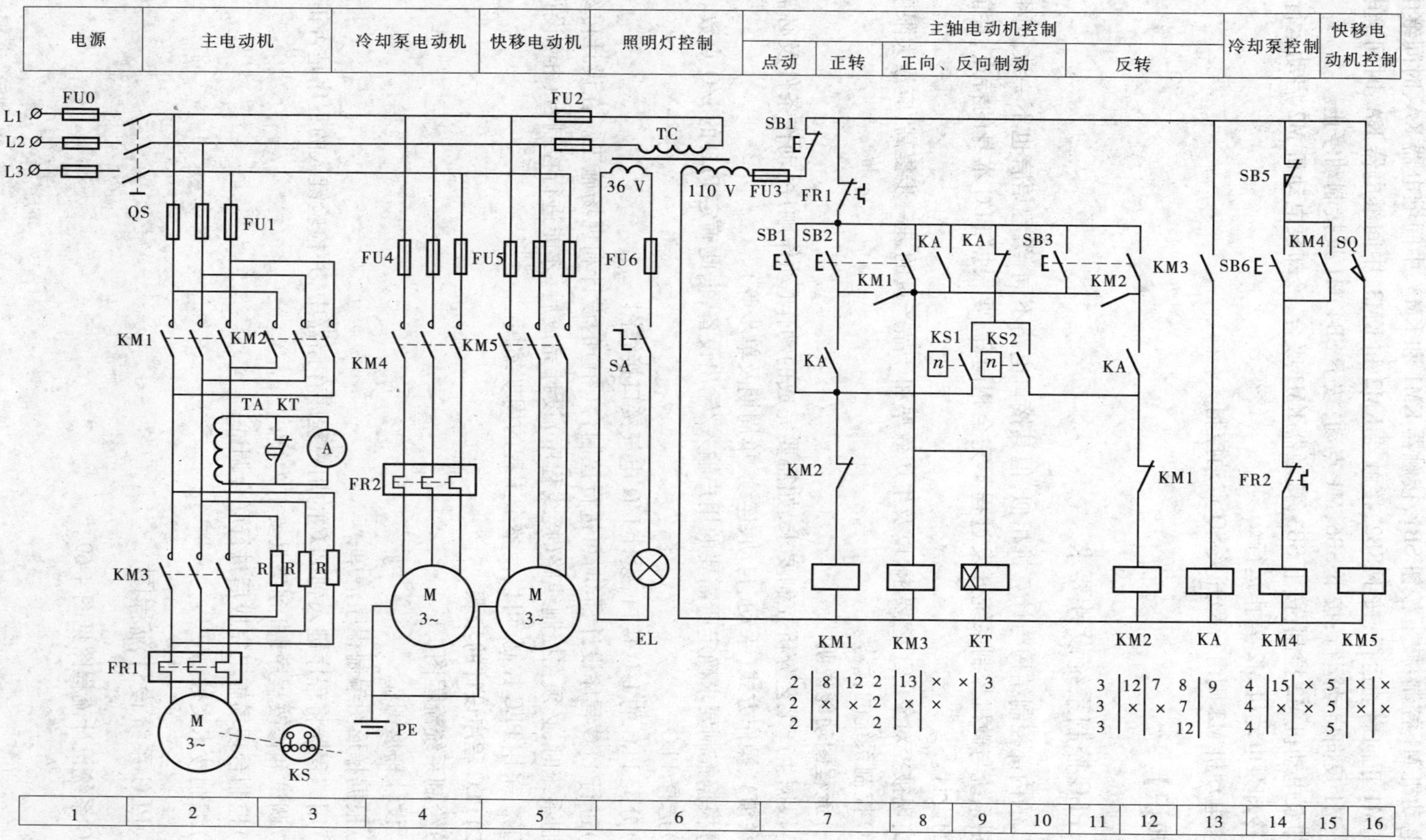

图4-68 C650型普通车床电气控制线路原理图

主电动机 M1 控制:按下按钮 SB1,接触器 KM1 和 KM3、中间继电器 KA、时间继电器 KT 吸合,M1 正向启动运行;按下 SB2,接触器 KM2 和 KM3、中间继电器 KA、时间继电器 KT 吸合,M1 反向启动运行;按下 SB6,M1 点动;按下 SB4,M1 反接制动停止。

冷却泵电动机 M2 控制:按下 SB3,接触器 KM1 吸合,冷却泵电动机 M2 启动运行;按下 SB5,冷却泵电动机 M2 停止运行。

快移电动机 M3 则由行程开关 SQ 点动控制。

【相关知识】

一、PLC 控制系统设计要求

PLC 的内部控制结构与计算机相似,但其接口电路不同,编程语言也不一致。因此,PLC 控制系统与微机控制系统开发过程不完全相同,需要根据 PLC 本身的特点、性能进行系统的设计。

为实现被控对象的工艺要求,以及生产效率和产品产量的进一步提高,应最大限度地发挥 PLC 控制系统的优势。

(一)流程图功能说明

(1)根据生产工艺分析控制要求,如需要完成的动作(动作顺序、动作条件及必需的保护和联锁)、操作方式(手动、自动、连续、单周期及单步等)。

(2)根据控制要求确定所需要的用户输入/输出设备,据此确定 PLC 的 I/O 点数。

(3)选择 PLC。

(4)分配 PLC 的 I/O 接口,设计 I/O 电气接口接线图。

(5)进行 PLC 程序设计,同时可进行控制台(柜)的设计和现场施工。在设计传统继电器控制系统时,必须在控制线路(接线程序)设计完成后,才能进行控制台(柜)设计和现场施工。采用 PLC 控制,可以使整个工程的周期缩短。

(二)PLC 程序设计的步骤

(1)绘制系统流程图;

(2)设计梯形图;

(3)根据梯形图编制程序清单;

(4)用编程器将程序键入到 PLC 的用户程序存储器中,并检验键入的程序是否正确;

(5)调试和修改程序,直到满足要求为止;

(6)控制台现场施工完成后进行联合调试;

(7)编制技术文件。

二、PLC 系统设计流程图

PLC 系统设计流程图见图 4-69。

三、PLC 控制系统设计的基本步骤

（一）系统设计的主要内容

（1）拟定控制系统设计的技术条件，技术条件一般以设计任务书的形式来确定，它是整个设计的依据；

（2）选择电气传动形式和电动机、电磁阀等执行机构；

（3）选定 PLC 的型号；

（4）编制 PLC 的输入/输出分配表或绘制输入/输出端子接线图；

（5）根据系统设计的要求编写软件规格说明书，然后再用相应的编程语言（常用图形）进行程序设计；

（6）了解并遵循用户认知心理学，重视人机界面的设计，增强人与机器之间的友善关系；

（7）设计操作台、电气柜及非标准电气部件；

（8）编写设计说明书和使用说明书。

（二）系统设计的基本步骤

可编程控制器应用系统设计与调试的主要步骤如下。

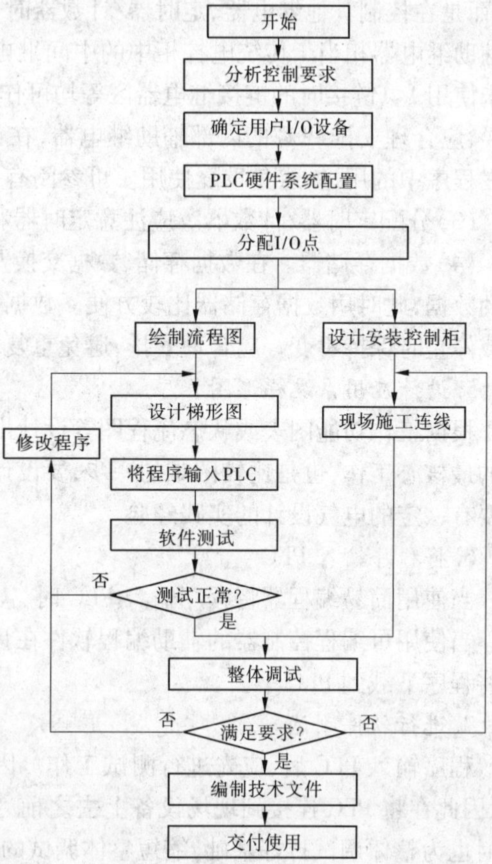

图 4-69　PLC 系统设计流程

1. 深入了解和分析被控对象的工艺条件和控制要求

（1）被控对象就是受控的机械、电气设备、生产线或生产过程。

（2）控制要求主要指控制的基本方式、应完成的动作、自动工作循环的组成、必要的保护和联锁等。对较复杂的控制系统，还可将控制任务分成几个独立部分，这样可化繁为简，有利于编程和调试。

2. 确定 I/O 设备

根据被控对象对 PLC 控制系统的功能要求，确定系统所需的用户输入/输出设备。常用的输入设备有按钮、选择开关、行程开关、传感器等，常用的输出设备有继电器、接触器、指示灯、电磁阀等。

3. 选择合适的 PLC 类型

根据已确定的用户 I/O 设备，统计所需的输入信号和输出信号的点数，选择合适的 PLC 类型，包括机型、容量的选择，I/O 模块的选择，电源模块的选择等。

4. 分配 I/O 点

（1）明确 I/O 通道范围。不同型号的 PLC，其输入/输出通道的范围是不一样的，应

根据所选 PLC 型号,查阅相应的编程手册,决不可“张冠李戴”。

(2)合理使用内部辅助继电器。内部辅助继电器不对外输出,不能直接连接外部器件,而是在控制其他继电器、定时器/计数器时作数据存储或数据处理用。从功能上讲,内部辅助继电器相当于传统电控柜中的中间继电器。未分配模块的输入/输出继电器区以及未使用1:1链接时的链接继电器区等均可作为内部辅助继电器使用。根据程序设计的需要,应合理安排 PLC 的内部辅助继电器,在设计说明书中应详细列出各内部辅助继电器在程序中的用途,避免重复使用。可参阅有关操作手册。

(3)分配定时器/计数器。应注意定时器和计数器的编号和设定常数,不得乱用。

(4)数据存储器。在数据存储、数据交换及数据运算等场合,经常要处理以通道为单位的数据,此时用数据存储器比较方便。数据存储器中的内容,可以在 PLC 断电、运行开始或停止时保持不变。应合理安排,避免重复使用数据存储器。

5. 设计应用系统梯形图程序

根据工作功能图表或状态流程图等设计出梯形图即编程。这一步是整个应用系统设计的最核心工作,也是比较困难的一步,要设计好梯形图,首先要十分熟悉控制要求,同时还要有一定的电气设计的实践经验。

6. 将程序输入 PLC

当使用简易编程器将程序输入 PLC 时,需要先将梯形图转换成指令助记符,以便输入。当使用可编程控制器的辅助编程软件在计算机上编程时,可通过上下位机的连接电缆将程序下载到 PLC 中去。

7. 进行软件测试

程序输入 PLC 后,应先进行测试工作。因为在程序设计过程中,难免会有疏漏的地方,因此在将 PLC 连接到现场设备上去之前,必须进行软件测试,以排除程序中的错误,同时也为整体调试打好基础,缩短整体调试的周期。

8. 应用系统整体调试

在 PLC 软硬件设计和控制柜设计及现场施工完成后,就可以进行整个系统的联机调试。如果控制系统是由几个部分组成的,则应先作局部调试,然后再进行整体调试;如果调试中发现问题,要逐一排除,直至调试成功。

9. 编制技术文件

系统技术文件包括说明书、电气原理图、电气布置图、电气元件明细表、PLC 梯形图。

10. 竣工验收

试验生产后竣工验收,交付使用。

【任务实施】

1. PLC 的 I/O 配置(以 $FX_{2N}-48MR$ 为例)

C650 型普通车床 PLC 控制 I/O 分配见表 4-41。

2. 接线图

图 4-70 为 C650 型普通车床 PLC 控制接线图。

表 4-41　C650 型普通车床 PLC 控制 I/O 分配表

输入设备			输出设备		
功能	电气符号	输入继电器	功能	电气符号	输出继电器
M1 正转启动按钮	SB1	X000	M1 正转接触器	KM1	Y000
M1 反转启动按钮	SB2	X001	M1 反转接触器	KM2	Y001
M2 启动按钮	SB3	X002	M1 切换电阻 R 运行接触器	KM3	Y002
总停止按钮	SB4	X003	M2 运行接触器	KM4	Y003
M2 停止按钮	SB5	X004	M3 运行接触器	KM5	Y004
M1 点动按钮	SB6	X005	电流表 PA 短接中间继电器	KA	Y005
M3 点动行程开关	SQ	X006			
M1 过载保护继电器	FR1	X007			
M2 过载保护继电器	FR2	X010			
正转停止制动速度继电器动合触点	KS1	X011			
反转停止制动速度继电器动合触点	KS2	X012			

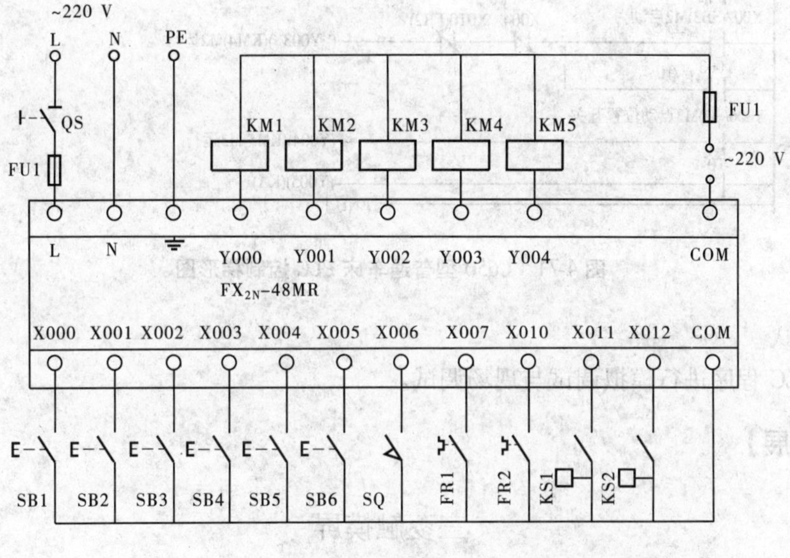

图 4-70　C650 型普通车床 PLC 控制接线图

3. 梯形图

C650 型普通车床 PLC 控制梯形图见图 4-71。

4. 指令表

C650 型普通车床 PLC 控制指令表见图 4-72。

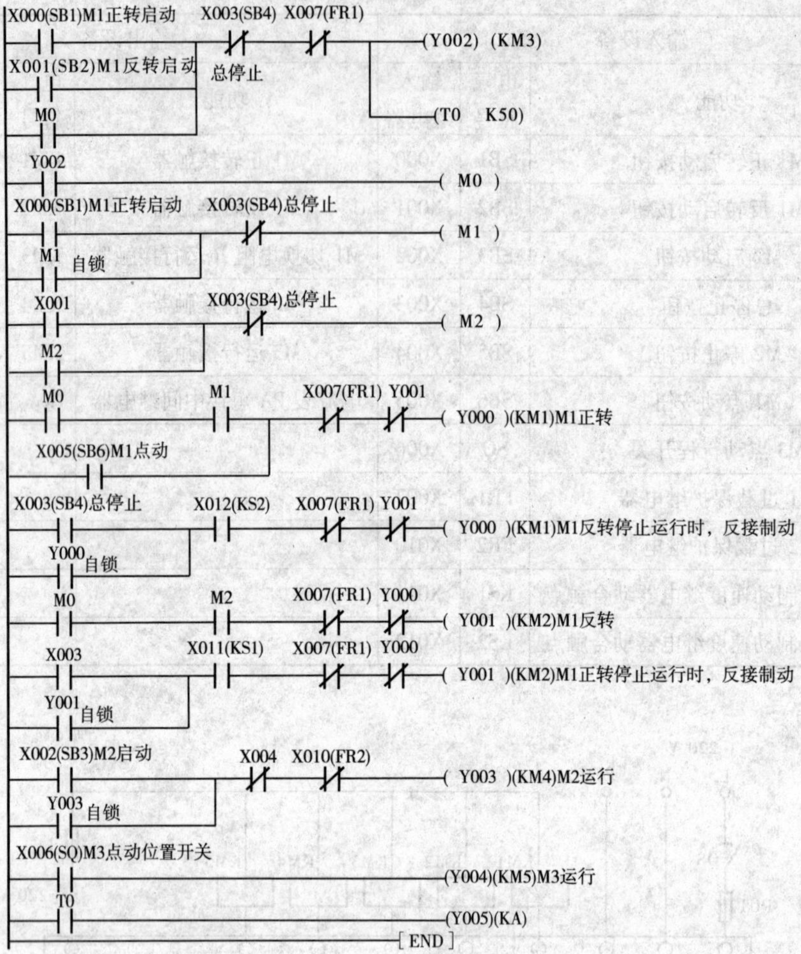

图 4-71 C650 型普通车床 PLC 控制梯形图

5. 调试

对 PLC 程序进行模拟调试与现场调试。

【知识拓展】

三菱触摸屏

三菱触摸屏又称为“三菱人机界面”，是由三菱电机株式会社研发、生产、销售的知名触摸屏品牌之一，是一种可接收触点等输入信号的感应式液晶显示装置，见图 4-73。当接触了屏幕上的图形按钮时，屏幕上的触觉反馈系统可根据预先编制的程序驱动各种连接装置，可用以取代机械式的按钮面板，并借由液晶显示画面制造出生动的影音效果。目前，其已广泛应用于机械、纺织、电气、包装、化工等行业。

0	LD	X000	27	AND	X012
1	OR	X001	28	ANI	X007
2	OR	M0	29	ANI	Y001
3	ANI	X003	30	OUT	Y000
4	ANI	X007	31	LD	M0
5	OUT	Y002	32	AND	M2
6	OUT	T0	33	ANI	X007
		K50			
9	LD	Y002	34	ANI	Y000
10	OUT	M0	35	OUT	Y001
11	LD	X000	36	LD	X003
12	OR	M1	37	OR	Y001
13	ANI	X003	38	AND	X011
14	OUT	M1	39	ANI	X007
15	LD	X001	40	ANI	Y000
16	OR	M2	41	OUT	Y001
17	ANI	X003	42	LD	X002
18	OUT	M2	43	OR	Y003
19	LD	M0	44	ANI	X004
20	AND	M1	45	ANI	X010
21	OR	X005	46	OUT	Y003
22	ANI	X007	47	LD	X006
23	ANI	Y001	48	OUT	Y004
24	OUT	Y000	49	LD	T0
25	LD	X003	50	OUT	Y005
26	OR	Y000	51	END	

图 4-72　C650 型普通车床 PLC 控制指令表

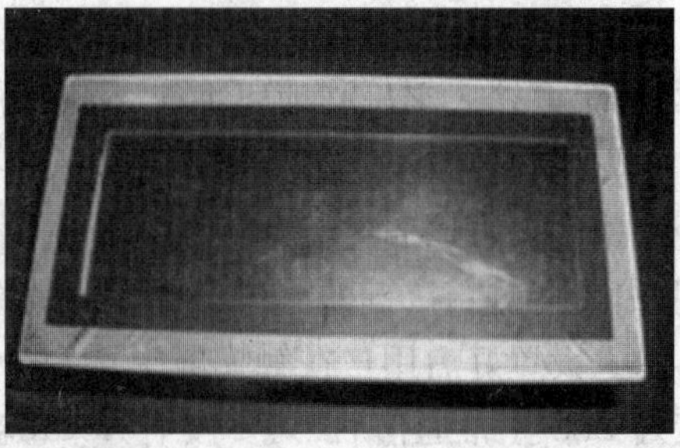

图 4-73　三菱触摸屏

(一)常见型号

三菱触摸屏来到中国有 20 多年的历史,现在市场上主要使用的有:GT1055 系列、GT1150 系列、GT1155 系列、GT1175 系列、GT1575 系列、GT1585 系列、GT1595 系列、A970GOT 系列、A975GOT 系列、A985GOT 系列、F930GOT 系列、F940GOT 系列。

1. GT1055 系列

(1)更加轻巧,使用更加便捷,为 5.7 英寸型;

(2)高亮度背光灯,STN 彩色 256 色;

(3)分辨率 320×240 dpi,标准内存 3 M;

(4)内置标准接口 USB,RS-422,RS-232;

(5)防护等级 IP67f。

2. GT1155-QTBD

(1)实现了显示、运算、通信全方位的高速化;

(2)高亮度(400 cd/m^2)显示,提供免受外部光线干扰的完美图像;

(3)分辨率 320×240 dpi,256 色 TFT 液晶显示;

(4)显示尺寸:5.7 英寸;

(5)可视角度:左右 70°,上下 70°/50°;

(6)内置 3 MB 标准内存;

(7)内置 CF 卡接口。

(二)工作原理

三菱触摸屏利用压力感应进行控制。

三菱触摸屏的主要部分是一块与显示器表面非常配合的电阻薄膜屏,这是一种多层的复合薄膜,以一层玻璃或硬塑料平板作为基层,表面涂有一层透明的氧化金属(导电电阻)导电层,上面再盖一层外表面硬化处理、光滑防擦的塑料层,它的内表面也涂有一层涂层,在它们之间有许多细小(小于 1/1 000 英寸)的透明隔离点把两层导电层隔开绝缘。当手指触摸屏幕时,两层导电层在触摸点位置就有了接触,电阻发生变化,在 X 和 Y 两个方向上产生信号,然后送至触摸屏控制器。控制器检测到这一接触信号并计算出(X,Y)的位置,再根据模拟鼠标的方式运作。

(三)输入方式

三菱触摸屏在使用触摸屏数值输入时会有自动的键盘弹出,但此键盘只能用于输入数字,如果要输入字母必须要进行一系列的设置。

首先用户要自己定义一个可以输入字母的键盘,这可通过触摸屏的窗口画面设置,在此画面中用户可以通过使用键代码开关设置要输入的字母。其次用户要在软件选择中使用用户自制窗口,按键的窗口设置为自制键盘的画面窗口。

以上设置好后用户在触摸屏中选择 ASCII 输入元件放在画面中再下载到触摸屏中,连接好 PLC 正常通信后,只要按下 ASCII 输入的位置,就会弹出用户自定义的键盘。

(四)使用注意事项

(1)三菱触摸屏膜面为触摸面,即产品正面;玻璃面为非触摸面,即产品背面。

(2)三菱触摸屏部分为玻璃制品,玻璃边角较锋利,装配时请带手套/指套作业。

(3)三菱触摸屏部分为玻璃易碎品,装配时不要对触摸屏施加大力冲击。

(4)避免直接拿起触摸屏,防止对引出线部位有拉扯动作。

(5)引出线加强板部位不能进行弯折动作。

(6)引出线任何部位不允许有对折现象。

(7)引出线在装配时,须水平插入,不可在加强板根部对折插入。

(8)取放产品时需单片操作,轻拿轻放,避免产品互相碰撞而划伤产品表面。

(9)清洁产品表面时,请用柔软性布料(鹿皮)蘸石油醚擦拭。

(10)不可使用带腐蚀性的有机溶剂擦拭触摸屏膜表面,如工业酒精等。

(11)勿堆叠放置触摸屏,使用料盘。

(12)在装配设计和边框设计时,请注意以下事项:

①固定三菱触摸屏边框的支柱须在触摸屏的可视区以外;

②框边须在三菱触摸屏的操作区以外,框边不能有压力动作;

③建议固定三菱触摸屏的材料为塑胶材料,触摸屏正面部分垫有软性材料;

④不要用带腐蚀性的胶将物体粘贴在触摸屏的表面。

(五)常见故障及处理

故障一:三菱触摸屏触摸偏差(一)。

现象:手指所触摸的位置与鼠标箭头没有重合。

分析:安装完驱动程序后,在进行校正位置时,没有垂直触摸靶心正中位置。

处理方法:重新校正位置。

故障二:三菱触摸屏触摸偏差(二)。

现象:部分区域触摸准确,部分区域触摸有偏差。

分析:表面声波触摸屏四周边上的声波反射条纹上面积累了大量的尘土或水垢,影响了声波信号的传递。

处理方法:清洁触摸屏,特别注意要将触摸屏四边的声波反射条纹清洁干净,清洁时应将触摸屏控制卡的电源断开。

故障三:三菱触摸屏触摸无反应。

现象:触摸屏幕时鼠标箭头无任何动作,没有发生位置改变。

分析:造成此现象产生的原因很多,下面逐个说明:

(1)表面声波触摸屏四周边上的声波反射条纹上面所积累的尘土或水垢非常严重,导致触摸屏无法工作;

(2)三菱触摸屏发生故障;

(3)三菱触摸屏控制卡发生故障;

(4)三菱触摸屏信号线发生故障;

(5)计算机主机的串口发生故障;

(6)计算机的操作系统发生故障;

(7)三菱触摸屏驱动程序安装错误。

【思考与练习】

1. 参照 C650,运用 PLC 控制技术对传统 Z3040 型摇臂钻床电控系统进行技术改造。

2. PLC 控制系统调试前应进行哪些准备工作?

3. 在使用 GX Developer 调试 PLC 程序时,会出现的出错代码有哪些?如何排除相应故障?

参考文献

[1] 郁汉琪. 机床电气控制技术[M]. 北京:高等教育出版社,2006.

[2] 郭艳萍. 电气控制与 PLC 应用[M]. 北京:人民邮电出版社,2010.

[3] 李树元,孟玉茹. 电气设备控制与检修[M]. 北京:中国电力出版社,2009.

[4] 李曦. 机床电气控制[M]. 北京:中国劳动社会保障出版社,2004.

[5] 罗辑. 机床设备电气与 PLC 控制[M]. 重庆:重庆大学出版社,2004.

[6] 李伟. 机床电气与 PLC[M]. 西安:西安电子科技大学出版社,2006.

[7] 祖建国. 电气控制与 PLC[M]. 武汉:华中科技大学出版社,2010.

[8] 王浩. 机床电气控制与 PLC[M]. 北京:机械工业出版社,2012.

[9] 高安邦,成建生,陈银燕. 机床电气与 PLC 控制技术项目教程[M]. 北京:机械工业出版社, 2010.

[10] 郑凤翼. 三菱 FX_{2N} 系列 PLC 应用 100 例[M]. 北京:电子工业出版社,2013.